岩体裂面剪切劣化分析
理论与方法

江 权　宋磊博　崔 洁　著

国家自然科学基金联合重点项目（U1965205）、国家重点研发计划项目

课题（2016YFC0600707）、国家自然科学基金面上项目（51779251）、

湖北省杰出青年基金项目（2017CFA060）资助出版

科 学 出 版 社
北 京

内 容 简 介

岩体中原生节理面和开挖所致的新生破裂面是制约工程岩体宏观破坏特征、卸荷力学响应、工程稳定性的重要因素。本书围绕这两类岩体裂面开展系列试验测试、理论分析和工程应用实践，利用 3D 扫描技术构建岩体裂面的数字模型，提出裂面形貌特征、剪切磨损及各向异性的定量表征方法；结合 3D 扫描技术、3D 打印技术与 3D 雕刻技术，提出多种天然岩体裂面制备技术，分析裂面剪切变形特征与磨损力学特征及其细观机制；借助岩体断裂力学理论、岩体等效变形张量理论、岩体细观损伤力学理论，阐述裂面的剪切磨损机理，建立考虑不同因素的裂隙岩体概化力学模型，并在多个重大工程进行应用实践。

本书可供岩土工程、水利水电工程、矿山工程、隧道工程、石油工程等研究领域的科技工作者、研究生、本科生和工程技术人员参考使用。

图书在版编目（CIP）数据

岩体裂面剪切劣化分析理论与方法/江权，宋磊博，崔洁著.—北京：科学出版社，2021.12
ISBN 978-7-03-070002-5

I.①岩… II.①江… ②宋… ③崔… III.①岩石力学 IV.① TU45

中国版本图书馆 CIP 数据核字（2021）第 203047 号

责任编辑：孙寓明/责任校对：高 嵘
责任印制：彭 超/封面设计：苏 波

科 学 出 版 社 出版
北京东黄城根北街 16 号
邮政编码：100717
http://www.sciencep.com
武汉精一佳印刷有限公司印刷
科学出版社发行 各地新华书店经销
*
开本：787×1092 1/16
2021 年 12 月第 一 版 印张：15
2021 年 12 月第一次印刷 字数：356 000
定价：188.00 元
（如有印装质量问题，我社负责调换）

前　言

随着我国经济水平持续快速稳健发展，一大批高陡边坡、深埋隧道、大型地下洞室、长大采场相继建设和建成，其高地应力环境、强开挖卸荷效应、复杂地质结构等都给大型工程建设带来新的挑战。近 20 年来我国西部地区在建或完工的 20 多个大型水工地下洞室群埋深大多超过 400 m、开采深度超过 800 m 的矿山近 90 座，水电与矿山中高度超过 300 m 的高陡边坡也达到近 100 座，"一带一路"沿线基础设施建设同样存在大量复杂岩质高边坡和长大地下工程；正在修建的川藏铁路长度超过 1 500 km，其中 80%线路都采用隧道方式。这些大型工程在建设过程中都面临复杂裂隙岩体稳定性问题，其裂隙岩体的形貌特征和剪损力学特性是其关键科学技术难题。因此，面向国民经济主战场和国家重大工程建设需求，为更好地服务我国重大工程建设，需要深入开展岩体裂面形貌特征分析方法与剪损力学模型研究。

对于工程岩体，在人工扰动前其内部存在大量的原生节理裂隙，工程开挖后岩体中又会出现很多新生破裂面，为此本书将岩体中的原生裂隙和新生破裂面统称为岩体裂面。大量的研究表明，岩体裂面及其劣化是导致工程岩体发生松弛开裂并致使剪切变形破坏的本质因素。在第 12 届国际岩石力学大会上，国际岩石力学最高奖得主 Barton 曾强调"The deformation resistance of the material bridges takes effect at much smaller deformations than the joint"。大量工程案例表明，裂面往往是控制工程岩体（边坡、隧道、巷道、采场等）稳定性的关键因素，很多岩体工程的失稳破坏都与其密切相关。因此，岩体裂面相关的研究工作一直是岩石力学研究的热点。

岩体裂面力学特性研究包含两个基础问题：一是如何获取并建立岩体裂面表面形貌特征的数字模型，这是开展裂面研究的前提条件；二是如何获得足够多的天然岩体裂面试样，这是保证开展重复性试验的基础。因为天然岩体裂面表面形貌特征十分复杂，并且相对于平滑裂面，天然粗糙裂面的形貌特征是影响其力学性质的主要因素，是否能够准确地获取表面形貌特征的数字信息并建立数字模型及合理地量化表面特征将会直接影响后续裂面力学性质的相关研究。另外，由于天然粗糙裂面往往具有各向异性特征，在工程中很难找到两块形貌特征一致的试样，这将无法保证有足够多的裂面试样开展重复性试验来确保试验和分析结果的可靠性。与此同时，鉴于天然粗糙裂面的复杂性，其变形、破坏和强度特征都比平滑裂面或规则裂面更为复杂，这将给其力学性质研究带来一系列新的问题。例如，如何识别天然裂面的剪切磨损区域、定量分析其破坏特征，如何度量天然裂面的形貌特征对其变形特征与强度特征的影响，如何阐明复杂裂面的剪切劣化机理，如何表征复杂裂隙岩体的等效变形特征和强度特征等。本书相关的研究和讨论工作就是围绕上述相关内容开展的。

本书是在广泛参考前人研究成果的基础上，系统总结了岩体裂面剪切方面的研究成果与工程实践。本书首先系统地介绍 3D 扫描技术在岩体裂面试验中的应用，探讨该技术在应用过程中所遇到的一些共性问题，例如基准面选择、采样间隔、样本间距、三维数字化裂面重构等，并利用该项技术提出一种剪切过程潜在接触区域的识别方法及剪切磨损与劣化特征定量分析方法；进而融合 3D 扫描技术、3D 打印技术和 3D 雕刻技术，提出若干种天然裂面模型的制备技术，这些技术较好地克服了无法获得足够多相同形貌特征岩石裂面试样的局限；借助以上技术，进一步分析多种因素对粗糙裂面变形特征、力学特征及破坏特征的影响，阐述裂面的剪切磨损与劣化机理，建立相应的力学模型及工程岩体概化分析理论。从本书的章节划分来看：第 1 章主要指出研究的重要意义和国内外研究进展；第 2 章介绍 3D 扫描技术在岩体裂面形貌特征分析中的关键分析技术及其应用；第 3 章基于 3D 扫描技术、3D 打印技术及 3D 雕刻技术，提出若干种岩石自然裂面模型的制备方法并对其可靠性进行分析；第 4 章在定量分析裂面破坏特征的基础上，多角度阐述裂面的剪切磨损和宏观剪切强度劣化机理；第 5 章分析多种因素对裂面力学特征的影响并建立相应的强度模型；第 6 章针对多裂隙岩体变形破坏特征，建立一种新的裂隙岩体变形和强度的等效方法；第 7 章展望岩体裂面研究成果推广到工程应用中还需要做的几方面工作。

本书在撰写过程中，参阅了大量国内外学者关于裂面方面的专业文献，谨向文献的作者表示衷心的感谢。本书的研究成果是由我带领的研究集体多年来共同完成的。杨冰博士在 2.5 节和 3.2 节、杨垚博士在 4.5 节的研究中做出了重要贡献，冯夏庭院士指导了本书关于岩体裂面研究的学术思想，汪志林教高、徐建荣教高、陈建林教高给予了我及团队现场工作的大量支持，周亚雷总工在 3D 打印试验方面给予了大力支持，在此表示衷心感谢。

由于作者水平有限，书中难免有不足之处，恳请读者批评指正。

江 权

2021 年 8 月于中科院武汉岩土所

目　　录

第1章
绪　　论

1.1 研究意义

工程岩体在扰动前都存在大量的原生节理、裂隙，而工程开挖后又会产生很多新破裂面，这些原生节理面和新生破裂面及其相互作用是导致岩体松弛、开裂、剪切变形、结构破坏的本质因素。为此，可将工程岩体中原始节理、结构面和新生破裂面统称为岩体裂面并加以分析与研究。这些岩体裂面不仅破坏了岩体的完整性和连续性，显著降低了岩体的整体强度，还使工程岩体表现出不同于其他工程材料的非均质、非连续、各向异性（唐辉明，2008；夏才初 等，2002；王思敬，1990；孙广忠，1988；Barton et al.，1985；谷德振，1979；Deere，1964）。而且，工程岩体的宏观变形与破坏通常也是众多细观裂面张开、扩展、贯通、剪切错动渐进演化的最终结果。因此，深入分析岩体裂面的剪切损伤过程与剪损裂化力学机制是全面揭示工程岩体变形破坏及其灾变过程的关键。

随着"一带一路""西部大开发"等相关基础设施建设的推进，以及深部资源开采与资源开发的逐年发展，复杂地质条件下大型基础性工程的数量和规模还将持续增长，如"一带一路"交通沿线存在大量含裂面岩体的基础工程，其中川藏铁路近90%的桥隧工程都涉及岩体裂面力学稳定性的问题。可见，岩石裂面力学性质及其含裂面岩体稳定性评价是我国复杂地质地区重大基础工程建设中难以回避的关键技术问题之一。大量工程实践与岩体失稳灾害事故都表明工程岩体失稳破坏与岩体裂面有直接关系（陈祖煜 等，2005；杜时贵，1999；王思敬，1990；Pollard et al.，1988），例如：邓宜明等（1987）对大瑶山隧道施工过程中29次塌方进行调查，显示有22次隧道塌方都与围岩裂面剪切滑动相关；造成了500余人死亡和失踪的法国马尔帕塞拱坝溃决地质诱因是岩体内裂面发育并发生剪切破坏（冯寺潋，1988）；导致了高达2 000余人死亡和失踪的意大利瓦依昂大坝坝前的山体滑坡也是因为沿着软弱裂面发生了剪切大变形（陈祖煜，2005）；近年造成了1 000余人受灾的丽水市遂昌县北界镇山体滑坡的诱因与山体裂面剪切破坏密切相关（韩菁雯 等，2017）；大岗山水电站地下厂房顶拱3 000 m³的塌方事故与岩体内发育的节理裂面有直接关系（魏志云 等，2013）。因此，包含"岩块+裂隙面"二元结构的工程岩体，其扰动下力学行为及其灾变机制研究关键就是岩体连续/非连续裂面的剪断、剪切、滑移过程及其理论描述。

谷德振院士对岩体稳定性与其裂面之间的关系进行过深入论述，他指出岩体的完整性主要取决于裂面的性质和数量；岩体工程稳定性主要取决于岩体裂面的几何形态及软弱面的抗滑阻力或泥化程度（谷德振，1979）；在第12届国际岩石力学大会上，Barton（2011）强调"绝大部分现实的工程岩体都是含裂面、裂隙岩体"。因此，为了分析岩体裂面的力学性质和工程岩体的稳定性，岩体裂面表面的几何形貌特征分析十分重要。而且，工程中岩体在发生失稳破坏时往往是沿着连续/非连续裂面发生的剪切，研究裂面的剪切特性并建立相应的力学模型对揭示工程岩体剪切失稳过程、评估工程岩体安全状态具有重要意义。

近年来发展的 3D 扫描、3D 打印、3D 雕刻等技术给岩体裂面形貌特征分析、剪切力学特性分析提供了新手段，也为进一步完善岩体裂面变形和强度力学模型提供了新的支撑。3D 扫描技术可以无接触地获取物体表面几何特征，这为从 3D 角度开展裂面形貌特征分析提供了基础数据；3D 打印技术是一种以数字模型文件为基础的快速成型技术，它可以便捷地制作出复杂的天然裂面 3D 实体模型，这为分析天然粗糙裂面的剪切特性提供了新的制样手段；3D 雕刻技术是将计算机技术与机械加工技术相融合，可以将岩体裂面的几何信息复刻于真实岩体表面，这为分析真实岩体裂面的力学特征提供了新途径。

为此，本书以工程岩体连续/非连续裂面为研究主线，借助 3D 打印技术、3D 扫描技术、3D 雕刻技术并融合图像处理和数据重构等技术，建立岩体裂面的细观形貌分析方法，提出岩体裂面物理模型制样技术，揭示岩体裂面的宏细观剪损劣化力学特性，构建岩体裂面剪切强度劣化模型和含裂面工程岩体等效力学模型，较系统地揭示岩体裂面的基本剪切力学特性并阐述含裂面岩体的变形破坏力学模型。

1.2 问题与现状概述

1.2.1 岩体裂面形貌描述方法

裂面形貌特征作为影响岩体剪切行为的重要因素之一，其表面形态复杂，且还具有很大的随机性，如何合理地对其进行定量描述一直是岩体力学研究中的难点和热点问题。1973 年，挪威学者 Barton 在研究岩体裂面表面特征对剪切行为影响时，提出利用裂面粗糙度系数（joint roughness coefficient，JRC）来表征裂面的表面形貌特征；随后 Barton 等（1977）通过对 136 种不同裂面剪切试验的分析，提取了 10 条典型的裂面轮廓曲线，并建议可以通过匹配这 10 条标准轮廓曲线来量化 JRC，并作为估算 JRC 的国际标准加以推广（Brown，1981）。然而，部分学者在研究过程中发现该方法是存在主观性的。例如：Beer 等（2002）曾做过一项调查，分别让 125 个、123 个、122 个有专业背景的人根据 10 条 JRC 标准轮廓线估计 3 组不同裂面的 JRC 值，发现其估算值具有较大的离散性；Hsuing 等（1993）、Alameda-Hernández 等（2014）、Grasselli 等（2003）和 Xia 等（2014）也做过类似的调查，同样得出存在主观不确定性的结论。为了克服这种取值主观性，很多学者提出用一些定量参数来描述裂面的形貌特征，进而来确定裂面的粗糙度。目前，常用的方法大致可以分为两种，即统计参数法和分形参数法（宋磊博，2017a）。

引入统计参数法评估裂面形貌特征是 Tse 等（1979）提出的坡度均方根 Z_2 和结构函数 SF，他们通过对 10 条 JRC 标准轮廓线的分析建立了这两个参数与 JRC 值的拟合关系。为了克服裂面形貌特征的尺寸效应，Reeves（1985）用平均隙宽梯度（$Z_2/\mathrm{d}x$）来代替 Z_2，同时也给出了参数 $Z_2/\mathrm{d}x$ 与 JRC 值的关系；Maerz 等（1990）提出用粗糙度指数 R_p 来度量裂面的粗糙度，并通过计算 10 条 JRC 标准轮廓曲线的 R_p 值建立了与 JRC 值的关系；Lee 等（1997）通过人工制作的裂面，在考虑了取样长度对各统计参数影响的前提下，给出了 JRC 与平均倾角 i、i 的均方根 i_{RMS}、标准方差 SD_i、粗糙度指数 R_p 4 个参数的各个回归关系。以上是利用统计学方法对裂面表面形态进行描述，但是其参数往往受到样本测量步距和仪器测量精度的影响，即统计参数具有采样间隔效应（Gu et al.，2003）。Yu 等（1991）研究发现在不同的采样间隔（0.25 mm、0.5 mm、1.0 mm）下，统计参数 Z_2、R_p 和 SF 与 JRC 的拟合公式也是有区别的；夏才初（1996）提出了采样间隔效应的概念，并指出高度均方根、坡度均方根、峰点密度都随着采样间距的增大呈减小的趋势，但峰顶平均半径却有相反的规律；Hong 等（2008）对 27 条剖面线采用 4 种不同的采样间隔（0.1 mm、0.2 mm、0.5 mm、1.0 mm），对表征粗糙度的几何参数 R_L 进行计算，结果表明 R_L 与采样间距呈反比关系；Tatone 等（2013）以不同的采样间隔（0.044 mm、0.25 mm、0.50 mm、1.00 mm）对岩体裂面进行度量，结果表明粗糙度随着采样间距的减小而增大。由于统计参数间隔效应的存在，使用统计参数来确定裂面粗糙度时，即使同一裂面，当采样间隔不同时其粗糙度也是有区别的。但上述关于间隔效应的研究，大部分所涉及的采样间距过小，导致分析结果具有较大的离散性，且大部分研究停留在定性描述阶段。值得提出的是，在工程中估算岩体裂面剪切强度最常使用的结构面粗糙度系数定向统计测量（joint roughness coefficient-joint compressive strength，JRC-JCS）剪切强度公式，采用的裂面采样间隔为 0.5~1.0 mm（Barton，1977，1973），但如果用其他高精度的裂面数据所计算的 JRC 值则无法直接代入该强度公式来估算岩体的剪切强度。随着测量技术的发展，基于光电技术的非接触式测量仪器已广泛应用于裂面的测量（宋磊博 等，2017a；Jiang et al.，2017；Li et al.，2015；Jang et al.，2014；Xia et al.，2014；Tatone et al.，2010；Grasselli et al.，2003）。如果想将所获得的高精度裂面点云数据应用于相关剪切强度公式中，就有必要对常用统计参数在不同采样间隔下的稳定性进行深入分析和定量描述。另外，高精度的裂面点云数据虽然给分析其表面特征带来很大便利，但其点云数据十分庞大，导致普通计算机很难承担，给该技术推广和裂面分析带来了不利影响。因此，确定一个既能满足岩体裂面形貌特征分析的要求，又一定程度上减小计算耗时的合适采样间距是目前亟须解决的问题。

为了克服统计参数间隔效应对度量裂面形貌特征的影响，部分学者试图寻找不受测量间隔影响的参数，而法国数学家 Mandelbrot（1982）在 20 世纪 70 年代所创立的分形几何为此提供了一种新的思路。Carr 等（1987）首次将分维引入裂面粗糙度的描述，并建立了分维指数和 JRC 的关系。谢和平等（1994）用分形理论模型来模拟裂面的粗糙性。Turk 等（1987）、Muralha（1992）、Seidel 等（1995）及 Lee 等（1990）利用码尺法计算裂面剖面的分形维数，并度量了 10 条 JRC 标准轮廓线的分形维数。Kulatilake 等（2006）后来指出单一的分形维数可能不足以度量岩体裂面全部的形貌特征信息，并提出用两个分形参数来描述裂面的粗糙度，如分形维数与割线长度或分形维数与截距等。目前利用分形维数 D 来描述裂面粗糙度的特性虽然达到了很好的效果，但它仅限于描述给定轮廓曲线的情况，或者定量描述裂面剖面线的分形性质，并未考虑实际上天然岩体裂面具有显著的各向异性和明显随机性这一基本特征。上述的统计参数法和分形参数法是从 2D 角度对裂面粗糙度进行度量的，这些方法提取数据简单、处理方便，并且与 JRC 具有较好的拟合关系，常用来确定结构面粗糙度 JRC 的值。但是，这些 2D 统计参数都有一个共同的缺陷，即这些参数不能反映裂面除所使用 2D 剖面线以外的形貌特征，其所揭示的几何表面信息是有限的，这也是部分学者（Xia et al.，2014；Hong et al.，2008；Grasselli et al.，2003；Beer et al.，2002）认为 JRC-JCS 剪切强度准则在估算裂面强度时估算值偏低的原因，因此，部分学者试图从 3D 角度对岩体裂面的粗糙度进行分析。

在从 3D 角度对岩体裂面形貌特征进行分析的过程中，3D 测量技术可以在无接触的状态下获取物体表面的点云数据，该项技术在岩体工程中的推广与应用，为我们从 3D 角度全面地认识裂面的几何特征提供了基础，很多学者已经提出了一些评价裂面三维形貌特征的 3D 参数。Belem 等（2000）提出利用 3D 的平均倾角 θ_s、各向异性度 K_a、平均梯度 Z_{2s} 和表面扭曲参数 T_s 5 个参数来描述裂面的 3D 形貌特征；Grasselli 等（2002）考虑了剪切方向上裂面倾角和接触面积的关系，建立了裂面上有效倾角与其对应接触面积的统计函数，提出了度量裂面 3D 粗糙度的参数 $\theta^*_{\max}/C$；考虑参数 $\theta^*_{\max}/C$，当 $C=0$ 时将失去意义；Tatone 等（2009）经过数学推导提出了利用参数 $\theta^*_{\max}/(C+1)_{3D}$ 来表征裂面的粗糙度；并且 Tatone 等（2010）对参数 $\theta^*_{\max}/(C+1)_{3D}$ 进行了 2D 化处理，经过对 10 条 JRC 标准轮廓曲线的分析，提出了 2D 参数 $\theta^*_{\max}/(C+1)_{2D}$ 与 JRC 值的拟合关系；葛云峰（2014）基于光亮面积百分比提出了考虑裂面各向异性的 3D 形貌特征参数 BAP；陈世江等（2015）也提出了一个考虑裂面各向异性特征的 3D 形貌特征参数 SR_v；孙辅庭等（2014）基于离散三角形面积单元的 3D 裂面，提出了包含裂面起伏特征、角度特征及分形特性的 3D 指标 SRI 来描述裂面的形貌特征；Liu 等（2018，2017）利用高度特征和角度特征对裂面的粗糙度进行了度量，并与 JRC 值建立了拟合关系。

以上 2D 参数和 3D 参数大多数是基于裂面单个形貌特征因素对其粗糙度进行度量的，但是由于天然岩体裂面形态十分复杂，并且具各向异性及间隔效应等，对其能否全面地描述裂面的形貌特征仍存在疑虑。相关研究也指出用单一参数来描述裂面形态是不合理的，可能造成形貌描述的显著误差，甚至错误的结论（Hyun-Sic，2014；Tatone et al.，2010）。因此，部分学者提出多角度描述裂面的形貌特征（Liu et al.，2018，2017；孙辅庭 等，2014），Bahat（1991）曾引用了 14 个参数来描述裂面的表面特征，所用参数几乎涉及其形貌特征的各个方面，但结果仍未得到公认。因此，目前尚无定论究竟哪一个或者若干个参数能够最好地描述裂面表面形态。实际上，由于岩体自然裂面表面特征的复杂性，要想完全准确地描述其形貌特征具有很大的困难。然而，度量裂面形貌特征的主要目的是研究其剪切行为并估算其剪切强度，如果可以辨识哪几个形貌特征因素是对裂面的剪切行为产生明显影响，并且利用这些因素来表征裂面的粗糙度则更有利于裂面的定量描述。

1.2.2 岩体裂面模型制作技术

目前获取岩体宏观力学性质和变形破坏特征的方式主要有三种：现场试验、数值模拟和室内试验（Jiang et al.，2013；朱维申 等，1992；林韵梅，1984；Goodman et al.，1968）。现场试验是了解工程岩体特性最直接的方法，所得到的试验数据能够较为准确地反映所在试验区域岩体的力学性质（冯夏庭 等，2016；贾志欣 等，2013；Jiang，2013；陈建胜 等，2011；Zoback et al.，1985；Herget et al.，1976），但是往往周期较长、花费巨大，并且由于岩体结构十分复杂，得到的原位试验数据离散性很大，甚至某些工程由于现场条件的限制而不能进行现场试验，具有很大的局限性。数值模拟可以直观地显示岩体复杂的结构，定量地分析岩体复杂的物理力学行为，具有可重复性、可预测性及成本低廉等优势，得到了较广泛的应用（Farhat et al.，2014；江权 等，2011；Feng et al.，2000；朱维申 等，1992；Barton et al.，1985；Cundall et al.，1971；Goodman et al.，1968）。然而，数值几何模型通常无法包含复杂岩体中大量裂面、裂隙、破裂面而只能将计算模型进行简化处理，造成了数值地质模型与真实岩体地质模型存在较大偏差，并且受材料参数选取、本构关系等因素制约，数值模拟计算结果难以与工程现场完全一致（Garboczi et al.，2006；Häfner et al.，2006；尚岳全 等，1997；Wang et al.，1990）。室内试验一直是研究岩体力学行为的常用手段之一，尤其是室内模型试验，它可以直观地观察试验结果及其工程岩体的破坏特征，使人更容易从宏观上把握岩体工程整体的力学特征、变形趋势和稳定性特点，因此物理模型试验一直是研究岩体工程结构稳定性、支护系统优化设计及验证数值模拟结果的重要手段（陈春利 等，2017；黄润秋 等，2016；左保成 等，2004；Johnston et al.，1989；林韵梅，1984；Kovari et al.，1978；Barton，1972）。

对于裂面模型试验，原岩裂面在取样、切割、搬运及装样过程中其表面容易遭到破坏损伤，导致裂面上下盘的吻合度较差，影响试验效果和分析精度，室内裂面模型试验一直是研究其剪切力学行为的有力手段。而且由于裂面形貌特征十分复杂，起伏高度不一、倾角大小不同，且具有很大随机性，要想批量获得具有相同形貌特征的裂面试样几乎是不可能的。正如德国哲学家莱布尼茨所说"世界上没有完全相同的两片树叶"，自然界也没有两块形貌完全相同的岩体裂面。另外，原岩裂面的剪切实验是一次性破坏实验，如果裂面表面受损是无法进行重复剪切实验的，而仅靠一次原岩裂面的实验数据也不能满足实验精度要求。因而，为了克服原岩裂面剪切实验中缺少批量的形貌完全相同的试样，部分学者以原岩裂面为模型提出了利用相似材料制作含 3D 形貌特征裂面模型的方法（罗战友 等，2010；杜时贵 等，2010）。黄曼等（2013）以原岩裂面为模具，在其上覆盖隔离膜后浇筑相似材料并养护得到含自然裂面的上下盘试样；王刚等（2015）通过岩石劈裂形成粗糙裂面并将其作为模具浇筑相似材料；陈世江等（2016）以粗糙薄铁片为模具浇筑水泥砂浆制作裂面剪切试样。这种方法虽然可以批量获取含同一个裂面模型的试验试样，但是该方法可能存在三个问题：①浇筑过程中裂面的细小形貌特征将会被充填，这将导致多次复制的裂面模型试样缺失一些原岩裂面的细小形貌特征；②长时间的浇筑过程中，不可避免地会对原岩裂面产生永久性的破坏，直接影响后续裂面的复制形态一致性；③原岩裂面不易长期保存和携带，不利于多人多地协同研究。

近年发展起来的 3D 打印（3D printing，3DP）技术可以快速便捷地重建表面形貌复杂的 3D 实体，引起了国内外各个领域专家学者的广泛关注。这一技术自 20 世纪 80 年代中后期兴起以来（Sachs，1989）便表现出强大的生命力，2012 年美国《时代》周刊将 3D 打印产业列为"美国十大增长最快的工业"，英国著名经济学杂志《经济学人》则认为 3D 打印技术将"与其他数字化生产模式一起推动实现第三次工业革命"。目前，3D 打印技术已经在工业制造、生物医学、建筑制造、考古修复等行业中得到很好的应用，并且部分学者也将 3D 打印技术引入了部分岩体力学的研究工作中。例如：Ju 等（2017）制作出了与自然砂砾岩具有相同内部结构的透明试样，分别研究了其内部结构对应力场分布、塑性区及水压致裂下裂隙扩展的影响；Jiang 等（2015）尝试性地将高分子聚乳酸（poly lactic acid，PLA）材料和粉末打印材料（主要为半水石膏 $CaSO_4 \cdot 0.5H_2O$）（Peng et al.，2016；Jiang et al.，2015）应用到力学模拟试验的研究，研究表明粉末状石膏材料更适用于岩石力学性质的研究；Jiang 等（2016）以粉末状砂岩为主要打印材料，首先证实了 3D 打印技术在制作具有特殊外观特征及含内部缺陷岩体模型试样方面具有较好的可行性。而由于含裂面岩体的复杂性及裂面制样制作的困难性，有学者探索性地将 3D 打印技术引入了裂面模型的制作中，例如 Jiang 等（2016）将 3D 扫描技术和 3D 打印技术相结合，首先提出了制作含自然岩体裂面试样的新途径。由此可见，3D 打印技术可以实现类岩石材料或者复杂内部结构的 3D 模型制作，这给打破裂面模型试样制作所遇到的困境带来了一定契机。

为此，本书将目前较为先进的 3D 扫描技术、3D 打印技术及 3D 数字雕刻技术等逆向工程技术引入岩体裂面的研究工作，利用相关技术制作一系列含不同裂面特征的模型，并对其可靠性和稳定性进行分析。

1.2.3 岩体裂面剪切磨损机理与强度模型

大量岩体的失稳破坏工程实例往往与裂面的剪切破坏有关，因此裂面的剪切力学性质和剪切强度特征是分析工程岩体的重要依据，其中裂面壁面强度特征和形貌特征是影响裂面剪切行为的主要因素，也是认识岩体裂面剪切机制的关键点。

裂面的壁面强度特征是评估裂面剪切强度的重要参数，自 1996 年 Patton 基于剪胀效应，首次将起伏角引入莫尔-库仑公式提出双线性剪切强度模型以来，国内外学者相继提出了多个在常法向应力条件下裂面的峰值剪切强度模型，而这些剪切模型中几乎都包含了表征岩体裂面壁面性质的参数。根据表征岩体裂面壁面强度的不同参数，可以将剪切强度公式分为两类。一类是以岩体裂面的单轴抗压强度来表征壁面力学性质对剪切强度的影响。例如，Ladanyi 剪切强度公式（Ladanyi，1969）、JRC-JCS 剪切强度公式（Barton，

1977，1973）、Jing 剪切强度公式（Jing et al.，1992）、Kulatilake 剪切强度公式（Kulatilake et al.，1995）、Jeong 剪切强度公式（Jeong-gi，1997）、JRC-JMC 剪切强度公式（赵坚，1998）、Belem 剪切强度公式（Belem et al.，2000）、Lee 改进的 JRC-JCS 剪切强度公式（Lee et al.，2014）、Kumar 剪切强度公式（Kumar et al.，2016）、Yang 剪切强度公式（Yang et al.，2016）、葛云峰剪切强度公式（葛云峰，2014；Tang et al.，2012）、孙辅庭剪切强度公式（孙辅庭 等，2014）、陈世江剪切强度公式（陈世江 等，2016）及 Liu 的剪切强度公式（Liu et al.，2018）等，这些公式中都包含裂面壁面的单轴抗压强度 σ_c 参数。另一类则是以抗拉强度来衡量裂面壁面强度对剪切强度的作用。Grasselli 剪切强度公式（Grasselli，2006）、Tatone 剪切强度公式（Tatone et al.，2009）、Ghazvinian 剪切强度公式（Ghazvinian，2012）、Xia 剪切强度公式（Xia et al.，2014）及唐志成提出的一系列剪切强度公式（Tang et al.，2016a）、Zhang 剪切强度公式（Zhang et al.，2016）及 Tian 改进的 Grasselli 剪切强度公式（Tian et al.，2018）等都包含了裂面壁面的单轴抗拉强度 σ_t 参数。

以上所提到的剪切强度公式都是在上下盘裂面壁面性质相同的基础上提出的，然而部分工程难题中岩体接触面两侧壁面的强度性质是不同的，例如采矿工程中充填尾砂胶结体（cemented paste backfill，CPB）与围岩接触面（CPB-岩石）的稳定性问题（Wang et al.，2009；Nasir et al.，2008）及矿岩接触面（岩石-矿石）的稳定性问题（余伟健 等，2011；岩小明 等，2005）、边坡工程中软硬岩互层边坡失稳的问题（硬岩-软岩）（宋娅芬，2015；Ghazvinian，2010）、坝基工程中混凝土坝基和基岩的稳定问题（Emioshor，2003；李瓒，2000；龚召熊 等，1988），以及支护系统中嵌岩桩的荷载传递特性（混凝土-岩石）（Zhang，2011；赵明华 等，2009；何思明 等，2007）等。针对上下盘岩体壁面强度性质不同的岩体工程稳定性问题，通常的做法是以壁面强度较低侧的力学参数作为裂面的计算参数。例如在计算充填采矿 CPB 与围岩接触面的稳定性时，常常以胶结充填体的力学参数为计算参数（Li et al.，2003；Terzaghi，1943）。但是，Nasir 等（2008）分别对 CPB-CPB 试样和 CPB-岩石（石灰岩）试样进行剪切实验发现，在相同的法向应力条件下，CPB-岩石试样的裂面剪切强度要比 CPB-CPB 试样的剪切强度低。Atapour 等（2013）以石膏-混凝土试样为研究对象，发现在相同条件下，虽然软-硬裂面的剪切行为更接近于软-软裂面，但石膏-混凝土试样的剪切强度要大于混凝土-混凝土试样、小于石膏-石膏试样的强度，故将壁面强度较低侧的力学参数作为软-硬裂面的计算参数的方法是不合适的。针对以上问题，Ghazvinian 等（2010）根据锯齿状软-硬裂面的剪切实验结果，发现剪切过程中裂面凸起体的剪断全部来自较软裂面一侧，并在假设硬裂面的一侧是刚性的基础上首次建立了常法向应力下考虑壁面强度特征的软-硬剪切强度公式。但是在实际工程中，自然岩体裂面远比锯齿状裂面复杂。在 Johnston 的研究中，以光滑的（Johnston et al.，1984）、规则锯齿状的（Johnston et al.，1989）、不规则锯齿状的（Kodikara et al.，1994）岩石-混凝土试样为研究对象，发现其软-硬裂面的剪切行为与其表面形貌有密切关系；Seidel 等（2002）和 Gu 等（2003）也得到了类似的规律。因此，相对于锯齿状裂面而言，自然岩体裂面的剪切行为必定更加复杂，在剪切过程中裂面壁面强度较高的一侧也可能发生剪断破坏，故有必要进一步研究裂面壁面强度对剪切行为的影响。

裂面的形貌特征是评估裂面剪切强度的另一个重要参数。工程岩体中的裂面形貌特征十分复杂且具有各向异性特征,这导致工程岩体的剪切力学性质表现出一定的方向依赖性(夏才初 等,2002;王思敬,1990;孙广忠 1988;谷德振,1979;Barton,1977,1973)。这种现象是普遍存在的,正如 Barton 所说"大多数岩体可能是各向异性的"(Barton et al.,2014)。在工程现场中有很多岩体失稳问题与裂面的各向异性特征有关,例如山体滑坡(Gu et al.,2016;Regmi et al.,2016;Zhao et al.,2016)、隧道巷道塌落(Feng et al.,2016;Wang et al.,2014,2013)、采空区沉降(Jiang et al.,2017;Yang et al.,2015;Rodríguez et al.,2014)等。岩体裂面的表面形貌特征由许多形状不一、大小不同的微凸起体组成,裂面在剪切过程中的宏观破坏和剪切强度主要是由这些微凸起体的磨损啃断所致(Hong et al.,2016;Indraratna et al.,2014;Gentier et al.,2000;Hutson et al.,1990)。因此,合理地描述裂面表面形貌特征的各向异性特征是研究其剪切行为各向异性特征的前提条件。

岩体裂面表面形貌特征的各向异性一直是学者们关注的问题,几十年来国内外许多学者对此性质开展了研究。杜时贵等(1993)利用统计学原理,对不同方向的 2180 条裂面剖面线的粗糙度系数的测量值进行统计分析,阐述了裂面粗糙度 JRC 的各向异性规律。李久林等(1994)也用类似的方法,利用直边法度量了若干条裂面剖面线的粗糙度,对其形貌特征的各向异性进行分析,并在此基础上对裂面强度特征的各向异性进行了论证。王金安等(1998)采用投影覆盖法分析了裂面沿 0°、45°、90° 和 135° 4 个分析方向剖面线的形貌特征,并利用尺码法定量计算了这些剖面线的分形维数,以此研究岩石断裂面粗糙度的各向异性。Xie 等(1999)和 Yang 等(2001a)分别采用分形维数的方法对裂面的各向异性特征进行了分析。Baker 等(2008)基于分形理论研究了天然裂面与人工裂面表面剖面线粗糙度各向异性的特征。Roko 等(1997)基于改进的变差函数描述了裂面剖面线粗糙度的各向异性。Zhou 等(2004)引入了累计功率谱密度指数来描述裂面表面形貌的各向异性特征。徐磊等(2010)基于小波分析理论分析了 2D 粗糙度参数坡度均方根 Z_2 的各向异性规律。殷黎明等(2009)研究了不同取样长度下 2D 粗糙度的各向异性规律。游志诚等(2014)利用裂面的点云数据建立了裂面表面形态 3D 数字高程模型,并基于变差函数法研究了裂面 12 条剖面线分形维数的各向异性。陈世江等(2016)应用地质统计学原理,采用变异函数参数(基台 C 和变程 α)来表示裂面粗糙度,并利用此参数对裂面的各向异性做了分析。以上研究都是基于裂面 2D 剖面,但是用 2D 剖面线的形貌特征来代表整个 3D 裂面的形貌特征,具有一定的局限性。因此,有学者从 3D 角度对裂面的各向异性特征进行了相关研究。Kulatilake 等(2006)基于裂面表面 3D 点云数据,求出离散化后单元平面的产状信息,然后将此展现在赤平投影极点图中,以此来度量裂面的各向异性特征;何满潮等(2006)利用激光扫描技术得到了岩体裂面的 3D 形貌特征,并通过计算垂直和平行运动方向的裂面峰顶半径(β)和两参数峰点密度(η),得出破裂面形貌自身具有各向异性,并且这种自身形貌的各向异性决定了力学行为的各向异性;Tatone 等(2013)利用部分描述裂面形貌特征的参数($\theta^*_{max}/(C+1)_{2D}$、

$\theta^*_{max}/(C+1)_{3D}$、$Z_2$、$R_p$)分别从 2D 和 3D 角度揭示了裂面各向异性的特征；Nasseri 等（2010）利用 3D 粗糙度参数 $\theta^*_{max}/(C+1)_{3D}$ 值来描述裂面形貌特征的各向异性特征，并进一步发现粗糙度与断裂韧度之间存在明显正比关系。以上研究中关于岩体裂面各向异性特征的研究取得一致的成果：同一个岩体裂面，度量方向不同其粗糙度是不一样的，即裂面的形貌特征具有显著的方向性。但由于岩体裂面形貌特征十分复杂，大部分研究停滞于对此性质描述的阶段，Belem 等（2000）提出用各向异性度 K_a 来表征沿裂面表面不同方向几何特性的差异程度，但是 K_a 只是取所有度量方向中表面参数最大值与最小值的比值，忽略了裂面其他方向形貌特征的影响。另外，很少研究涉及不同采样间隔下裂面各向异性特征参数的稳定性问题。

室内剪切试验分析表明，岩体裂面的剪切强度是由两种机制共同作用的：一种是裂面之间的滑移行为，另一种是裂面的剪断行为（Hong et al.，2016；Indraratna et al.，2014；Xia et al.，2014；Grasselli et al.，2002；Gentier et al.，2000；Hutson et al.，1990；Barton，1985，1977，1973）。而这两种机制都与裂面的形貌特征有直接关系。例如：Parton（1966）认为粗糙裂面的剪切强度主要由裂面的摩擦、剪切破坏性能和剪胀特性决定；Barton（1985，1977，1973）指出裂面粗糙度对裂面的局部磨损具有重要影响。因此，一些学者开展了裂面形貌特征各向异性对剪切行为影响的研究，并得出了非常相似的结论：由于裂面沿不同分析方向的形貌特征存在差异性，其破坏特征、变形特征和剪切强度也都表现出明显的各向异性特征，并且这些各向异性特征随着正应力的增加而减小（Kumar et al.，2016；Grasselli et al.，2003；Gentier et al.，2000；Riss et al.，1997；Jing et al.，1992；Huang et al.，1990）。应当指出，以上研究结论是通过观察剪切前后某些表面形态参数、损伤区的位置和面积的变化所得到的（Hong et al.，2016；Kumar et al.，2016；Babanouri et al.，2015；Hossaini et al.，2014；Grasselli et al.，2003；Gentier et al.，2000；Riss et al.，1997；Jing et al.，1992；Huang et al.，1990）。目前，关于裂面局部剪切破坏体积与剪切强度各向异性特征的关系还不清楚，研究很少涉及此类问题，而这对进一步深入认识裂面各向异性特征的破坏机理是非常重要的。

在研究裂面形貌特征的过程中，学者们提出了许多岩体裂面在常法向荷载条件下的峰值剪切强度准则，表 1.1 汇总了部分剪切强度模型。分析表 1.1 可知，学者们提出的剪切强度准则似乎正经历两个演变趋势：一是在测量裂面表面特征时引入 3D 光学测量技术，使得在剪切强度公式中，评价裂面粗糙度对峰值剪切强度影响的参数逐渐从局部 2D 参数转换为全局 3D 形貌参数；二是自 Patton（1966）建立双线性剪切强度准则以后，许多学者提出了许多包含不同影响剪切行为因素的剪切强度公式，如裂面接触状态（Tang et al.，2016；Barton，1985，1977，1973）、填充材料（Indraratna et al.，2005）、裂面各向异性（Tian et al.，2018；Dong et al.，2017；Liu et al.，2017；陈世江 等，2016；Kumar et al.，2016；葛云峰，2014；Xia et al.，2014；Grasselli et al.，2003；Kulatilake et al.，1995）等。在这些因素中，剪切强度的各向异性受到越来越多学者的关注，这说明关于岩体剪切强度的各向异性特征仍有进一步研究的价值。

表 1.1 部分学者关于峰值剪切强度准则的研究综述

峰值剪切强度	参数说明	模型特点	相关文献
$$\begin{cases} \tau_p = \sigma_n \tan(\varphi_b + i), & \sigma_n \leq \sigma_T \\ \tau_p = \sigma_n \tan\varphi_r + c_r, & \sigma_n > \sigma_T \end{cases}$$	τ_p 为峰值剪切强度；σ_n 为法向应力；φ_b 为裂面的基本摩擦角；σ_T 为临界法向应力；i 为规则裂面的起伏角；φ_r 为残余摩擦角；c_r 为裂面壁面的内聚力	该模型认为裂面表面的粗糙度分为半刚性体，在剪切中可以准确区分爬坡损伤和剪断破坏。然而实际剪切过程中，裂面的剪切破坏是一种复合破坏，包含了爬坡损伤和剪断破坏，很难区分	Patton (1966)
$$\tau_p = \sigma_n \tan\varphi_r + c_r(1 - e^{-b\sigma_n})$$	b 为拟合系数	该模型认为裂面表面微凸起体的剪断是一个渐变的过程，但是该模型没有考虑裂面微凸体所引起的剪胀效应	Jaeger (1971)
$$\tau_p = \sigma_n \tan(i_o e^{-k\sigma_n} + \varphi_b)$$	i_o 为初始剪胀角；k 为与材料相关的常数	该模型考虑了裂面的剪胀角，但未考虑裂面表面微凸起体的啃断	Schneider (1976)
$$\tau_p = \sigma_n \tan\left[JRC \cdot \lg\left(\frac{JCS}{\sigma_n}\right) + \varphi_b \right]$$	JRC 为裂面粗糙度系数；JCS 为裂面的壁面强度	该模型中通过引入参数 JRC 来综合反映裂面粗糙度对剪切强度的影响，该模型是目前在工程中运用最广泛的剪切强度模型	Barton(1977, 1973)
$$\tau_p = \sigma_n \tan\left\{ I + a(SRP)^c \left[\lg\left(\frac{\sigma_c}{\sigma_n}\right)^d \right] + \varphi_b \right\}$$	SRP 为固定的粗糙度参数；I 为与方向有关的粗糙裂面倾角；σ_c 为单轴抗压强度；a、c、d 为回归系数	该模型可以表征剪切强度的各向异性，但该模型中有许多待定参数，这不利于工程应用	Kulatilake (1995)
$$\tau_p = \sigma_n \tan\left[JRC \cdot JMC \cdot \lg\left(\frac{JCS}{\sigma_n}\right) + \varphi_b \right]$$	JMC 为裂面的吻合系数	该模型考虑了裂面吻合度对剪切强度的影响	Zhao (1997a, 1997b)
$$\tau_p = \left[1 + e^{-\left(\frac{\theta_{max}^*}{9A_0 C}\frac{\sigma_n}{\sigma_t}\right)} \right] \times \sigma_n \tan\left[\left(\frac{\theta_{max}^*}{C}\right)^{1.18\cos\beta} + \varphi_b \right]$$	θ_{max}^* 为沿剪切方向裂面表面最大的视倾角；A_0 为裂面总面积之比；C 为裂面粗糙度参数；β 为片理平面与裂面法线的夹角；σ_t 为完整岩石的抗拉强度	该模型包含了裂面的3D形貌参数，是真正意义上的3D剪切强度公式，并且能够表征剪切强度的各向异性，但是该模型不符合莫尔-库仑强度准则	Grasselli 等 (2003)

峰值剪切强度	参数说明	模型特点	相关文献
$\tau_p = \sigma_n \tan\left\{\left(\dfrac{4A_0\theta_{max}^*}{C+1}\right) \times \left[1 + e^{-\frac{1}{9A_0}\left(\frac{\theta_{max}^*}{C+1}\right)\frac{\sigma_n}{\sigma_t}}\right] + \varphi_b\right\}$	参数同上	该模型是改进的 Grasselli 剪切强度模型，改进后该模型符合莫尔-库仑强度准则	Xia 等（2014）
$\tau_p = \sigma_n \tan\left[i_{p0}\dfrac{(\sigma_t/\sigma_n)}{a(Z_2)^b + (\sigma_t/\sigma_n)} + \varphi_b\right]$	Z_2 为坡度均方根；a、b 均为回归系数	该模型是直接含有裂面统计参数的强度公式	唐志成等（2015）
$\tau_p = \dfrac{2}{3}\sigma_n\tan\left\{\varphi_b\left[1 + 1.538\times10^{-6}\,\text{BAP}^{3.607}\right]\lg\left[\left(\dfrac{JCS}{\sigma_n}\right)^{3.481}\right]\right\}$	BAP 为光亮面面积百分比	该模型考虑了裂面粗糙度的各向异性、尺寸效应和间距效应等	葛云峰（2015）
$\tau_p = \sigma_n\tan\left\{\left[10.725\ln\left(A\,\overline{SRv}^{1-\alpha}\right) + 42.202\right]\cdot\lg\left(\dfrac{JCS}{\sigma_n}\right) + \varphi_b\right\}$	A 为裂面平均起伏值系数；$\overline{SRv}$ 为裂面表面的平均起伏角；α 为常数	该模型通过裂面的起伏状角和起伏幅值定量化 JRC，改进 Barton 剪切模型，并且该模型可以表示裂面的各向异性特征	陈世江等（2016）
$\tau_p = \sigma_n\tan\left[\theta_A e^{-(\theta_{max})^{0.89}\frac{\sigma_n}{\sigma_t}} + (\theta_{max})^{1.07}\times\left(\dfrac{\sigma_n}{\sigma_t}\right)^{0.42\ln(\theta_{max})^{0.07}-1.33} + \varphi_b\right]$	θ_{max} 为裂面表面的最大倾角；θ_A 为裂面表面的平均倾角	该模型是在给合实际峰值剪切角分量的基础上提出的，该模型可以表征剪切强度的各向异性	Kumar 等（2016）
$\tau_p = \sigma_n\tan\left[\dfrac{\arccos(1/R_s)}{(\sigma_p+1)^m} + \varphi_b\right]$	R_s 为裂面表面的展开面积与其投影面积的比率；σ_p 为峰值法向应力；m 为修正系数	该模型是基于裂面 3D 形貌特征提出的	Dong 等（2017）
$\tau_p = \sigma_n\tan\left\{\left(\dfrac{\overline{\theta^*}}{n}\right)^{1.05}\cdot h^{0.4}\cdot\lg\left(\dfrac{2.1JCS}{\sigma_n}\right) + \varphi_b\right\}$	$\overline{\theta^*}$ 为裂面表面视倾角的平均值；h 为裂面的平均高度；n 为拟合参数	该模型利用高度特征和角度特征度量裂面的粗糙度，是 Barton 的改进模型	Liu 等（2017）
$\tau_p = \sigma_n\tan\left[\dfrac{160\cdot C'^{-0.44}}{\dfrac{\sigma_n}{\sigma_t}+2} + \varphi_b\right]$	C' 为改进的裂面粗糙度参数	该模型基于新提出的裂面倾角分布函数来描述裂面的粗糙度特征，提出了改进的 Grasselli 剪切强度模型，该模型仍可以反映裂面的各向异性特征	Tian 等（2018）

1.2.4　含裂面岩体等效力学模型

完整岩石力学性质、裂隙面空间几何分布特征及其力学特性共同决定了含裂隙/裂面/破裂隙岩体的变形破坏行为。目前，裂隙岩体变形破坏特性的数值分析方法主要是非连续介质法和连续介质法。在实际岩体工程中，岩体裂面分布的遍布性，采用非连续介质法很难在工程尺度上实现对裂隙岩体相似几何结构的准确模拟。因此，充分利用裂隙岩体的调查统计信息，通过合理的方法将裂隙岩体等效为连续介质体，进而提出裂隙岩体等效力学参数，实现岩体变形破坏特性的量化表征，仍然是当前裂隙岩体力学特性评价的有效方法。

裂隙岩体等效力学参数研究经历了由经验分析到理论解析、由定性研究到定量计算的发展过程，并且伴随着新理论、新方法和新手段的出现。目前关于裂隙岩体等效力学参数的确定方法主要包括现场试验法、室内试验法、数值试验法、经验关系法、解析法及参数反分析法等。

现场试验法通过对原位大尺寸岩体试样进行试验测试以获取岩体等效力学参数，它是获取岩体等效力学参数最直接的方法。现场试验主要包括原位单轴压缩试验、扁千斤顶试验、钻孔千斤顶试验及承压板试验等。相比于室内岩块试样尺寸，现场试验的试样尺寸较大，一定程度上能够反映岩体的结构特征。随着试验技术和设备的发展，原位试样的尺寸越来越大，有的约数十米。但是即使原位试样尺寸再大，在不同尺度裂面的切割下，其结构特征也具有一定的独特性；另外，原位试样在制备过程中将会受到一定程度的扰动，这种扰动在高应力地质条件下尤其显著，所以原位试验结果很难准确再现工程尺度岩体的真实力学响应。在试样代表性、试验仪器精度、岩样损伤程度、尺寸效应及试验结果分析误差等多重不确定性因素的影响下，现场试验法确定的裂隙岩体等效力学参数表现出较大的离散性（Hoek et al.，2006；Palmström et al.，2001；Bieniawski et al.，1978）。同时现场试验费时费力、花费昂贵，所以难以对原位试样进行大量的现场试验来提高试验结果的可靠性。因此，在实际岩体力学参数确定的过程中，很少采用现场试验法。

相比于现场试验，室内试验过程简单高效。由于受试样尺寸的限制及现场含裂面试样取样难度的制约，室内试验法一般用于含预制裂面相似材料试样或真实岩石材料试样的力学特性测试（陈新 等，2011；Kulatilake et al.，2001；Yang et al.，1998；Einstein et al.，1973；Brown，1970；John，1969）。由于预制含裂面试样不能反映真实裂面的几何分布特征及其力学特性，室内试验往往局限于具有不同裂面组构特征的岩体变形规律、破坏机制及其各向异性力学特征的研究，获得的等效力学参数难以应用于实际工程。

经验关系法是通过对大量试验数据资料的回归分析，建立裂隙岩体力学参数与岩体分类指标之间的经验关系来估算岩体等效变形和强度参数的方法。基于不同的岩体质量评价指标，众多学者提出了不同的岩体变形和强度参数的经验评价公式（Dinc et al.，2011；Cai et al.，2007a，2004；Barton，2002；Hoek et al.，1997；Nicholson et al.，1990）。

经验关系法简单、便捷和经济等优点使其在岩体等效力学参数评价方法中占据重要的地位。由于经验关系公式建立于大量室内和现场试验资料之上，在样本数量和试验条件的限制下，通过回归分析确立的经验关系公式无法全面考虑各个地质影响因素，从而导致不同经验关系公式对同一岩体力学参数的评价结果离散性较大，所以经验关系法的应用具有很大的主观性，其对岩体力学参数的评价精度尚无法准确估量。另外，该方法缺少建立裂隙岩体力学本构模型并确保相关力学参数形式不违背热力学第二定律的数学表达基础，不利于裂隙岩体各向异性力学特性的研究。

数值试验法是近年来发展起来的确定裂隙岩体等效力学参数的有效方法。该方法的分析步骤为：首先建立能够反映裂隙岩体结构特征的岩体数值模型，然后在模型上施加荷载以模拟力学试验过程，最后分析数值试验结果以确定裂隙岩体等效力学参数。数值试验法能够按照实际裂面分布特征建立裂隙岩体数值模型，并在数值模拟过程中实现岩块和裂面之间及裂隙之间相互作用的模拟，从而能够更加真实地反映裂隙岩体的力学行为。相比于现场试验法，数值试验法不仅能够进行大尺度试样力学性质的模拟分析，还具有方便高效、经济实用等优点，目前已广泛运用于裂隙岩体变形破坏性质的研究（Bidgoli et al.，2014；Cundall et al.，2008；Ivars et al.，2008；Min et al.，2004）。数值试验法的不足就是无法显示定义完整岩石与裂面网络之间的相互作用关系，也不能建立能够描述岩体力学行为的本构关系。数值试验法中采用的数值分析方法主要分为连续介质法、非连续介质法及连续-非连续介质法。连续介质法主要包含有限元法（finite element method，FEM）、有限差分法（finite difference method，FDM）和边界元法（boundary element method，BEM），其中有限元法发展最为成熟，是连续介质方法中应用最为广泛的数值分析方法。随着计算机技术的发展，非连续介质法也逐渐发展起来。非连续介质法主要包括离散单元法（discrete element method，DEM）、不连续变形分析（discontinuous deformation analysis，DDA）法和数值流形法（numerical manifold method，NMM）。非连续介质法将裂隙岩体视为完整岩块和裂面系统的集合体，将裂面系统以显示方式表征于数值模型中，能够客观真实地反映裂隙岩体的结构特征，模拟岩体内局部应力应变的情况。其中，离散单元法是 Cundall 于 1971 年提出来的一种显示求解的数值方法，后期在 Lemos（1985）、Cundall（1988）及 Hart 等（1988）的不断改进中逐渐成为一种裂隙岩体应力应变分析的强有力的数值计算方法。它可以模拟不同应力和位移边界条件下裂隙岩体的力学行为，进行岩块和裂面大尺度位移、大角度旋转及复杂本构关系的计算，该方法已成为目前裂隙岩体破坏机制分析的重要手段，且已形成一些比较成熟的商业软件，如 3DEC/UDC、PFC 等。由于受计算效率及计算机性能的制约，离散单元法主要适用于小尺度裂隙岩体模型或是含有较少裂面的岩体模型的计算分析，所以离散元数值分析法的优势在于研究含裂面岩体的尺寸效应及各向异性力学特性。

解析法在对裂隙岩体变形性质研究中将裂隙岩体视为岩块和裂面的组合，并假设裂隙岩体的变形是岩块和裂面两部分变形之和，认为等效连续体与裂隙岩体在相同荷载作用下，变形相等或协调，进而建立等效连续体变形参数与裂面和岩块变形参数之间的解析关系，由此得到裂隙岩体的变形本构关系。普遍应用的变形等效法是指在相同荷载作用下裂隙岩体的变形量与岩石和裂面变形量之和相等，整体上满足热力学原理、变分原理和最小势能原理，在此基础上推导的裂隙岩体等效变形参数具有严密的理论基础且能简明直接地表达裂面组构特征和变形性质对岩体变形特性的影响规律。裂隙岩体强度特性的解析评价主要基于莫尔-库仑强度准则展开，代表性的主要有 Jaeger（1960）提出的单弱面理论。对于非贯通裂隙岩体则是基于 Jennings 准则（Jennings，1970）和损伤力学理论，通过连通率或损伤变量将完整岩石和裂面抗剪强度参数进行加权平均以确定岩体等效抗剪强度参数，从而实现裂隙岩体强度的解析评价。解析法是一种简化研究方法，其推导过程中的假设条件使得建立的解析本构关系很难客观反映真实裂隙岩体的变形破坏机制，尤其是非贯通裂隙岩体的破坏机制。

随着现场监测技术和数值计算方法的发展，岩体力学参数反分析法也随之发展起来，目前在工程岩体稳定性分析中已得到广泛的应用。参数反分析法是以现场岩体力学行为的实际监测值为目标参数对岩体本构模型中的力学参数进行拟合优化，从而确定岩体等效力学参数的方法。随着现场目标监测变量的改变及拟合优化技术的发展，参数反分析法也在学者们针对性的研究中不断完善和提升（Hisatake et al.，2008；Cai et al.，2007b；杨林德 等，2003；杨志法 等，2000；Gioda，1985；Sakurai et al.，1983），从而实现对岩体力学特性更加全面和准确的反演分析。参数反分析法的反演依据是工程岩体在裂面真实组构特征和力学特性的影响下实际发生的力学行为，所以采用该方法确定的岩体力学参数是对复杂裂面结构岩体力学性质的等效表征，一定程度上解决了岩石材料非均质性、裂面分布非连续性、随机性及变形非线弹性等造成的岩体力学本构模型建立和力学参数获取困难等问题。然而，反演分析获得的岩体等效力学参数对当前监测断面或区域的岩体结构和应力状态具有显著的依赖性，要想提高反演力学参数对岩体在工程尺度和时间尺度上的力学性质量化表征的准确程度，根本措施仍是建立能够合理反映裂隙岩体变形破坏机制的力学本构模型，在此基础上再进行反演分析。另外，现场监测费时费力，同时受地质和开挖条件等的限制，很难对岩体实施全方位全程监测，以实现对裂隙岩体空间各向异性力学特性的反演分析。

可见，基于裂隙岩体等效力学特性的合理表征，建立裂隙岩体等效力学模型的方法很多，但各种方法的优缺点也很突出，因此有必要针对多裂隙岩体变形破坏特征，结合不同方法的优势，建立一种新的裂隙岩体变形和强度的等效方法。

1.3　本书研究方法与内容

综上所述，在开展裂面剪切变形与破坏响应特征分析、评价含裂面工程岩体整体与局部稳定性时，都不可避免地面临如下几个关键问题。

（1）如何描述岩体中裂面几何形貌特征，如二维起伏特征、三维起伏特征、数值化重构、形貌特征量化与保真等。

（2）如何实现批量制作裂面剪切试样，如采用相似材料方法批量制作浇筑含相同裂面试样、采用雕刻方法直接批量制作形貌相同的岩体裂面试样、采用 3D 打印方法制作含裂面工程结构试样等。

（3）如何分析裂面剪切劣化力学特性，如识别裂面剪切磨损、分析裂面剪切滑动区域与磨损区域、定量化测量裂面磨损的面积或体积等。

（4）如何描述裂面剪切强度特性，如裂面形貌对剪切强度的影响机制、不同壁面强度裂面的强度表征、裂面三维抗剪强度表征等。

（5）如何表征裂隙岩体的等效变形和强度，如含大量裂面或裂面组工程岩体变形特征的等效表征方法、含裂面工程岩体等效强度表征方法等。

为此，本书围绕岩体裂面的几何结构和剪切特性这一关键问题，采用力学实验与理论分析相结合的方法，融合最新的 3D 扫描技术、3D 打印技术、3D 雕刻技术，以及本领域前沿的岩体等效变形张量理论、岩体细观损伤力学理论、新型剪切实验系统等，由浅入深从岩体裂面的几何形貌特征入手，阐述其裂面数字化重构与剪切试样制备方法，进而阐述裂面剪切变形与破坏的力学特征及剪切劣化机理，最后提出相应的力学模型与工程岩体概化分析理论。本书可为认识自然界和工程界普遍存在的岩体裂面、裂隙和破裂面的力学特征研究、工程岩体灾变力学机理提供重要参考和借鉴。

第 2 章
岩体裂面细观形貌分析方法

    岩体裂面力学性质分析首先需要测量裂面表面形貌的起伏特征。早期测量裂面表面几何特征常用手段是采用接触式测量方式，即利用一排探针或者一根探针与岩体表面接触，进而获取其表面轮廓特征。该测量方式操作简单、成本低，但其测量周期较长，测量精度受探针的直径和间距限制，并且该方法可能会破坏岩体裂面表面的细微特征，尤其是软岩或者风化严重的岩体表面。随着光电、电磁等技术的快速发展，一些非接触式测量手段相继出现，3D 扫描技术便是其中之一。该项技术能够在无接触的状态下获取物体表面 3D 几何特征的点云数据，具有精度高、测量速度快等优点，为分析岩体裂面形貌带来了很大便利。然而，现有文献很少系统介绍岩体裂面形貌的扫描、重构等关键技术，而且扫描点云数据采样间距效应问题也未得到系统分析。

    本章详细介绍 3D 扫描方法在岩体裂面表面形貌分析中应用的技术流程，分析岩体裂面的间隔效应和各向异性特征，提出一种度量岩体裂面各向异性特征的新指标，最后将该项技术应用于锦屏深部地下实验室片帮破裂面的细观形貌量化分析。

2.1 岩体裂面的 3D 光学扫描方法

2.1.1 3D 光学扫描原理与仪器

3D 扫描设备按照测量方法可分为激光式扫描仪和拍照式扫描仪。激光式扫描仪利用激光测距的原理，测量时由激光发射器发出一个激光脉冲信号，经岩体裂面表面漫反射后，沿几乎相同的路径反向传回到接收器，从而计算出目标点与扫描仪的距离，同时控制编码器同步测量每个激光脉冲横向扫描角度观测值和纵向扫描角度观测值，进而获取岩体裂面表面的三维坐标。拍照式扫描仪测量时由光栅投影装置投影多幅多频光栅（蓝光/白光）到待测岩体裂面表面，并由两个成一定夹角的高分辨率电荷耦合器件（charge coupled device，CCD）相机同步采集相应的图像，然后利用立体匹配技术和三角形测量原理，对采集图像进行解码和相位计算，解算出两个 CCD 相机公共视区内像素点的三维坐标，进而获得岩体裂面表面高密度的 3D 点云数据。

拍照式扫描仪系统主要分为固定式 3D 扫描系统和手持式 3D 扫描系统，如图 2.1 所示。图 2.1（a）所示的固定式 3D 扫描系统采用了先进的微结构白光投影技术和外差式多频相移 3D 光学测量技术，其单幅测量精度为 ±0.005 mm、单面扫描时间<5 s、抗干扰能力强。该固定式 3D 扫描系统主要由 3D 白光扫描仪、扫描控制软件及后处理软件组成。3D 白光扫描仪是系统的核心部分，其技术参数决定了测量精度，它用来测量岩体裂面的表面特征，进而获取其表面的点云数据。扫描控制软件主要控制 3D 白光扫描仪的扫描工作，确定扫描点的 3D 坐标，并且当所需测量试样偏大需要分多次扫描时，该软件还可以实现多幅扫描点云数据的全自动智能拼接，需要说明的是该系统如需进行多幅扫描时需要在岩体裂面表面粘贴标记点。后处理软件主要负责扫描数据的优化和点云融

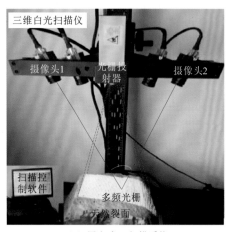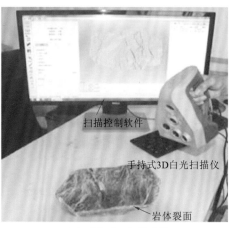

（a）固定式3D扫描系统　　　　　　（b）手持式3D扫描系统

图 2.1　3D 光学面扫描系统

合，以消除由拼接误差而在点云重合区域所产生的拼接点云间的空隙及由环境、振动及系统自身的测量误差而产生的噪声。图 2.1（b）所示的手持式 3D 光学面扫描系统主要由手持式 3D 白光扫描仪、扫描控制软件组成，在扫描过程中可以实现多幅扫描点云数据全自动实时智能拼接，无须标记点和校准，直接得到局部坐标下包含空间位置信息的目标岩体裂面点云数据；该系统的 3D 数据精度不低于 0.03 mm，数据获取速度高至 1 000 000 点/s，其便携式结构设计可以满足室内与原位岩体裂面的测量需求。

2.1.2　岩体裂面测量方法

以取自工程现场的自然岩体裂面为例，需要粘贴标记点的固定式 3D 扫描系统对裂面扫描主要可分为以下 4 个步骤[图 2.2（a）]。

（a）固定式3D白光扫描仪测量过程

（b）手持式3D白光扫描仪工程现场测量

图 2.2　岩体裂面测量过程

（1）表面预处理：①清除岩体裂面表面的灰尘和杂物，以降低因其表面的灰尘和杂物而产生的测量噪声；②物体最适合进行 3D 扫描的理想表面状况是亚白色，因此在岩体裂面表面喷涂一层薄薄的白色显像剂，以确保扫描时的测量效果。

（2）粘贴标志点：要完整地扫描岩体裂面，往往要进行多次、多视角测量，才能获得完整裂面的点云，此时就需要粘贴标志点，它的作用是进行扫描工程的全自动智能多视拼接，把不同视角下测得的点云数据转换到同一个坐标系下。

（3）岩体裂面的扫描：将粘贴了标志点的岩体试样放置于扫描台上，利用 3D 白光扫描仪进行扫描；值得注意的是，当利用全自动智能多视拼接技术时，在第一次扫描完成后，扫描范围内至少有 3 个已经识别的标志点（绿色点表示识别的标志点），以保证后续扫描数据的自动拼接。

（4）点云数据的优化和融合：按照上述思路扫描完成后，得到裂面的数据信息，然后利用系统所提供的后处理软件进行扫描数据的优化和点云融合，以消除相关误差和噪声。

不需要粘贴标记点的手持式 3D 扫描系统［图 2.2（b）］对裂面扫描主要可分为以下 3 个步骤。

（1）表面预处理：①清除岩体裂面表面的灰尘和杂物，以降低因其表面的灰尘和杂物而产生的测量噪声；②表面如存在镜面反射或反射光偏弱时应采用辅助手段改善表面反射特性，如喷涂显像剂等。

（2）目标岩体裂面表面扫描：调节手持 3D 白光扫描仪与目标岩体裂面的相对位置以保持最优测量距离，按照合理的测量路径扫描，直至获取目标岩体裂面的完整点云数据。若需要多幅面采集时，应根据要求平稳地移动手持 3D 白光扫描仪与目标岩体裂面的相对位置进行扫描，保证连续两个采集幅面有足够重叠范围作为点云拼接依据。

（3）储存目标岩体裂面点云数据：点云数据中每个点的位置信息以（X, Y, Z）三维坐标值的形式保存。

2.2　裂面 3D 表面数据重构方法

2.2.1　数据预处理

岩体裂面经过三维扫描便获取了其表面点云数据，但是这些点云数据并不能直接用于裂面表面特征的分析当中。这主要是因为岩体裂面表面特征往往十分复杂且尺寸不一，需要采用多视扫描自动拼接技术才能获取整个裂面的点云，而多视扫描自动拼接的实质是将两次扫描幅面的数据进行旋转平移，但这导致了扫描所得到的点云数据往往与三维笛卡儿坐标系的 $X\text{-}O\text{-}Y$ 平面存在一定的倾角，无法反映岩体裂面真实的存在位置，如图 2.3 所示。为了保证能够更好地描述裂面的形貌特征，为后续分析提供统一基准，需要对扫描所得到的点云数据进行预处理。

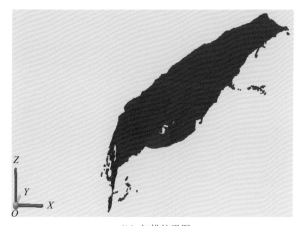

（a）扫描时所处位置　　　　　　　　　（b）扫描结果图

图2.3　裂面扫描前后所处状态图

　　上述问题的本质等效于将笛卡儿坐标系进行旋转移动，使其 X-O-Y 面与岩体表面的基准面重合，裂面3D表面数据的预处理可按如下步骤进行。

　　（1）3D点云数据的读入：利用软件程序将3D点云数据读入，存入一个 N 行3列的矩阵 $\boldsymbol{A}$ 中，其中 N 为点云数量，第一列、第二列、第三列分别存入每一点的 X、Y、Z 值，其中 X、Y 值表示各点在岩体裂面表面的位置，Z 值表示在3D笛卡儿坐标系下裂面表面的高度值。

　　（2）中位基准面的确定：根据上文所述中位基准面的确定方法，识别确定岩体裂面表面的中位基准面，设中位基准面的函数形式为 $Z = a + bX + cY$，根据中位基准面的确定原理，利用软件编程求出函数中的 a、b、c 的值，进而确定岩体裂面表面在笛卡儿坐标系的中位基准面方程。

　　（3）构造旋转矩阵和平移矩阵：根据求出的基准面方程，首先确定中位基准面的中心点 O' 为 $[0, 0, a]$，根据矩阵论相关知识，构造平移矩阵 $\boldsymbol{M}$、旋转矩阵 $\boldsymbol{R}$，分为以下两个环节。

　　首先是确定中位基准面的中心点 O'。原则上此中心点只要在中位基准面上即可，此处推荐以3D笛卡儿坐标系的 Z 轴与岩体裂面中位基准面的交点处为中心点，这是因为在实际情况中，中位基准面与 Z 轴必存在交点，这一点既特殊又具有普遍存在的意义，并根据矩阵论的知识构造平移矩阵 $\boldsymbol{M}$，将标志点全局坐标系的原点 O 点移到中位基准面的中心点 O'（图2.4），构造的平移矩阵 $\boldsymbol{M}$ 为

$$\boldsymbol{M} = \begin{bmatrix} 1 & 0 & 0 & 0 \\ 0 & 1 & 0 & 0 \\ 0 & 0 & 1 & 0 \\ 0 & 0 & -a & 1 \end{bmatrix} \tag{2.1}$$

　　然后构造旋转矩阵，使笛卡儿坐标系的 X-O-Y 面与岩体裂面的中位基准面重合，坐标系 X-Y-Z 旋转到 X'-Y'-Z' 坐标系位置，如图2.4所示，根据矩阵论知识构造出旋转矩阵，以实现此目的，旋转矩阵为

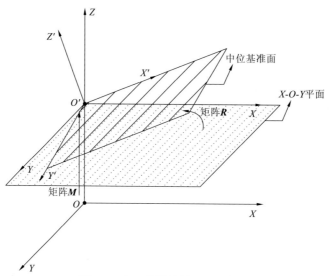

图 2.4　点云数据旋转移动示意图

$$R = \begin{bmatrix} \sqrt{\dfrac{c^2+1}{b^2+c^2+1}} & 0 & \dfrac{b}{\sqrt{b^2+c^2+1}} & 0 \\[2ex] -\dfrac{bc}{\sqrt{(c^2+1)(b^2+c^2+1)}} & \dfrac{1}{\sqrt{c^2+1}} & \dfrac{c}{\sqrt{b^2+c^2+1}} & 0 \\[2ex] \dfrac{b}{\sqrt{(c^2+1)(b^2+c^2+1)}} & \dfrac{c}{\sqrt{c^2+1}} & -\dfrac{1}{\sqrt{b^2+c^2+1}} & 0 \\[2ex] 0 & 0 & 0 & 1 \end{bmatrix}$$ （2.2）

（4）3D 数据输出：利用平移矩阵和旋转矩阵，输出岩体裂面中位基准面下的岩体裂面形貌数据，也包含三个环节。

首先构造 N 行 4 列的矩阵 B，N 为点云数量，矩阵的第一列、第二列、第三列分别为 X、Y、Z 的值，第四列的元素全为 1，其中 X、Y 值表示各点在岩体裂面表面的位置，Z 值表示在标志点全局坐标系下岩体裂面表面的高度值。

然后利用平移矩阵和旋转矩阵，进行坐标转换[式（2.3）]，运算得到一个 N 行 4 列的矩阵 C，其中 N 为点云数量，第一列、第二列为点在岩体裂面中位基准面下的位置，第三列表示在中位基准面下岩体裂面表面的高度值。

$$[X'\ \ Y'\ \ Z'\ \ 1] = [X\ \ Y\ \ Z\ \ 1] \times M \times R$$ （2.3）

最后将矩阵 C 的第一列、第二列、第三列存入一个 N 行 3 列的矩阵 D 中，其中 N 为点云数量，将矩阵 D 转为文本数据并输出，从而得到岩体裂面中位基准面下的点云数据。

在对岩体裂面的点云数据进行旋转移动之前，根据实际情况可能还需要进行如下点云数据前处理工作（以一典型岩体裂面为例）。

（1）研究区域的提取与选择：根据研究需要筛选提取研究区域内的点云数据[图 2.5（a）]，该过程可以借助编程软件或逆向工程软件（如 Geomagic Studio 软件）

实现，图 2.5（b）展示了所提取的研究区域点云数据，所选区域为 150 mm×150 mm。

（2）点云数据修补：在采用 3D 结构光扫描岩体裂面时，为了实现多视扫描自动拼接技术，在其表面粘贴了若干标志点，这些标志点的中心在扫描过程中是无法进行识别的，这样就形成了若干无数据的空洞，如图 2.5（b）所示，为了分析裂面的表面形貌特征，需要对空洞进行数据修补，该过程也可借助编程软件或逆向工程软件实现，典型处理结果如图 2.5（c）所示。

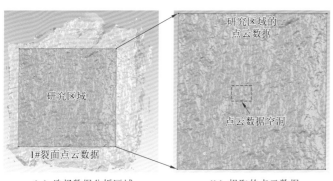

（a）选择数据分析区域　　　　　（b）提取的点云数据　　　　　（c）填充后的点云数据

图 2.5　裂面点云数据的提取和数据整理

上述工作完成以后，对裂面研究区域内的点云数据按照上述步骤进行预处理，从而将倾斜的点云数据化为中位基准面水平的点云数据，其效果如图 2.6 所示。

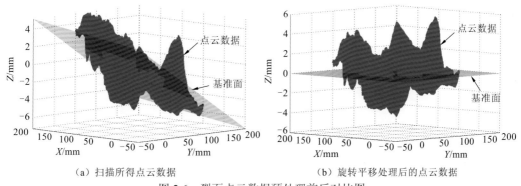

（a）扫描所得点云数据　　　　　　　　（b）旋转平移处理后的点云数据

图 2.6　裂面点云数据预处理前后对比图

2.2.2　3D 数据重构与算法

利用 3D 扫描系统对岩体裂面进行测量时，由于其表面较大或起伏显著往往需要采用多视扫描拼接，这导致获得的点云数据并不是等间距的，尤其是在多幅点云数据相互拼接融合时该问题更为明显。图 2.7（a）展示了 1#裂面在拼接处的点云数据，可以发现拼接处的点云数据比较稠密，这种现象不利于后续数据处理。为此，需要对点云数据使用局部反距离加权插值方法进行处理，其中常用的插值方法有反距离加权插值法、最近邻插值法、克里金插值法、样条插值法等，其插值效果如图 2.7（b）所示。

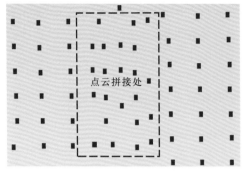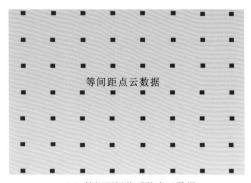

（a）点云拼接处的点云数据　　　　　　　　（b）等间距插值后的点云数据

图 2.7　点云数据的等间距插值

在对岩体裂面点云数据进行等间距处理后，为了定量分析裂面表面的 3D 形貌特征，需要对其点云数据进行 3D 岩体裂面重构。在 3D 重构过程中，岩体裂面网格剖分方式主要为三角形剖分和四边形剖分，其中多选择 Delaunay 三角形剖分法，利用 Delaunay 三角形剖分法对裂面进行 3D 重构，结果如图 2.8 所示。

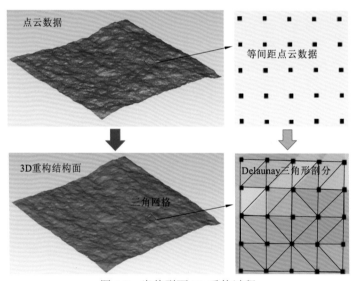

图 2.8　岩体裂面 3D 重构过程

2.3　裂面形貌特征的间隔效应分析方法

2.3.1　不同采样间隔裂面点云数据获取

间隔效应是指在对岩体裂面进行测量时，采样间距大小对其形貌特征描述的影响。在对岩体裂面的间隔效应研究中，有学者通过用不同的采样间隔对 10 条标准轮廓曲线进行数字化来研究其对裂面粗糙度的影响。但值得指出的是，10 条标准轮廓曲线是依靠一排能自由升降的针状轮廓尺来获取的，如图 2.9（a）所示，它只能测到间隔为 0.5～1.0 mm 的岩体裂面的几何特征，即轮廓尺只能测得图中红点位置[图 2.9（b）]，其他部位的形貌特征将会被忽略，这表明小于 0.5 mm 的几何特征已经遗失，岩体裂面的 2D 轮廓线只是这些测点顺次连接而成的。因此试图通过以更小的采样间距将 10 条标准轮廓曲线进行数字化来研究间隔效应是不合理的。为避免上述问题，本节分析了 1#、2#、3#三种不同粗糙度的岩体裂面，利用常用统计参数来描述不同采样间隔下裂面形貌特征的差异性，并从二维和三维角度研究间隔效应对裂面形貌特征统计参数的影响（图 2.10）。

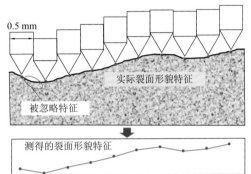

（a）针状轮廓尺（Barton，1973）　　　（b）针状轮廓尺测量原理图

图 2.9　针状轮廓尺测量岩体裂面

（a）1#裂面　　　　　　（b）2#裂面　　　　　　（c）3#裂面

图 2.10　针状轮廓尺测量岩体裂面

　　为分析采样间隔对描述裂面形貌特征参数的影响，点云数据分别取 0.1 mm、0.2 mm、…、1.4 mm、1.5 mm 一共 15 个不同的采样间隔，扫描所得点云数据的采样间隔为 0.1 mm，其他间隔的点云通过稀疏点云数据密度的方法获得。稀疏点云数据密度方法的原理是根据采样间隔的要求，从原点云数据中依次挑选出相应位置的数据点来构成满足研究间隔要求的点云数据。如图 2.11 所示，对间隔为 0.1 mm 的原点云数据稀疏 50%，即每间隔一个数据点来选取点云，便可得到间隔为 0.2 mm 的点云数据。值得注意的是，为了保证点云数据的精度，必须遵守小采样间隔向大采样间隔进行稀疏处理，且其采样间隔间的差值为最小间隔的倍数，这样既能保证点云数据的精度，又能避免在获得其他采样间隔时多次扫描。利用软件编程实现上述方法，便可得出 3 种岩体裂面在不同采样间隔的点云数据。

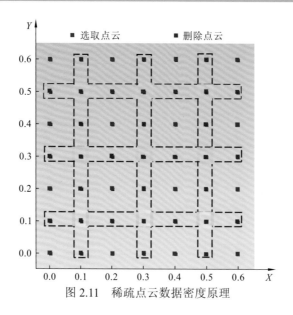

图 2.11　稀疏点云数据密度原理

2.3.2　裂面形貌特征统计参数间隔效应

为研究裂面 2D 形貌特征间隔效应的影响，分别提取 3 组裂面在不同采样间隔下相同位置处剖面线的点云数据。需要说明的是，为避免选取单一剖面线而使其结果可能具有偶然性和离散性，以及取多个剖面线的重复分析所带来的冗繁性，这里每个裂面等距离间隔提取两条剖面线，1#裂面的剖面线位置如图 2.12（a）所示。Yang（2001b）利用坡度均方根 Z_2 度量了 10 条标准 JRC 轮廓曲线，并给出了其与 JRC 值的拟合关系式，如式（2.4）～式（2.6）所示，其采样间隔为 0.5 mm，拟合系数为 0.975。利用式（2.4）计算出 6 条剖面线在间隔为 0.5 mm 下的 JRC 值，计算结果如表 2.1 所示。从表 2.1 可以看出这 6 条裂面剖面线的 JRC 值存在一定的差异性，具有一定的代表性。

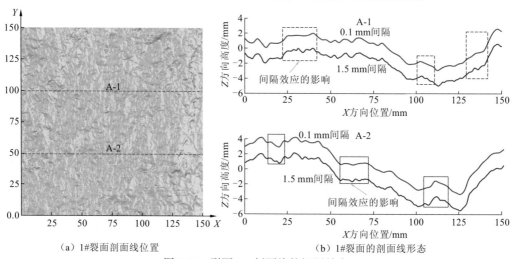

（a）1#裂面剖面线位置　　　　　　（b）1#裂面的剖面线形态

图 2.12　裂面 2D 剖面线的间隔效应

$$JRC = 65.18 \tan Z_2 - 3.88 \qquad (2.4)$$

$$Z_2 = \left[\frac{1}{L} \sum_{i=1}^{N-1} \frac{(y_{i+1} - y_i)^2}{\Delta s} \right]^{1/2} \qquad (2.5)$$

$$L = \sum_{i=1}^{N-1} (x_{i+1} - x_i) \qquad (2.6)$$

式中：Z_2 为坡度均方根；y_i 为剖面线上第 i 点的高度；Δs 为取样间隔，本节为 0.5 mm；N 为点云总数。

表 2.1　剖面线的 JRC 值

裂面	剖面线	JRC 值
1#	A-1	8.590
	A-2	8.661
2#	B-1	3.179
	B-2	3.663
3#	C-1	12.291
	C-2	9.929

为了直观地展现不同间隔对裂面形貌描述的影响，以 1#裂面为例画出其两条剖面线在不同采样间隔下的形态曲线，由于间隔较多，只展示 0.1 mm 和 1.5 mm 间隔的剖面线形态曲线；为便于对比，对 1.5 mm 间隔所提取数据的纵轴坐标整体加 2 mm，其结果如图 2.12（b）所示。从图中可以看出，对相同裂面同一位置处的剖面线，当采样间隔不同时所获得的表面局部形态是不完全一样的。直观上可以看出，采样间距越大，所忽略的裂面几何信息也越多，采样间距越小，就越能捕获裂面的细节变化特征，形态保真度也越高。

利用 2D 统计参数坡度均方根 Z_2（Tse et al.，1979）、粗糙度指数 R_p（EI-Soudani，1978）及参数 $\theta_{\max}^* / (C+1)_{2D}$（Tatone et al.，2013）来定量描述由间隔效应所引起裂面剖面线的差异性。另外由于参数 $\theta_{\max}^* / (C+1)_{2D}$ 具有方向性，对剖面线分别从正、反两个方向进行度量，并取其平均值，计算结果如图 2.13 所示。从图 2.13 可以看出，虽然 6 条裂面剖面线的粗糙度系数 JRC 具有一定差异，但是描述其形态特征的参数 Z_2、R_p 及 $\theta_{\max}^* / (C+1)_{2D}$ 随采样间隔 I 的变化规律却表现出很好的一致性，即随着采样间隔的增大其值逐渐减小，这表明 2D 统计参数间隔效应的规律性不受其本身粗糙度的影响。

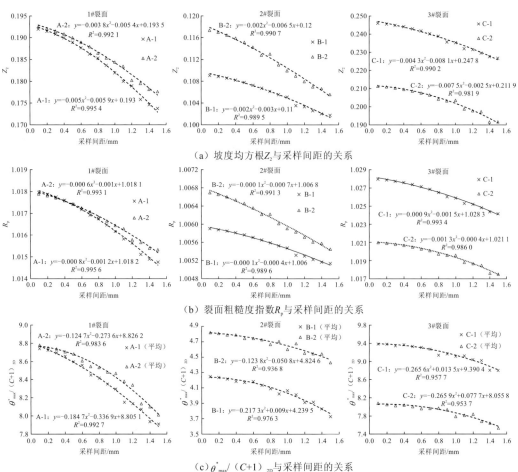

（a）坡度均方根Z_2与采样间距的关系

（b）裂面粗糙度指数R_p与采样间距的关系

（c）$\theta^{*}_{max}/(C+1)_{2D}$与采样间距的关系

图 2.13　裂面 2D 统计参数的间隔效应

　　另外，从坡度均方根 Z_2 和裂面粗糙度指数 R_p 的定义式入手分析两者随采样间隔 I 表现出相同规律的原因，其过程如式（2.7）～式（2.9）所示，其中剖面线的采样间距相等 Δs，故 Δs 满足式（2.7）。从推导结果可知，两者本质都与微元坡角 $\tan\theta_i$ 和点云总数 n 有关，故两者具有相同的间隔效应特征。

$$x_{i+1} - x_i = \Delta s \tag{2.7}$$

$$
\begin{aligned}
Z_2 &= \left[\frac{1}{L}\sum_1^{n-1}\frac{(y_{i+1}-y_i)^2}{x_{i+1}-x_i}\right]^{\frac{1}{2}} = \left[\frac{1}{\sum_1^{n-1}x_{i+1}-x_i}\sum_1^{n-1}\frac{(y_{i+1}-y_i)^2}{x_{i+1}-x_i}\right]^{\frac{1}{2}} \\
&= \left[\frac{1}{(n-1)\Delta x}\sum_1^{n-1}\frac{(y_{i+1}-y_i)^2}{\Delta x}\right]^{\frac{1}{2}} = \left[\frac{1}{n-1}\sum_1^{n-1}\frac{(y_{i+1}-y_i)^2}{(\Delta x)^2}\right]^{\frac{1}{2}} \\
&= \frac{1}{\sqrt{n-1}}\sqrt{\sum_{i=1}^{N-1}(\tan\theta_i)^2}
\end{aligned} \tag{2.8}
$$

$$R_{\mathrm{p}} = \frac{1}{L} \sum_{1}^{n-1} \sqrt{(y_{i+1}-y_i)^2+(x_{i+1}-x_i)^2} = \frac{1}{(n-1)} \sum_{1}^{n-1} \sqrt{\frac{(y_{i+1}-y_i)^2+(\Delta x)^2}{(\Delta x)^2}}$$
$$= \frac{1}{n-1} \sum_{1}^{n-1} \sqrt{1+\tan^2\theta_i} \tag{2.9}$$

式中：θ_i 为微元倾角。

对 Z_2、R_{p}、$\theta_{\max}^* / (C+1)_{2\mathrm{D}}$ 的计算数据用二次多项式进行拟合，从图 2.13 可以看出，拟合结果具有很好的相关性，其中 Z_2 与 I 的拟合系数最低为 0.981 9（C-2），R_{p} 与 I 的拟合系数最低为 0.986 0（C-2），参数 $\theta_{\max}^* / (C+1)_{2\mathrm{D}}$ 与 I 的拟合系数最低为 0.936 8（B-2）。因此，用二次多项式来描述坡度均方根 Z_2、裂面粗糙度指数 R_{p}、参数 $\theta_{\max}^* / (C+1)_{2\mathrm{D}}$ 的间隔效应具有一定的合理性，其关系为

$$SP = aI^2 + bI + c \tag{2.10}$$

式中：SP 为裂面粗糙度统计参数（statistical parameter）；I 为采样间隔；a、b、c 为系数，其中 SP 为 Z_2、R_{p}、$\theta_{\max}^* / (C+1)_{2\mathrm{D}}$，且 $a<0$。

2D 统计参数仅对某一剖面线的特征进行描述，不能反映剖面线以外的裂面形貌特征，具有一定局限性，为此进一步从 3D 角度对裂面的间隔效应进行研究。为了能直观地看出间隔效应对裂面描述的影响，引用地图表示法中的分层设色法，以一定的颜色变化次序或色调深浅来表示裂面表面形貌，从而显示裂面各高程带的范围、不同高程带地貌单元的面积对比。以 3#裂面为例，图 2.14 给出了采样间隔为 0.1 mm、0.8 mm、1.5 mm 的裂面表面形态的 3D 形貌图。从图中可知，随着采样间隔的增大，点云数逐渐减小，所采集的表面数字信息也将随之减少，这意味着裂面一些微小的形貌特征信息逐步遗失，细节裂面也将变得逐渐光滑。

随着采样间隔的增大，节理面一些微小的形貌特征将被遗失，结构面逐渐光滑

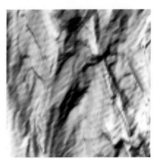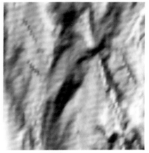

（a）采样间隔0.1 mm　　　　　（b）采样间隔0.8 mm　　　　　（c）采样间隔1.5 mm
（2.253 001×10⁶点云）　　　（3.572 1×10⁴点云）　　　（1.020 1×10⁴点云）

图 2.14　裂面的 3D 间隔效应

为定量分析岩体裂面的 3D 间隔效应，利用上述参数的 3D 形式对不同间隔下裂面的 3D 形貌特征进行度量分析。首先进行 2D 裂面统计参数的 3D 化，采用 3D 坡度均方根 Z_{2s}（Belem et al.，2000）、3D 粗糙度指数 R_s（EI-Soudani et al.，1978）、3D 粗糙程度参数 $\theta_{\max}^* / (C+1)_{3\mathrm{D}}$（Grasselli et al.，2002）进行分析，如式（2.11）～式（2.17）所示。

$$Z_{2s} = \left\{ \frac{1}{(N_x-1)(N_y-1)} \left[\sum_{i=1}^{N_x-1} \sum_{j=1}^{N_y-1} \frac{(z_{i+1,j+1}-z_{i,j+1})^2 + (z_{i+1,j}-z_{i,j})^2}{2\Delta x^2} \right. \right.$$
$$\left. \left. + \sum_{i=1}^{N_x-1} \sum_{j=1}^{N_y-1} \frac{(z_{i+1,j+1}-z_{i+1,j})^2 + (z_{i,j+1}-z_{i,j})^2}{2\Delta y^2} \right] \right\}^{\frac{1}{2}} \quad (2.11)$$

式中：$z_{i,j}$ 为裂面相对于基准面的高度；N_x 和 N_y 分别为沿着 X 轴方向和 Y 轴的点云数目；Δx 和 Δy 为沿着 X 轴和 Y 轴方向的网络步距。

$$R_s = \frac{A_t}{A_n} \quad (2.12)$$

其中

$$A_t \approx \Delta x \Delta y \sum_{i=1}^{N_x-1} \sum_{j=1}^{N_y-1} \sqrt{1 + \left(\frac{z_{i+1,j}-z_{i,j}}{\Delta x}\right)^2 + \left(\frac{z_{i,j+1}-z_{i,j}}{\Delta y}\right)^2} \quad (2.13)$$

$$A_n = (N_x-1)(N_y-1)\Delta x \Delta y \quad (2.14)$$

式中：A_t 为裂面表面的实际表面积；A_n 为裂面表面在基准面的投影面积。

$$A_{\theta^*} = A_0 \left(\frac{\theta_{max}^* - \theta^*}{\theta_{max}^*} \right)^C \quad (2.15)$$

其中

$$\tan\theta^* = \tan\theta \cos\alpha \quad (2.16)$$

根据式（2.15）拟合出粗糙度 C，即可得到表征裂面 3D 粗糙程度的参数为

$$\frac{\theta_{max}^*}{(C+1)_{3D}} \quad (2.17)$$

式（2.15）～式（2.17）中：θ 为微元面与基准面的真倾角；θ^* 为剪切视倾角；α 为真倾角与视倾角所在垂直平面之间的夹角；θ_{max}^* 为视倾角的最大值；A_0 为沿剪切方向阈值为 0° 时的接触面积，即裂面的最大接触面积；A_{θ^*} 为沿剪切方向阈值为 θ^* 时的接触面积；C 为粗糙度，表示剪切方向上视倾角 θ^* 的分布，C 越小，裂面越粗糙。

根据上述 3D 参数 Z_{2s}、R_s 及 $\theta_{max}^*/(C+1)_{3D}$ 的定义，通过计算可度量 3 种裂面在 15 种不同采样间隔下的 3D 形貌特征，其计算结果如图 2.15 所示。另外将 0.5 mm 间距下所计算的 3D 坡度均方根 Z_{2s} 代入式（2.5）计算 3 种裂面的 JRC，其 1#裂面 JRC 为 11.713 3、2#裂面 JRC 为 4.371 4、3#裂面 JRC 为 14.536 9。从图 2.15 可以看出，3 种裂面的 JRC 值虽然不同，但是其 3D 参数 Z_{2s}、R_s 及 $\theta_{max}^*/(C+1)_{3D}$ 却分别表现出相同的规律，这说明 3D 裂面参数的间隔效应也具有普遍性，与其表面的形貌特征无关。

对比图 2.13 和图 2.15，可见裂面的 3D 参数与其 2D 参数表现出类似的规律：3D 坡度均方根 Z_{2s}、3D 粗糙度指数 R_s 及 3D 参数 $\theta_{max}^*/(C+1)_{3D}$ 的值随着采样间隔的增大而逐渐减小。用二次多项式对 3D 参数 Z_{2s}、R_s 及 $\theta_{max}^*/(C+1)_{3D}$ 与采样间隔 I 进行拟合，两者也具有很好的拟合关系，其中 4 个参数中 3#裂面的 $\theta_{max}^*/(C+1)_{3D}$ 与 I 拟合系数最低也高达 0.984 7，故用如式（2.11）所示的二次多项式也可以描述 3D 坡度均方根 Z_{2s}、3D 裂面粗糙度指数 R_s 及 3D 参数 $\theta_{max}^*/(C+1)_{3D}$ 的间隔效应。

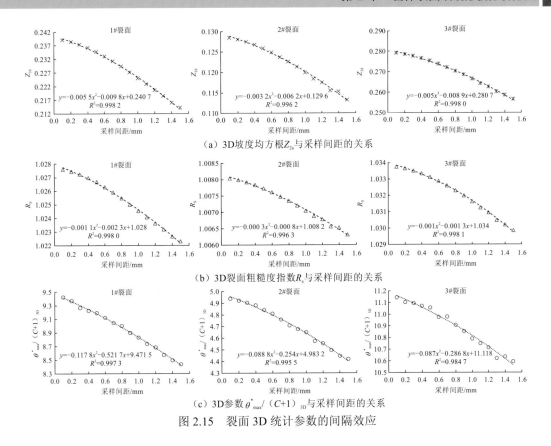

（a）3D坡度均方根Z_{2s}与采样间距的关系

（b）3D裂面粗糙度指数R_s与采样间距的关系

（c）3D参数$\theta^*_{max}/(C+1)_{3D}$与采样间距的关系

图 2.15　裂面 3D 统计参数的间隔效应

2.3.3　裂面统计参数间隔效应稳定性评估

从上文可知，2D 统计参数（Z_2、R_p、$\theta^*_{max}/(C+1)_{2D}$）和 3D 统计参数（$Z_{2s}$、$R_s$、$\theta^*_{max}/(C+1)_{3D}$）与采样间隔 I 具有很好的上凸二次函数拟合关系，并且从图 2.13 和图 2.15 可知，拟合曲线都落在单调减区间内，从上凸函数本身而言，随着采样间隔的增加，其衰减幅度将逐渐增大，反之，随着采样间隔的逐渐减小，统计参数的变化率越来越小。理论上当采样间隔达到一个临界值时，变化率有可能为零，统计参数将不受取样间隔影响，即具有良好的稳定性。这个临界采样间隔有可能与岩石组成成分的粒径有关，但是采样间隔越小，其点云数量越庞大，这将降低计算机处理效率并且增大数据处理工作量。因此，为寻找合适的采样间隔，引入统计参数衰减率的概念，借此度量统计参数在所用间隔下相对于临界采样间隔的衰减程度，其定义如式（2.18）所示。计算出 15 种采样间隔下 6 条剖面线 2D 统计参数 Z_2、R_p、$\theta^*_{max}/(C+1)_{2D}$ 的平均衰减率，以及 3 组裂面 3D 参数 Z_{2s}、R_s、$\theta^*_{max}/(C+1)_{3D}$ 的平均衰减率，结果如表 2.2 和图 2.16 所示。

$$\Delta SP = \frac{\left| SP_i - SP_{临界} \right|}{SP_{临界}} \times 100\% \qquad (2.18)$$

式中：ΔSP 为统计参数衰减率；SP_i 为第 i 个采样间隔的统计参数值；$SP_{临界}$ 为临界间隔下的统计参数值，为研究需要，本章以最小采样间隔 0.1 mm 为基准。

表 2.2　统计参数随采样间隔变化的平均衰减率

采样间隔 /%	2D 统计参数					3D 统计参数				
	点云个数	点云个数变化率/%	ΔZ_2 /%	ΔR_p /%	$\Delta \dfrac{\theta^*_{max}}{(C+1)_{2D}}$ /%	点云个数	点云个数变化率/%	ΔZ_{2s} /%	ΔR_s /%	$\Delta \dfrac{\theta^*_{max}}{(C+1)_{3D}}$ /%
0.1	1 500	0	0	0	0	2 253 001	0	0	0	0
0.2	750	50.0	0.218	0.408	0.235	564 001	75.0	0.288	0.510	0.426
0.3	500	66.7	0.545	1.011	0.556	251 001	88.9	0.660	1.168	0.952
0.4	375	75.0	0.922	1.731	0.740	141 376	93.6	1.152	2.019	1.320
0.5	300	80.0	1.416	2.632	1.250	90 601	96.0	1.743	2.852	1.746
0.6	250	83.3	1.999	3.738	1.548	63 001	97.2	2.419	4.232	2.444
0.7	214	85.7	2.679	4.953	2.175	46 225	98.0	3.173	5.536	3.061
0.8	188	87.5	3.225	6.012	2.881	35 721	98.4	3.948	6.883	3.784
0.9	167	88.9	4.123	7.536	3.241	28 224	98.8	4.795	8.366	4.523
1.0	150	90.0	4.771	8.495	3.970	22 801	99.0	5.706	10.035	5.147
1.1	136	90.9	5.937	10.581	4.292	18 769	99.2	6.671	11.538	6.100
1.2	125	91.7	6.458	11.728	5.319	15 876	99.3	7.398	12.799	6.521
1.3	115	92.3	7.208	13.167	6.185	13 456	99.4	8.503	14.700	7.572
1.4	107	92.9	8.162	14.813	7.321	11 664	99.5	9.107	15.724	8.151
1.5	100	93.3	8.527	15.591	8.572	10 201	99.6	9.932	17.393	8.659

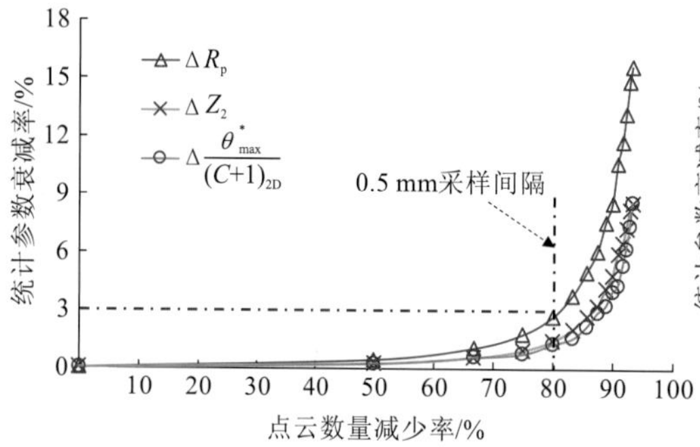

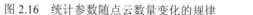

（a）2D统计参数随点云数量变化的规律 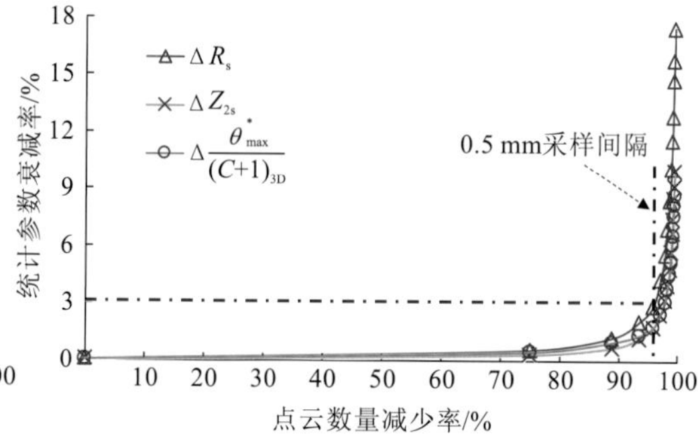　　　（b）3D统计参数随点云数量变化的规律

图 2.16　统计参数随点云数量变化的规律

分析表 2.2 和图 2.16 可知：①随着采样间隔逐渐增大，统计参数的衰减率也随之增大，采样间隔从 0.1 mm 增大到 1.5 mm，Z_2、Z_{2s} 的衰减率分别为 8.527% 和 9.932%，$\theta^*_{max}/(C+1)_{2D}$、$\theta^*_{max}/(C+1)_{3D}$ 的衰减率分别为 8.572% 和 8.659%，即采样间隔增大一个数量级后，两对参数的衰减率均小于 10%，可见其具有稳定的间隔效应，而 R_p 和 R_s 的衰减率分别为 15.591% 和 17.393%，表明此参数表现出较为敏感的间隔效应；②相对于间隔为 0.1 mm 的点云数据，0.5 mm 间隔的 2D 剖面线点云个数减少了 80%，3D 点云个数减少了高达 96%，而 6 个统计参数的衰减率却均小于 3%；而对于采样间隔大于 0.5 mm

的点云，其数据个数的变化率相对于 0.5 mm 间隔的点云个数变化率并无太大改变，但 6 个统计参数的衰减率却迅速增加，尤其是 3D 统计参数表现为急剧增大。

可见，当用上述 6 个统计参数对裂面进行描述时，采样间隔取 0.1～0.5 mm 均可得到较为稳定的数据（其数据差值不大于 3%）。因此，若考虑点云数据处理计算效率，建议采样间隔取 0.5 mm，此时既可得到较为稳定准确的裂面形貌特征信息，又能大大减少计算机的计算工作。

2.4　裂面形貌特征的各向异性及其评价方法

2.4.1　裂面形貌特征的各向异性概述

岩体裂面的表面形态十分复杂，对其形貌特征各向异性的研究取得了一致的成果：同一岩体裂面沿不同方向进行度量时其粗糙度是不一样的，即岩体裂面的粗糙度具有方向性（陈世江 等，2015；Kulatilake et al.，2006；Yang et al.，2001b；Belem et al.，2000；杜时贵 等，1993）。

为了沿不同方向对裂面进行度量时所分析区域相同，以前述 1#裂面、2#裂面、3#裂面为例，对圆形区域进行分析（直径 D 为 150 mm，如图 2.17 所示），逆时针每旋转 5°（共 72 个分析方向）取向并用 3D 参数 $\theta^*_{max}/(C+1)_{3D}$（Gresselli et al.，2002）和抗剪系数 SC^{3D}（宋磊博 等，2017a）对 15 种采样间隔下裂面的形貌特征进行度量，其中 3D 抗剪系数 SC^{3D} 的定义如式（2.19）所示，计算可得出 3 组裂面在 15 种采样间隔、72 个分析方向下的两个 3D 参数值，并根据计算结果画出其参数的分布图（图 2.18、图 2.19）。

$$SC^{3D} = \sqrt{K^{3D} \times SC^{3D}_{\theta h}}　\hspace{2em}(2.19)$$

式中：$SC^{3D}_{\theta h}$ 为 3D 有效抗剪系数，表征裂面的高度特征、坡度特征及坡度的方向性；K^{3D} 为 3D 起伏特征参数，表征裂面的起伏分布特征。

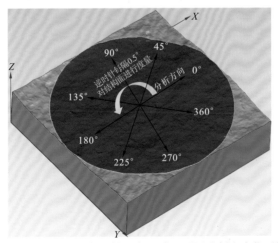

图 2.17　1#裂面各向异性研究区域及不同分析方向指示图

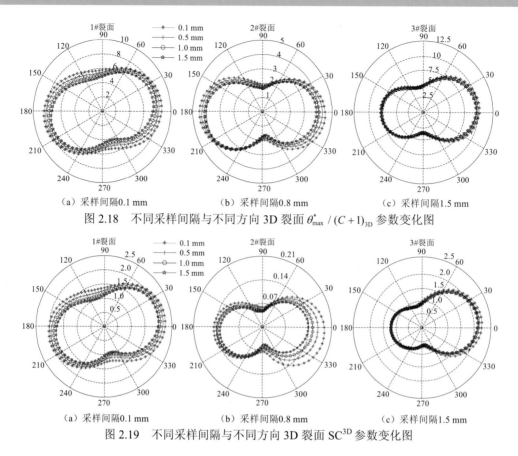

（a）采样间隔0.1 mm   （b）采样间隔0.8 mm   （c）采样间隔1.5 mm

图 2.18　不同采样间隔与不同方向 3D 裂面 $\theta_{\max}^{*}/(C+1)_{3D}$ 参数变化图

（a）采样间隔0.1 mm   （b）采样间隔0.8 mm   （c）采样间隔1.5 mm

图 2.19　不同采样间隔与不同方向 3D 裂面 SC^{3D} 参数变化图

对比分析图 2.18 和图 2.19 可知：①3 种裂面的 3D 裂面参数 $\theta_{\max}^{*}/(C+1)_{3D}$ 和 3D 抗剪系数 SC^{3D} 随着分析方向的变化而变化，裂面的形貌特征都表现出较为明显的各向异性特征；②3 组裂面的各向异性特征是不同的，随着分析方向的变化其变化趋势是有区别的；③同一组裂面随着采样间隔变化，其裂面参数的相对大小关系保持较好的一致性，但是其各向异性特征却有所变化。

2.4.2　裂面形貌各向异性特征的定量描述

为度量 3 种裂面各向异性特征的差异性，以及同一裂面各向异性特征随采样间隔的变化程度，在考虑裂面不同分析方向上形貌特征信息的基础上，依据统计学原理，构造无量纲参数裂面各向异性系数（discontinuity anisotropic coefficient，DAC）来定量描述各向异性特征的差异性，其定义如式（2.20）～式（2.22）所示。

$$DAC = 1 - \frac{1}{e^{CV_{SP}}} \tag{2.20}$$

其中

$$CV_{SP} = \frac{\sqrt{\dfrac{1}{n-1}\sum_{i=1}^{n}(SP_i - \overline{SP})^2}}{\overline{SP}} \tag{2.21}$$

$$\overline{SP} = \frac{1}{n}\sum_{i=1}^{n}SP_i \tag{2.22}$$

式中：DAC 为裂面各向异性系数；SP_i 为第 i 个分析方向上表征裂面形貌特征的统计参数；$\overline{SP}$ 为统计参数的平均值；CV_{SP} 为统计参数的变异系数；n 为分析方向的总数。

由式（2.21）可知，裂面各向异性系数 DAC 使用了每个分析方向上表征裂面形貌特征的统计参数值来度量其各向异性特征，更具有全面性。裂面各向异性系数 DAC 的取值范围为 [0,1)。当 DAC = 0 时，裂面的形貌特征为各向同性的；当 0 < DAC < 1 时，表示裂面为各向异性的，并且 DAC 越大，表示裂面各向异性的程度越大，其形貌特征受分析方向的影响更大。以采样间隔为 0.5 mm 的 3 种裂面的点云数据为例，可计算出统计参数为 $\theta^*_{max}/(C+1)_{3D}$ 和抗剪系数 SC^{3D} 的裂面各向异性系数。另外，也可计算出 Belem 等（2000）所提参数 K_α 的值 [式（2.23）]，如表 2.3 所示。从表 2.3 可知，当借助不同的统计参数（$\theta^*_{max}/(C+1)_{3D}$、$SC^{3D}$）和不同的各向异性参数（DAC、$K_\alpha$）对裂面进行度量时，其参数值虽有一定的差异，但所得出的各向异性规律是一致的，即 3#裂面的各向异性程度大于 2#裂面，1#裂面的各向异性程度最小，也表明前述裂面各向异性系数 DAC 是合理的。

$$K_\alpha = \frac{\min\{P_X, P_Y\}}{\max\{P_X, P_Y\}} \tag{2.23}$$

式中：P_X 和 P_Y 分别代表沿 X、Y 轴方向的 3D 形貌表征参数。

表 2.3 裂面的各向异性参数值

裂面	DAC		K_α	
	$\theta^*_{max}/(C+1)_{3D}$	SC^{3D}	$\theta^*_{max}/(C+1)_{3D}$	SC^{3D}
1#裂面	0.140 11	0.166 11	0.620 15	0.545 00
2#裂面	0.237 15	0.277 93	0.414 85	0.319 52
3#裂面	0.261 65	0.314 02	0.347 92	0.315 63

2.4.3 裂面各向异性特征的采样间隔效应

观察图 2.18 和图 2.19 可知，无论用参数 $\theta^*_{max}/(C+1)_{3D}$ 还是抗剪系数 SC^{3D} 对 3 种裂面进行度量，随着采样间隔的逐渐增大，裂面的各向异性特征都有所变化。因此，借助统计参数 $\theta^*_{max}/(C+1)_{3D}$ 和 SC^{3D} 中定量描述各向异性特征的参数 DAC 和 K_α 对 3 种裂面在 15 种采样间隔下的各向异性特征进行度量，其结果如图 2.20、图 2.21 所示。

由图 2.20、图 2.21 可知：①不同裂面用同一个各向异性参数对裂面在不同采样间隔下进行度量时，其参数值随采样间隔的变化趋势是相同的，例如 3 种裂面用 DAC 度量其在不同采样间隔下的形貌时，其参数值随着采样间隔的增大而增大，而当使用 K_α 进行度量时，其规律则相反；②用各向异性参数 DAC 和 K_α 对 3 种裂面在不同采样间隔下的

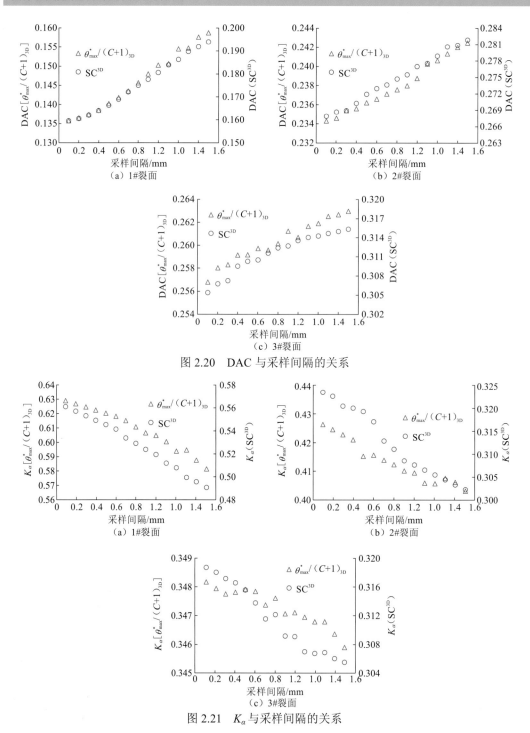

图 2.20　DAC 与采样间隔的关系

图 2.21　K_α 与采样间隔的关系

形貌特征进行度量，两个参数随采样间隔变化的规律虽然不同，但是两者都表明裂面的各向异性特征随着采样间隔而增大，这说明在一定间隔范围内间隔效应与各向异性表现为正相关的关系。另外不排除间隔效应与各向异性的关系受裂面本身形貌特征的影响会表现出不一样的规律。

2.5　锦屏深部地下实验室片帮破裂面粗糙度量化表征

2.5.1　工程背景

锦屏地下实验室是目前世界上埋深最大的实验室，其二期工程位于锦屏交通洞 A 洞南侧，最大埋深约 2 400 m。地下实验室总体方案采用 4 洞 9 室"错开型"的布置形式，如图 2.22 所示（冯夏庭 等，2016）。目前共有 9 个实验室，其中 1#～6#为物理实验室，7#～9#规划为深部岩石力学实验室。1#～8#实验室各长 65 m，城门洞型，隧洞截面 14 m×14 m，9#实验室长 60 m（东西两侧各 30 m）。各实验室均采用钻爆法施工，分 3 层开挖，一般为上层 8.0 m、中层 5.0 m、下层 1.0 m。7#和 8#实验室岩性相对单一且完整，为灰色夹灰白色条带厚层状细晶大理岩。7#和 8#实验室在开挖过程中发生多次岩爆，围岩剥落现象严重（图 2.23）。

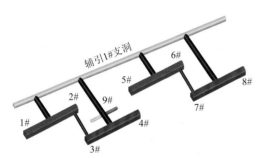

（a）平面布置图　　　　　　　　　　　　　　（b）隧洞实照

图 2.22　锦屏地下实验室二期隧洞布置图

（a）8#实验室围岩片帮裂面　　　　　　　　　（b）7#实验室围岩片帮裂面

图 2.23　锦屏地下实验室围岩表面片帮裂面与围岩内部破裂面

对锦屏深部地下实验室 7#实验室采集的大理岩进行单轴压缩试验和巴西劈裂试验，试验结果如图 2.24 所示，基本岩石力学参数如表 2.4 所示。试验结果表明，锦屏大理岩的平均单轴抗压强度（uniaxial compressive strength，UCS）约为 95.90 MPa，平均抗拉强度（tensile strength，TS）约为 5.10 MPa，拉压比（TS/UCS）小于 0.057，说明该大理岩具有明显的劈裂破坏倾向。

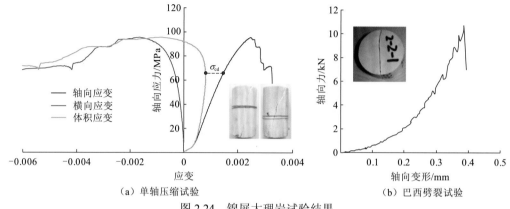

（a）单轴压缩试验　　　　　　　　（b）巴西劈裂试验

图 2.24　锦屏大理岩试验结果

表 2.4　锦屏大理岩的基本力学参数

序号	抗压强度（UCS）/MPa	起裂应力（σ_{cd}）/MPa	弹性模量/GPa	泊松比	抗拉强度（TS）/MPa	TS/UCS	σ_{cd}/UCS
1	95.61	68.03	39.30	0.23	5.44	0.057	0.71
2	93.17	73.83	43.57	0.24	5.00	0.054	0.79
3	98.92	69.76	55.60	0.26	4.86	0.049	0.70
平均值	95.90	70.54	46.16	0.24	5.10	0.053	0.73

2.5.2　大理岩片帮细观形貌特征

为深入分析锦屏地下实验室大理岩裂面特征，收集了 7#实验室开挖过程中片帮岩样 70 块，均为不规则薄板状，厚度一般为 0.5～30 mm，长 100～400 mm，宽 100～300 mm。片帮破裂面表面分布有典型脆性断裂的纹理，纹理的形状主要分为表 2.5 所示的类型：①羽状纹理，破裂面表面分布有不规则鳞片状结构，形成不规则台阶阵列；②平板状纹理，断口表面平坦，分布有方向一致且规则排列的线条状图案。

取样 7#+60 m 处典型片帮试样如图 2.25（a）所示。该片帮呈不规则薄板状，长 210 mm，宽 183 mm，厚 15 mm，破裂面 A 侧面较平整，部分区域分布有较小的起伏，表面分布有羽状纹理，裂纹前缘呈台阶状排列；破裂面 B 侧面存在少量陡坎，是裂纹扩展过程互相贯通所致。借助前述三维扫描技术，可获取片帮破裂面 A、破裂面 B 侧表面的形貌高精度点云数据，扫描精度达到 0.1 mm，面三维重构点云如图 2.25（b）所示。进而，按

表 2.5　锦屏大理岩典型片帮形貌

序号	位置	照片	尺寸纹理	点云图	2D	3D		DAC
					JRC	R_s	$\theta_{max}/(C+1)_{3D}$	
1	7#+30 m		209 mm×145 mm×16 mm 羽状纹理		1.90	1.03	3.57	1.35
2	7#+30 m		168 mm×115 mm×11 mm 羽状纹理		1.84	1.06	3.54	1.69
3	7#+60 m		266 mm×150 mm×13 mm 羽状纹理		5.81	1.08	5.10	1.94
4	7#+30 m		231 mm×196 mm×20 mm 羽状纹理		6.19	1.03	4.38	1.68

续表

序号	位置	照片	尺寸纹理	点云图	2D		3D	
					JRC	R_s	$\theta_{max}/(C+1)_{3D}$	DAC
5	7#+25 m		210 mm×190 mm×10 mm 平板纹理		2.48	1.02	3.85	1.97
6	7#+30 m		247 mm×140 mm×17 mm 羽状纹理		2.35	1.02	3.52	1.46
7	7#+35 m		243 mm×144 mm×14 mm 羽状纹理		2.70	1.04	4.92	1.46
8	7#+50 m		210 mm×145 mm×19 mm 羽状纹理		2.22	1.02	3.46	1.63

照图 2.25（a）位置截取 2D 剖面线，其形貌特征如图 2.25（c）所示，观察可知：A 侧破裂面较为平坦，起伏较小；B 侧破裂面存在陡坎，陡坎的存在使其表面整体粗糙度增大。

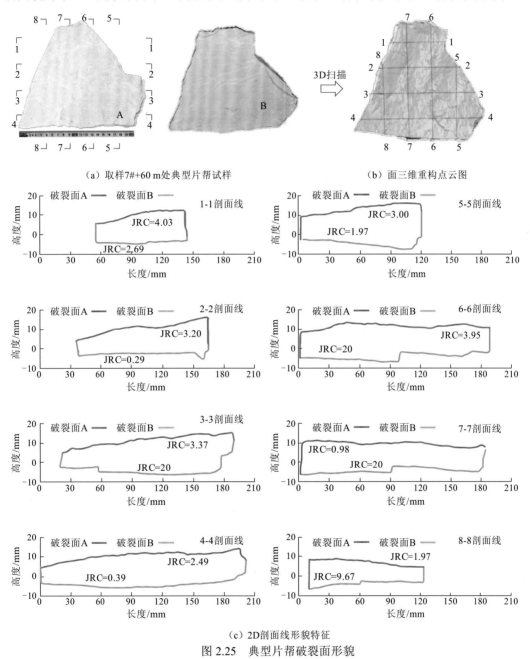

（a）取样7#+60 m处典型片帮试样　　　　（b）面三维重构点云图

（c）2D剖面线形貌特征

图 2.25　典型片帮破裂面形貌

采用同样的方法，进一步测量多个片帮裂面表面形貌特征，部分典型片帮形貌重构结果和表面形貌特征参数统计结果见表 2.5。考虑不规则尺寸的片帮形貌不便于后续点云数据处理，同时为避免尺寸效应，统计分析时都从每个片帮裂面中心选取了尺寸为 100 mm×100 mm 的区域。

2.5.3　现场片帮破裂面粗糙度统计结果

片帮破裂面粗糙度特征与其断裂机理密切相关，对收集到的片帮破裂面表面粗糙度进行详细表征。分别从 2D、3D 角度，选取常用粗糙度参数对片帮破裂面表面形貌特征进行统计分析。首先对 3D 扫描的片帮破裂面点云数据进行预处理与 3D 点云数据重构，之后进行破裂面粗糙度计算，其中 2D 参数使用 JRC、3D 参数使用 $\theta_{max}^{*}/(C+1)_{3D}$。

2D 粗糙度参数选 JRC，取值范围在 0~20，标准长度为 10 cm。每个分析区域沿片帮破裂面裂纹扩展方向，截取 4 条剖面线，计算其 JRC 均值代表该破裂面 JRC。图 2.26 为 2D 粗糙度参数 JRC 结果统计，JRC 值 83%分布在 2~8，说明现场片帮破裂面粗糙度 JRC 值分布在较小范围。

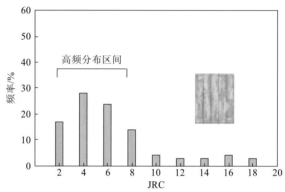

图 2.26　片帮破裂面 2D 粗糙度参数 JRC 统计结果

$\theta_{max}^{*}/(C+1)_{3D}$ 可以较好地表征破裂面表面的粗糙度的方向性，这里取 0°~360° 方向 $\theta_{max}^{*}/(C+1)_{3D}$ 均值表征破裂面整体粗糙度，环向计算间隔为 10°，以 0°~360° 方向 $\theta_{max}^{*}/(C+1)_{3D}$ 的最大值与最小值的比值表征破裂面表面各向异性程度。$\theta_{max}^{*}/(C+1)_{3D}$ 统计结果显示其值 83%分布在 4~8，均为粗糙度较小区间[图 2.27（a）]，表明破裂面呈现出明显的各向异性。同时进一步分析片帮破裂面形貌各向异性频率分布[图 2.27（b）]，其各向异性值较多分布在 1.3~2.2，同样具有各向异性特征。

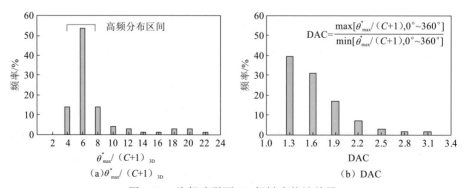

图 2.27　片帮破裂面 3D 粗糙度统计结果

2.5.4　基于裂面粗糙度的片帮破裂面机理

为研究围岩剥落脆性破坏，在锦屏深部地下实验室中的 7#实验室采集完整大理岩试样，并加工为长 100 mm、宽 100 mm、高 200 mm 的长方体试块，进行真三轴卸载试验模拟片帮形成。试验首先将 3 个方向、6 个面加载到预定值，然后在最小主应力的一面卸载。本试验中，主应力设定为 σ_1=300 MPa，σ_2=40 MPa，σ_3 分别为 5 MPa、10 MPa、20 MPa、30 MPa，加载速率为 0.5 MPa/s，单面卸载速率为 0.1 MPa/s。

试块破裂形貌如表 2.6 所示，宏观裂纹面包括平行于开裂方向的张拉破裂面和与开裂方向呈一定角度的倾斜剪切破裂面，基本再现了围岩片帮破裂面。利用 3D 扫描技术获取试块张拉破裂面的点云数据，并根据 2.5.3 小节所用参数计算其表面粗糙度。对于 2D 粗糙度 JRC 的计算，从每个破裂面取 3 条剖面线，计算其 JRC 平均值。室内真三轴卸载试验张拉破裂面计算结果如图 2.28、图 2.29 所示，可以看出 2D 粗糙度参数 JRC 为 1.24～4.38，3D 粗糙度指数 R_s 为 1.018～1.034，真三轴试验得到的张拉破裂面同样具有明显的各向异性。将真三轴卸载试验得到的张拉破裂面与锦屏深部地下实验室采集的片帮破裂面粗糙度对比，可以清楚看出，真三轴卸载试验得到的张拉破裂面粗糙度分布落在锦屏深部地下实验室采集的片帮破裂面粗糙度的高频分布区间内，可以认为在真三轴卸载试验中张拉破裂面的细观形态特征与锦屏深部地下实验室片帮破裂面表面相似，真三轴卸载试验张拉破裂面可以较好地模拟深部地下洞室围岩片帮破裂面。

表 2.6　锦屏大理岩真三轴试验结果

结果	σ_3 = 5 MPa	σ_3 = 10 MPa	σ_3 = 20 MPa	σ_3 = 30 MPa
破坏照片	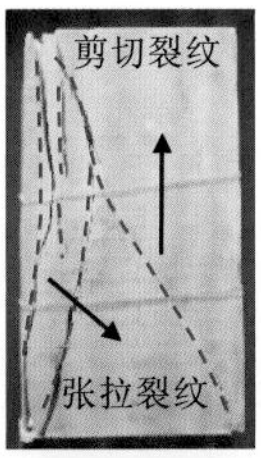	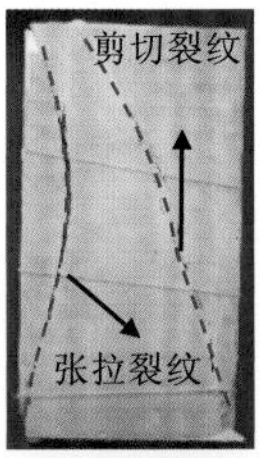	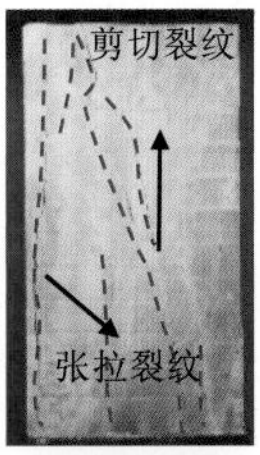	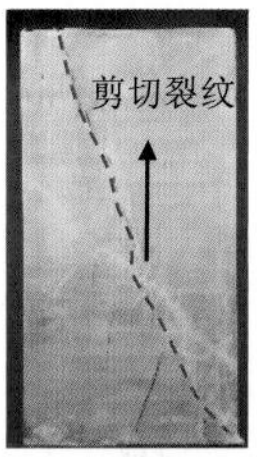
张拉破裂面	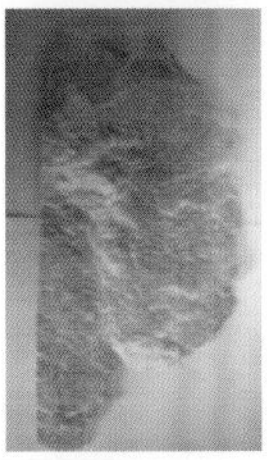	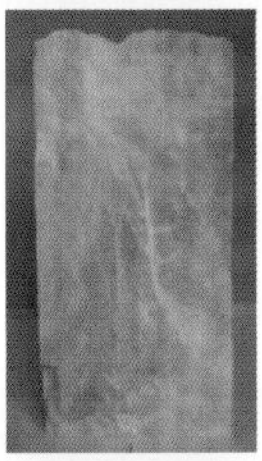	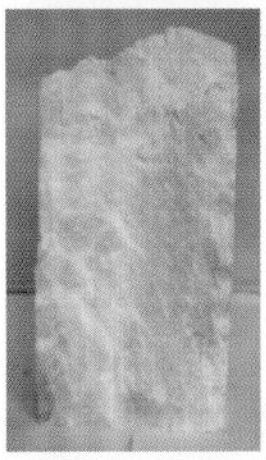	—
剪切破裂面		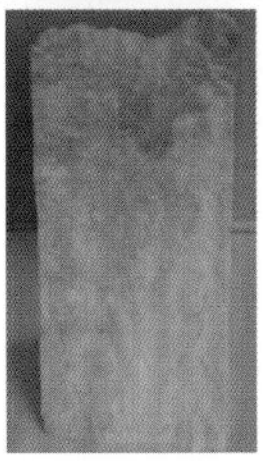		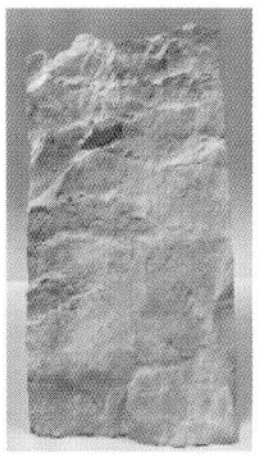

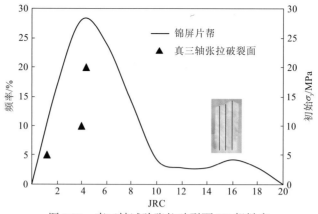

图 2.28　真三轴试验张拉破裂面 2D 粗糙度

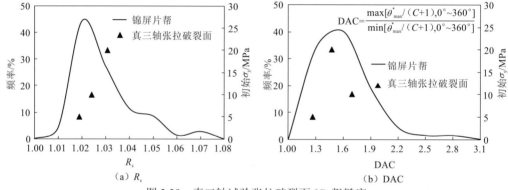

(a) R_s　　　　　　　　　　　(b) DAC

图 2.29　真三轴试验张拉破裂面 3D 粗糙度

对典型的锦屏深部地下实验室大理岩片帮破裂面、真三轴卸载试验得到的张拉破裂面与剪切破裂面运用扫描电镜（scanning electron microscope，SEM）扫描，分析其微观形貌，从而直观反映其破裂机理。锦屏深部地下实验室大理岩片帮破裂面断口形貌（图 2.30）以沿晶断裂为主，同时伴有台阶状节理断裂和穿晶断裂。沿晶断裂断口形貌呈粒状，表面光滑，断口上几乎没有岩屑分布，是张拉应力下矿物晶体沿晶界产生断裂引起的。穿晶断裂是断裂路径沿矿物晶体内部的扩展，断口表面粗糙且有同向划痕，表面堆积大量岩屑，为剪切破坏。台阶状节理断裂是晶体在张拉应力作用下，沿节理表面产生的阶梯状断口。沿晶断裂、穿晶断裂和节理断裂是典型的脆性断裂模式。锦屏深部地下实验室大理岩片帮破裂面微观断口形貌表明，片帮表面的形成是一个复杂的力学过程，以拉应力为主，伴随少量剪切应力。

图 2.31（a）为张拉破裂面的断口形貌，以沿晶断裂的粒状形貌为主，并伴有少量台阶状形貌，断口处岩屑分布较少。图 2.31（b）为剪切破裂面断口形貌，以穿晶断裂形态为主，断口形貌粗糙，表面堆积大量岩屑。将锦屏深部地下实验室片帮破裂面断口形貌与真三轴卸载试验张拉与剪切破裂面断口形貌对比，可以看出真三轴卸载试验的张拉破裂面断口形貌与锦屏片帮破裂面断口形貌较为相似，可以认为拉应力是造成围岩片帮的主要原因。

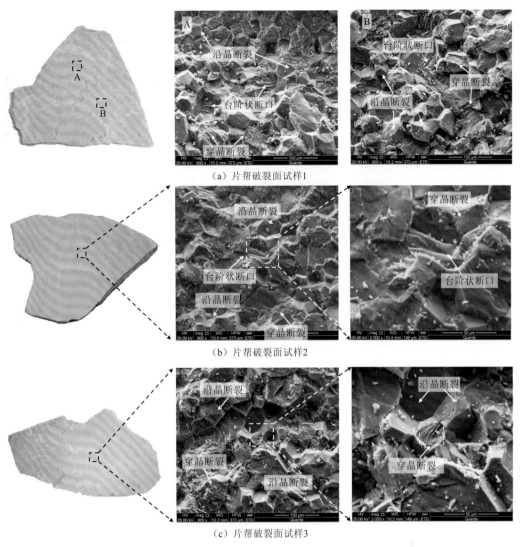

（a）片帮破裂面试样1

（b）片帮破裂面试样2

（c）片帮破裂面试样3

图 2.30　锦屏深部地下实验室大理岩片帮破裂面电镜扫描结果

（a）张拉破裂面

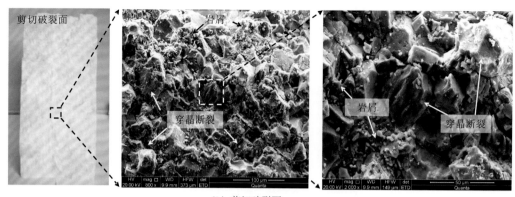

（b）剪切破裂面

图 2.31　真三轴卸载试验破裂面电镜扫描结果

　　岩石组成矿物的粒径是影响岩体力学性质的最重要的微观结构参数之一，对岩体中裂纹扩展行为有显著影响（Fredrich et al.，1990）。本书中将取自白鹤滩水电站（BHT）的 14 块典型片帮和双江口水电站（SJK）的 21 块典型片帮与上文中锦屏深部地下实验室（CJPL）片帮进行对比，分析矿物粒径对围岩片帮破裂面形貌的影响。

　　上述三个工程背景下的三种岩性基本力学参数见表 2.7，矿物组成及粒度见表 2.8。表 2.9 为三个工程背景的典型片帮及其矿物结构。CJPL 大理岩主要由嵌套多个方解石脉的白云岩组成，为粒状变质构造。CJP 大理岩的粒径在 0.01～0.03 mm，主要集中在 0.02 mm。BHT 玄武岩由块状构造板块和条状矿物组成。斜长石形成的不规则格架内充填着较小的辉石。BHT 玄武岩粒径在 0.10～0.60 mm，主要集中在 0.20 mm。SJK 花岗岩由 4 种矿物组成，属花岗质片麻岩结构。SJK 花岗岩的粒径在 0.45～4.00 mm，主要集中在 3.00 mm。三种岩性的颗粒大小分布在三个数量级，可以很好地观察围岩颗粒大小对片帮破裂面形貌的影响。

表 2.7　三个工程背景的三种岩性基本力学参数

岩性	UCS/MPa	弹性模量/GPa
CJPL 大理岩	95.61	39.3
BHT 玄武岩	127.1	25.2
SJK 花岗岩	171.0	22.5

表 2.8　三个工程背景的矿物组成及粒径

岩性	矿物组成/%								矿物粒径/mm
	白云石（Dol）	方解石（Cal）	斜长石（Pl）	辉石（Px）	绿泥石（Chl）	石英（Qtz）	钾长石（Kfs）	黑云母（Bt）	
CJPL 大理岩	85～90	10	—	—	—	—	—	—	0.01～0.03
BHT 玄武岩	—	—	50	20～25	25	—	—	—	0.10～0.60
SJK 花岗岩	—	—	50～55	—	—	30	15	5	0.45～4.00

表 2.9 三个工程背景的典型片帮及其矿物结构

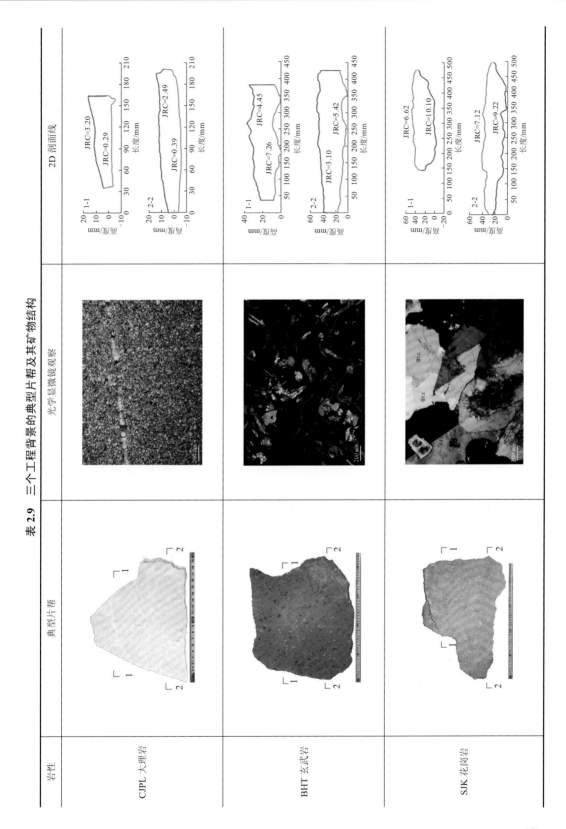

对利用 3D 扫描技术获得的 BHT 和 SJK 片帮破裂面的点云数据进行 3D 重构与粗糙度计算，并与 CJPL 的片帮破裂面进行对比分析。特别说明的是，此时选择没有明显陡坎的 CJPL 片帮破裂面。粗糙度参数分别为前文所述的 2D 粗糙度参数 JRC 和 3D 粗糙度参数 R_s。表 2.9 展示了上述三个工程背景下典型片帮的 2D 剖面线，并计算了这些剖面的 JRC 值。如果剖面长度大于 100 mm，则从剖面中取几条 100 mm 的线，分别计算 JRC，JRC 的均值即为整个剖面的最终 JRC 的值。三个不同粒径的片帮粗糙度的统计结果如图 2.32 所示，水平坐标轴采用对数坐标，更直观反映粒径对破裂面表面粗糙度的影响。统计结果显示片帮破裂面粗糙度随围岩粒径的增大而增大，幂函数能较好地拟合围岩粒径与片帮破裂面粗糙度之间的关系。SJK 花岗岩粒径最大，其围岩片帮破裂面粗糙度总体分布最大，其次是 BHT 玄武岩，而 CJPL 大理岩粒径最小，因而其片帮破裂面粗糙度总体分布最小。

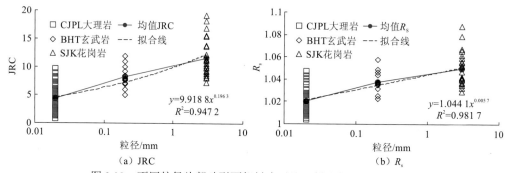

图 2.32　不同粒径片帮破裂面粗糙度对比（横坐标为对数坐标）

第 3 章
岩体裂面模型制样技术

　　真实岩体裂面表面形貌复杂多样且具有各向异性,批量获取大量具有相同表面形貌特征的岩体裂面试样是十分困难的,这导致无法系统地开展岩体裂面的重复性试验。为了解决该问题,采用岩体裂面为母版的脱模方式,利用水泥砂浆等类岩石材料浇筑制作含原岩裂面形貌的制样方法较为常用。然而,在浇筑裂面脱模试样制备过程中却经常遇到自然裂面中微小形貌特征复制的失真、原岩裂面样品长期保存难、批量制样效率低等难题。为了更好地解决上述问题,本章借逆向工程原理提出一系列新的裂面模型制作技术。

3.1 基于 3D 扫描与 3D 打印的裂面模型制作技术

3.1.1 基于 3D 扫描和 3D 打印的裂面模型制样流程

利用逆向工程技术制作岩体裂面模型的基本流程如图 3.1 所示，以自然岩体裂面为原岩体，利用 3D 扫描技术获取其表面形貌特征的数字信息，经过处理后，将其导入相关逆向工程软件，建立起 3D 裂面数字模型，然后借助 3D 打印技术制作 3D 裂面模型，最后以裂面模型为模具，使用类岩石材料借助相关的浇筑方法浇筑制作含原岩体形貌特征的裂面模型试样。

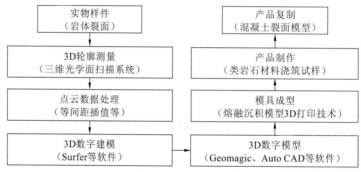

图 3.1 逆向工程流程

岩体裂面的测量利用图 2.1 所示的 3D 光学面扫描系统完成，3D 打印裂面模型利用图 3.2 (a) 所示的打印机完成。目前，3D 打印技术一般根据打印所用材料进行分类（王修春 等，2014），若根据此准则，本章所采用的打印机为熔融沉积模型（fused deposition modelling，FDM）3D 打印机。FDM 打印机的基本原理是在打印过程中将丝状的热熔性材料加热融化，同时 3D 喷头在计算机的控制下，根据所设计的截面轮廓信息，将材料选择性地涂敷在工作平台上，快速冷却后形成一层截面，一层成型完成后，机器工作平

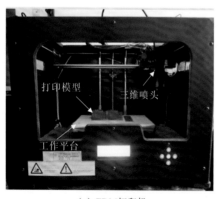

（a）FDM打印机

（b）PLA打印材料

图 3.2 FDM 打印机和 PLA 打印材料

台下降一个高度（即分层厚度）再成型下一层，直至形成整个实体打印模型。本节采用的 FDM 打印机分层厚度为 0.05～0.5 mm，打印精度为 0.1 mm。所采用的热熔性材料为 PLA 打印材料，如图 3.2（b）所示，直径为 1.75 mm。

为了制作与原岩体裂面具有相同形貌特征的模型试样，除了要避免对岩体裂面表面形貌特征的破坏，选择合适的浇筑材料也是制作含相同形貌且吻合裂面模型的关键。为此，在材料选择方面做出了部分改进：①选择超细石英砂，消除因大颗粒骨料无法更好地复制出裂面表面微小形貌特征的影响；②选择快硬硅酸盐水泥，缩短浇筑裂面模型的凝固时间，以消除因浇筑凝固时间过长而导致上下盘浇筑试样时间间隔太长而造成的影响。以 1#裂面为例，利用 3D 扫描技术和 3D 打印技术等逆向工程技术，制作裂面模型试样的具体制备可分为以下三个步骤，如图 3.3 所示。

（a）岩体裂面　　　　　（b）3D 扫描系统　　　　　（c）裂面的点云数据

（d）研究区域的点云数据　　　（e）3D 数字打印模型　　　（f）打印裂面模型

（g）裂面的 PLA 打印模型　　　（h）制作上盘裂面 A　　　（i）制作下盘裂面 B

图 3.3　基于 3D 扫描与 3D 打印的裂面模型制作流程

（1）裂面表面测量。利用 3D 光学面扫描系统对原岩裂面进行扫描，获得其表面高精度点云数据，如图 3.3（a）～（c）所示，其具体流程参考 2.1.2 小节。该系统测量裂面形貌特征属于无接触测量手段，可以避免在测量过程中对裂面的破坏。

（2）裂面 3D 打印模型制作。首先提取研究区域内的点云数据[图 3.3（d）]，然后将其导入图形处理软件建立裂面的 3D 数字打印模型[图 3.3（e）]，然后将数字裂面模型导入 3D 打印机中按照上述打印步骤进行打印，进而得到裂面的 PLA 打印模型[图 3.3（f）]。

（3）裂面模型试样浇筑。①放置并固定 PLA 打印模型：将制作好的 PLA 打印模型放置于 150 mm×150 mm×150 mm 的方形钢制混凝土试模中，并用试模加紧模型；然后在 3D 打印模型含裂面侧的表面及试模内侧涂刷一层液体脱模剂，以防止试样凝固后无法脱模[图 3.3（g）]。②制作上盘裂面 A：首先，将超细石英砂、快硬水泥和水等按照一定的比例混合、搅拌；然后采用分层加料、分层捣实的方法进行浇筑，以保证制作试样的质量和密实度；当浇筑至与模具上部平齐时停止浇筑，并将表面抹平[图 3.3（h）]；最后等到浇筑试样完全凝固后，拆开模具，分离 PLA 打印模型和上盘裂面 A。③制作下盘裂面 B：将制得的上盘裂面 A 置于混凝土试模中，在裂面 A 表面涂一层液体脱模剂，同样采用分层加料、分层捣实的方法浇筑裂面 B[图 3.3（i）]。④对制作好的含裂面混凝土试样进行养护。

重复采用上述方法，便可快速批量地制作出形貌特征基本一致的岩体裂面模型用于试验测试。该方法制作的裂面模型试样不但可以避免对原岩裂面的损伤破坏，而且能够有效避免细微特征因充填无法复制。即使 3D 打印的裂面模具细微特征被充填而无法使用时，还可利用保存的 3D 数字模型重新制作新的 3D 打印裂面模具。

3.1.2　裂面模型可靠性分析

以图 2.10 所示的原岩 1#裂面和 3#裂面为分析对象，利用逆向工程技术分别浇筑 3 块含 1#裂面和 3#裂面形貌特征的混凝土试样。为了分析该裂面模型试样制作方法的合理性，首先对所浇筑裂面试样的表面形貌特征进行分析。

利用 3D 光学面扫描系统分别测量 3D 打印裂面模型和浇筑混凝土的裂面试样，得到它们的点云数据。图 3.4 给出了原岩 1#裂面、打印裂面模型与浇筑裂面试样表面的 3D 数字模型，对比可以发现三者的 3D 表面形貌特征几乎完全一致，这说明从视觉上该制样方法所浇筑的混凝土裂面几乎完全复制了原岩裂面的形貌特征。为进一步分析浇筑裂面试样表面特征的差异性，分别在 1#裂面和 3#裂面的原岩表面、3D 打印裂面表面及浇筑裂面表面截取若干条剖面线，其位置如图 3.5（a）、（b）所示，其曲线形态如图 3.5（c）、（d）所示。从曲线形态可以看出，原岩裂面和打印裂面在相同位置的剖面线形态几乎完全一致；而原岩裂面和浇筑裂面的剖面线形态也大致相同，只存在细小差别。

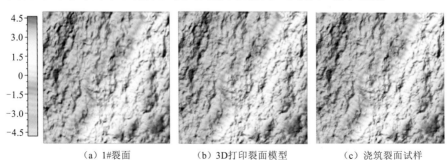

（a）1#裂面　　　　　　（b）3D打印裂面模型　　　　　　（c）浇筑裂面试样

图 3.4　原岩 1#裂面、3D 打印裂面模型与浇筑裂面试样的数字形貌特征

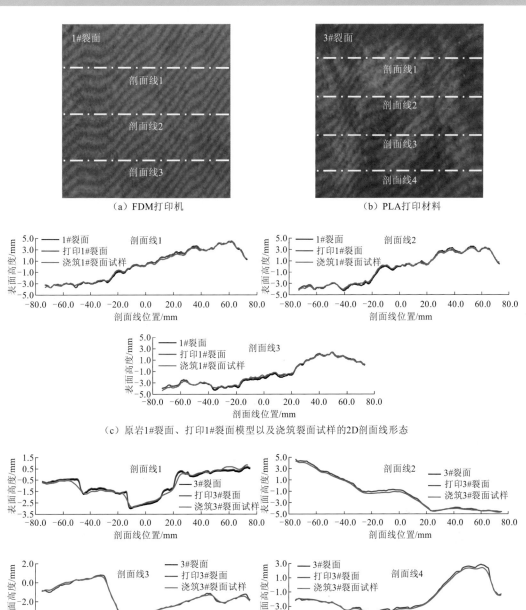

（a）FDM打印机　　　　　　　　　　（b）PLA打印材料

（c）原岩1#裂面、打印1#裂面模型以及浇筑裂面试样的2D剖面线形态

（d）原岩3#裂面、打印3#裂面模型以及浇筑裂面试样的2D剖面线形态

图 3.5　原岩裂面和浇筑裂面试样表面特征对比

　　为定量分析原岩裂面与浇筑裂面试样表面形貌特征的差异性，利用表征裂面形态特征的统计参数坡度均方根 Z_2 来定量描述两组原岩裂面和浇筑裂面试样的剖面线特征，并以原岩裂面剖面线的 Z_2 为基准计算浇筑裂面试样的相对误差，其中，剖面线的采样间隔为 0.5 mm，其结果如表 3.1 所示。从表中可以发现，原岩裂面和浇筑裂面试样的 7 条剖面线中的最大相对误差仅为 6.135%，最大的平均误差仅为 4.614%。由此可见，以逆向工程技术为基础所提出的裂面模型试样制作方法能够较好地复制原岩体裂面的形貌特征。

表 3.1　含自然裂面试样的制样误差

裂面	剖面线	坡度均方根 Z_2		相对误差/%	
		原岩裂面	浇筑裂面试样	误差	平均误差
1#裂面	剖面线 1	0.181 6	0.170 5	6.135	
	剖面线 2	0.195 6	0.189 3	3.224	3.854
	剖面线 3	0.170 4	0.166 6	2.204	
3#裂面	剖面线 1	0.248 1	0.236 2	4.796 6	
	剖面线 2	0.242 4	0.229 9	5.156 8	4.614
	剖面线 3	0.220 6	0.210 1	4.759 7	
	剖面线 4	0.213 7	0.205 7	3.743 6	

　　为分析所浇筑裂面试样的均一性,分别对浇筑的 1#裂面试样和 3#裂面试样进行常法向应力下的剪切试验。其中 1#裂面试样的法向应力为 0.27 MPa,3#裂面试样的法向应力为 0.05 MPa,每个法向应力下做 3 块裂面试样。在试验时先对试样按 0.5 kN/s 的速度施加法向荷载至预定值,再按 0.005 mm/s 的速度施加切向荷载,在试验过程中法向应力由伺服控制系统保持恒定,当试验达到残余强度值时停止试验。在试验过程中,通过剪切伺服控制软件,采集整个剪切过程中的法向荷载、法向变形、剪切荷载和剪切位移等试验数据。图 3.6 给出了两组自然裂面模型试样的剪切应力-位移曲线和破坏特征。

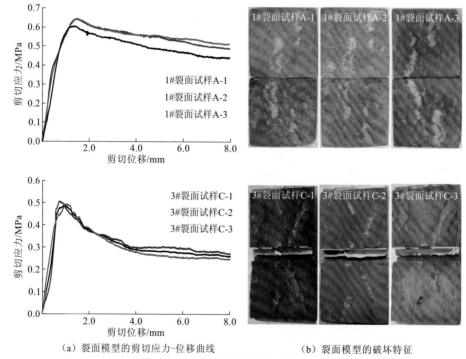

（a）裂面模型的剪切应力-位移曲线　　　　（b）裂面模型的破坏特征

图 3.6　含岩体裂面试样的剪切试验

观察对比图 3.6 可知，每组 3 块裂面模型试样在相同法向应力下剪切应力-位移曲线具有很好的一致性。每组裂面模型的剪切试验曲线具有典型的压密阶段、弹性变形阶段、峰值强度过渡阶段、强度衰减阶段、残余强度阶段。对比每组 3 块裂面模型试样的破坏特征，可以发现在相同法向应力下裂面模型试样的剪切破坏位置和程度都具有较好的一致性。为进一步分析所制作裂面模型的可靠性，对两组裂面模型的峰值剪切强度进行统计分析，其结果如表 3.2 所示。从表 3.2 可知，以每组 3 块试样的平均峰值剪切强度为基础，试样的最大离散性误差为 4.142%，而一般利用相似材料所浇筑剪切试样的剪切强度离散性误差一般为 8%~20%（朱小明 等，2011；杜时贵 等，2010；沈明荣 等，2010）。这说明裂面模型试样的离散性是满足试验要求的，以逆向工程技术为基础的裂面模型试样制作方法是可靠的。

表 3.2　含自然裂面试样的剪切强度

类型	编号	峰值剪切强度/MPa	平均剪切强度/MPa	离散误差/%
1#裂面试样	A-1	0.606 2		4.142
	A-2	0.645 3	0.632 4	2.040
	A-3	0.645 8		2.119
3#裂面试样	C-1	0.507 2		2.073
	C-2	0.487 8	0.496 9	1.831
	C-3	0.495 6		0.262

由以上分析可知，利用 3D 扫描技术和 3D 打印技术所制作的裂面模型试样能够较好地复制出原岩裂面表面的形貌特征，并且模型试样的剪切力学性质和破坏特征具有很好的稳定性和一致性，充分地说明了该制作方法的合理性，这为研究含相同自然形貌特征的裂面在不同试验条件下的剪切性质提供了关键的试样基础条件。

3.2　基于 3D 扫描与 3D 雕刻的裂面模型制作技术

3.2.1　基于 3D 雕刻的裂面模型制样流程

基于 3D 扫描与 3D 雕刻的裂面模型制作技术步骤主要包括：基于 3D 扫描的原岩自然裂面形貌获取、3D 自然裂面刻录路径生成、岩体自然裂面数控刻录、岩体自然裂面保真率检验。

裂面 3D 形貌数据获取是通过应用 3D 扫描设备对原岩裂面进行扫描，得到由 X、Y、Z 轴坐标表示的原岩裂面点云数据。图 3.7 展示了 3#裂面的点云数据，将该点云数据作为裂面下盘模型，通过算法将点云关于 Z 轴镜像和关于 Y 轴镜像后生成相吻合的裂面上盘模型（图 3.8）。

图 3.7　原岩 3#裂面表面形貌点云数据

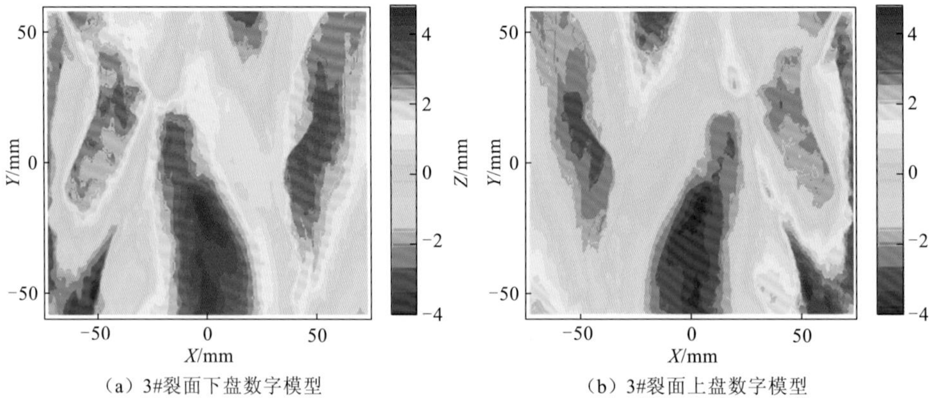

（a）3#裂面下盘数字模型　　　　　　　（b）3#裂面上盘数字模型

图 3.8　岩体裂面点云数字模型

基于数控刻录的岩体裂面制作方法是利用数控刻录机将测量得到的裂面数字模型直接刻录在岩石上，从加工原理上看是一种钻铣组合加工，通过计算机控制刻录机主轴 X、Y、Z 三轴的定位走刀路径和下刀深度，同时主轴上高速旋转刀头对固定于工作台上的岩石块进行切削，主要过程如下。

（1）生成刀具路径：首先利用数控专业软件将裂面上下盘数字模型分别转换为刻录刀具路径，其中刀具路径分为投影加深粗加工路径和曲面精刻录路径。

（2）投影加深粗加工：该步骤是进行一次毛坯去除，去除大量材料使毛坯接近模型[图 3.9（a）]。通常选用直径较大的锥度球头刀，设定的路径间距较大，此步骤加工速度较快、耗时较少，数控机床安装好粗加工刀具后，将岩块用夹具固定在工作台上，进行刀头与岩块原点的校准后即开始刻录。

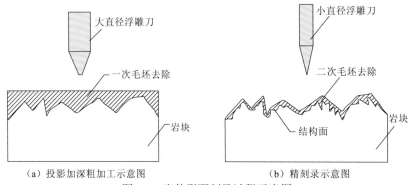

（a）投影加深粗加工示意图　　　　　　（b）精刻录示意图

图 3.9　岩体裂面刻录过程示意图

（3）曲面精刻录：曲面精刻录是对粗加工后的毛坯进行二次毛坯去除[图 3.9（b）]，该步骤选用小直径浮雕刀，设定较小的路径间距，使得细小裂面能被刻录出来从而保证了裂面制作精度，得到精准的裂面形貌。图 3.10 为刻录得到的岩体裂面试样。

图 3.10　不同岩性的刻录岩体裂面试样

3.2.2　制作的岩体裂面试样保真率检验与剪切实验

岩体裂面试样的制样保真度对于其剪切特性研究至关重要，试样之间的较大差别必然会导致试验结果的离散大、规律差，不利于裂面剪切特性和机制深入分析。针对 3D 扫描的含裂面试样制作方法，若要检验制作精度，需要将制备的试样再次进行 3D 扫描，并将其与原岩裂面扫描结果进行对比计算得出两点云的重合度，即裂面试样制作保真率。但由于扫描仪每次扫描所采用的参考坐标系不同，原岩裂面扫描点云数据与制备裂面试样扫描点云数据并不在同一坐标系。此外扫描得到的点云数量庞大，处理起来比较复杂，原岩裂面扫描点云数据与制备裂面扫描点云数据的匹配较为困难。

而点云配准在 3D 物体识别、3D 表面重建、地面场景配准、大地测量、颅面复原、历史遗迹修复等领域已得到广泛应用，其基本算法是 1992 年 Besl 等提出的基于四元数迭代最近点算法，即标准迭代最近点（iterative closest point，ICP）算法，具有收敛性有保障、配准精度较高、运算效率理想的特点，可用于岩体裂面制作保真率检验。针对目标数据点集 $\mathbf{P}$（刻录裂面试样扫描点云数据）中有 N_p 个数据点，用 $\{p_i\}$ 表示；参考数据点集 $\mathbf{X}$（原岩裂面扫描点云数据），包含 N_x 个数据点，用 $\{x_i\}$ 表示，标准 ICP 算法通过计算两个点云数据集之间点对点距离的最小二乘得到参考数据集和目标数据集之间的刚体变换，即求出两个数据点集之间的旋转矩阵 $\mathbf{R}$ 和平移矩阵 $\mathbf{T}$，从而使得两个点集能够最优重合。

对目标数据点集中每一个点进行刚体变换，在参考数据点集中找出最近点，利用每个点和其对应的最近点，计算出所有最近点的距离平方和：

$$f = \frac{1}{N_p}\sum_{i=1}^{N_p}\|\boldsymbol{x}_i - \boldsymbol{R}\cdot\boldsymbol{p}_i - \boldsymbol{T}\|$$ (3.1)

计算刚体变换转化为求 $\boldsymbol{R}$ 和 $\boldsymbol{T}$ 使得 f 最小化，算法流程如下。

（1）获取参考点集和目标点集并计算参考点集和目标点集的重心：

$$\boldsymbol{\mu}_p = \frac{1}{N_p}\sum_{i=1}^{N_p}\boldsymbol{p}_i$$ (3.2)

$$\boldsymbol{\mu}_x = \frac{1}{N_x}\sum_{i=1}^{N_x}\boldsymbol{x}_i$$ (3.3)

（2）计算由参考点集 **P** 和目标点集 **X** 构成的协方差矩阵：

$$\boldsymbol{\Sigma}_{px} = \frac{1}{N_p}\sum_{i=1}^{N_p}[(\boldsymbol{p}_i - \boldsymbol{\mu}_p)(\boldsymbol{x}_i - \boldsymbol{\mu}_x)]$$ (3.4)

（3）根据协方差矩阵构造如下矩阵：

$$\boldsymbol{Q}(\boldsymbol{\Sigma}_{px}) = \begin{bmatrix} \mathrm{tr}(\boldsymbol{\Sigma}_{px}) & \boldsymbol{\Delta}^{\mathrm{T}} \\ \boldsymbol{\Delta} & \boldsymbol{\Sigma}_{px} + \boldsymbol{\Sigma}_{px}^{\mathrm{T}} - \mathrm{tr}(\boldsymbol{\Sigma}_{px})\boldsymbol{I}_3 \end{bmatrix}$$ (3.5)

根据

$$A_{ij} = (\boldsymbol{\Sigma}_{px} - \boldsymbol{\Sigma}_{px}^{\mathrm{T}})_{ij}$$ (3.6)

构造

$$\boldsymbol{\Delta} = \begin{bmatrix} A_{23} & A_{31} & A_{12} \end{bmatrix}$$ (3.7)

其中

$$\boldsymbol{I}_3 = \begin{bmatrix} 1 & 0 & 0 \\ 0 & 1 & 0 \\ 0 & 0 & 1 \end{bmatrix}$$ (3.8)

（4）计算 $\boldsymbol{Q}(\boldsymbol{\Sigma}_{px})$ 的特征值和特征向量，其中最大特征值对应的单位特征向量即单位四元数：

$$\begin{bmatrix} q_0 & q_1 & q_2 & q_3 \end{bmatrix}$$ (3.9)

则单位四元数表示的最佳旋转矩阵 $\boldsymbol{R}$ 计算如下式：

$$\boldsymbol{R} = \begin{bmatrix} q_0^2+q_1^2-q_2^2-q_3^2 & 2(q_1q_2-q_0q_3) & 2(q_1q_3+q_0q_2) \\ 2(q_1q_2+q_0q_3) & q_0^2-q_1^2+q_2^2-q_3^2 & 2(q_2q_3-q_0q_1) \\ 2(q_1q_3-q_0q_2) & 2(q_2q_3+q_0q_1) & q_0^2-q_1^2-q_2^2+q_3^2 \end{bmatrix}$$ (3.10)

（5）计算最佳平移向量：

$$\boldsymbol{T} = \boldsymbol{\mu}_x - \boldsymbol{R}\cdot\boldsymbol{\mu}_p$$ (3.11)

（6）变换后得到与参考点集 **X** 精确配准对齐的目标点集 **P**$_{new}$

$$\boldsymbol{T} = \boldsymbol{\mu}_x - \boldsymbol{R}\cdot\boldsymbol{\mu}_p$$ (3.12)

按照上述步骤进行基于四元数的 ICP 算法编程，可以实现原岩裂面点云数据和刻录试样裂面点云数据配准。图 3.10 所示岩体裂面刻录试样点云配准结果如图 3.11 所示，可以看出精配准后原岩裂面点云数据与刻录试样裂面点云数据吻合较好。

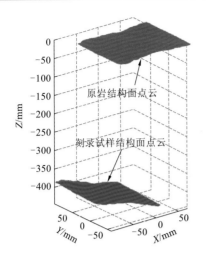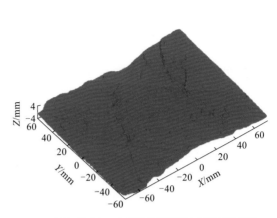

（a）原岩裂面点云和刻录试样裂面点云初始位置　　　（b）原岩裂面点云和刻录试样裂面点云精确配准图

图 3.11　裂面点云配准前后对比图

　　最后，对刻录得到的含裂面试样进行精度验证，将所有试样裂面的点云数据与原岩裂面的点云数据进行配准计算。首先对点云数据进行等间距插值处理，设定的插值间距为 3D 扫描设备的精度，如果两个裂面点云数据对应点高差在允许公差范围内，则认为该点两个裂面吻合。允许公差设定值不超过 3D 扫描设备的精度，统计出允许公差范围内点的个数占裂面点云总个数的百分比为原岩裂面与刻录裂面的重合度，即试样制备保真率。本书选取刻录的含裂面试样进行扫描并计算与原岩裂面扫描结果的重合度，结果在允许公差 0.1 mm 的前提下，精度如表 3.3 所示，均在 95%以上，证明上述采用的试样制备方法精度有保障，可以用于深入分析岩体自然裂面的剪切破坏规律。

表 3.3　岩体裂面试样保真率

试样编号	保真率/%
1	96.77
2	97.82
3	95.93

3.3　含裂面隧道模型 3D 打印制作技术

3.3.1　3D 打印隧道模型的制作技术

　　隧道工程是最常见的岩体工程之一，隧道物理模型试验是学者们研究各种隧道问题常用的手段（Zhu et al.，2011；Meguid et al.，2008；Seki et al.，2008；Li et al.，2005）。然而利用传统的人工制样方法制作隧道模型却是一种耗时费力的工作，并且制作一些含复杂地质构造（断层、褶皱等）或工程结构（锚杆、衬砌等）的模型试样，往往存在较大的人工误差，其至无法制作（Song et al.，2018；Jiang Q et al.，2016）。因此，如何高效、均一地制备出与工程岩体相类似的或符合研究问题要求的物理隧道模型，是研究隧道问题中一个关键的、急需解决的技术难题。

石膏 3D 打印（plaster-based 3D printing，PP）型打印机是以粉末性石膏（$CaSO_4 \cdot 0.5H_2O$）为打印材料制作物体模型的打印机，如图 3.12 所示。该方法首先在工作平台上铺一层粉末材料，然后打印喷头在计算机的控制下，按照所设计的截面轮廓信息，对实心部分所在的位置喷射黏结剂，使粉末颗粒黏结在一起；一层材料黏结完毕后，成型缸下降一个分层厚度，供粉缸上升一定高度，推出若干粉末，并被辅粉辊推至成型缸，铺平并压实，打印喷头在计算机的控制下，根据下一截面的轮廓信息有选择地喷射黏结剂建造层面；如此周而复始地送粉、铺粉和喷射黏结剂，直至打印出实体模型。因此，将 FDM 打印机（图 3.2）与 PP 型打印机相结合，可建立一种含裂面隧道模型制作方法。

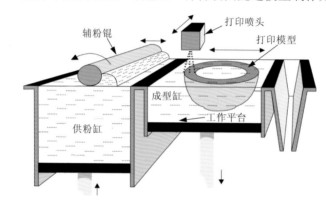

（a）PP型打印机打印原理

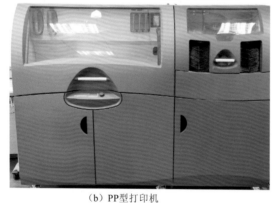

（b）PP型打印机

（c）粉末性石膏打印材料

图 3.12　节理模型试样的剪切实验

虽然目前有很多种 3D 打印机类型和材料，但利用 3D 打印技术制作 3D 模型大致可分为如下步骤（图 3.13）。

（1）3D 模型的建立：首先用计算机辅助设计软件（如 AutoCAD）设计出含一定结构的、符合研究目的要求的 3D 物理模型[图 3.13（a）]；由于不同类型的 3D 打印机所识别的文件格式略有不同，而标准模板库（standard template library，STL）文件因其格

（a）3D模型的建立　　　　　　　　　（b）切片处理

（c）3D模型的打印　　　　　　　　　（d）3D模型

图 3.13　3D 模型的制作方法

式简单，且可以描述三维物体的几何信息，已成为 3D 打印机所支持的最常见文件格式，故本书将所建立的 3D 模型统一保存为 STL 格式。

（2）切片处理：建立 3D 模型以后需要进行切片，它的目的是要将模型以片层方式来描述，并且经过切片处理后可以生成 3D 打印机本身可以执行的代码，如 G 代码，M 代码等。在切片处理时需要设置打印参数，如填充率、分层厚度等。在本书中切片过程借助相关切片软件完成（如 MakerWare 软件、3Dprint 软件等），如图 3.13（b）所示。

（3）3D 模型的打印及后处理：将 3D 模型执行代码导入打印机中，根据相关操作，3D 打印机通过逐层的方式进行模型的打印[图 3.13（c）]；打印出的 3D 模型如图 3.13（d）所示。另外，为保证得到更好的实验结果，需对打印模型进行相关处理，如为保证加载端面的平整，需对模型的端部进行磨平处理。

以粉末性石膏为打印材料，利用 PP 型打印机制作隧道模型，借助 AutoCAD 软件共设计 3 种含特殊结构的隧道模型，分别为含单断层隧道模型、含双断层隧道模型及锚喷衬砌支护隧道模型，3 种模型的具体信息和设计图如图 3.14 和表 3.4 所示，其中含断层隧道模型的断层宽度为 1 mm，断层离隧道的最小垂直距离为 10 mm，断层的连通率为 20%；锚喷衬砌支护模型共布置两排锚杆孔，每排左右边墙共 2 根锚杆，拱顶 6 根，顶拱锚杆呈发射状布置，锚杆及喷层的尺寸、位置如图 3.14（b）所示。以 PLA 材料为打印材料，利用 FDM 打印机制作锚杆模型、衬砌模型，并以环氧树脂为锚固填充材料和喷层材料来完成锚喷衬砌支护模型的制作，3D 打印锚喷衬砌支护模型如图 3.14（d）所示。在锚杆安装时，先将锚杆孔中装满环氧树脂，再用镊子将锚杆安装至锚杆孔，然后再将隧道模型的顶拱和边墙均匀涂抹环氧树脂模拟喷浆过程，最后将衬砌模型安装固定于隧道内。另外，为对比试验效果，同时也制作与 3 种含特殊结构隧道模型基本尺寸完全一致的普通隧道模型，每种隧道模型各制作 2 块，在打印过程中，模型的充填率均设为 100%，每层高度均为 0.1 mm。需要说明的是，本试验的物理模型并未针对具体工程隧道，此试验的目的只是探索 3D 打印技术制作裂面隧道模型的可行性和合理性。

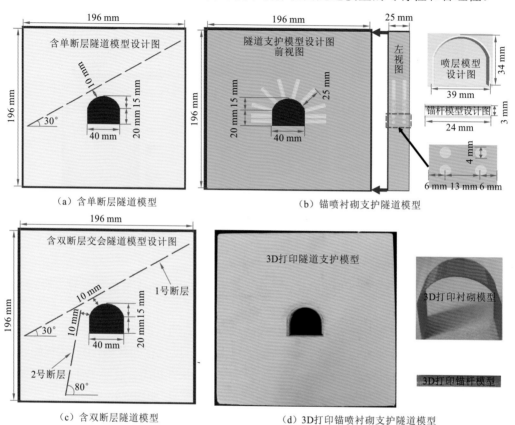

图 3.14　3D 模型的设计图

表 3.4　隧道模型的尺寸信息

打印材料	试样	打印方式	特征	尺寸/mm
粉末性石膏	圆柱试样	PP 型打印	—	$D=50$，$H=100$
	普通隧道模型		半圆拱形隧洞，隧洞宽 40 mm，墙高 20 mm，拱顶高 15 mm	$L=196$，$H=196$，$W=25$
	锚喷衬砌支护隧道模型		每排 10 个锚杆孔，左右边墙各 2 个，拱顶 6 个，共 2 排	$L=196$，$H=196$，$W=25$
	含单断层隧道模型		断层宽度为 1 mm，倾角为 30°，连通率为 20%	$L=196$，$H=196$，$W=25$
	含双断层隧道模型		两条断层的倾角分别为 30° 和 80°，两者相交于拱顶的左侧	$L=196$，$H=196$，$W=25$

续表

打印材料	试样	打印方式	特征	尺寸/mm
PLA 材料	圆柱试样	FDM 打印	—	$D=35$，$H=70$
	锚杆模型		—	$D=3$，$L=24$
	衬砌模型		半圆拱形	$W=39$，$H=34$，$T=2$

注：D 为试样直径，L 为试样长度，H 为试样高度，W 为试样宽度，T 为试样厚度。

3.3.2　石膏打印材料和锚杆衬砌材料的力学特性

长期以来,岩石在法向荷载下的应力-应变曲线和岩石的破坏特征一直是研究岩石基本特性的方法之一（Jiang et al.，2014；Fairhurst et al.，1999；王明洋 等，1998；Cook，1965）。为分析隧道模型材料和锚杆衬砌材料的力学性质，分别以粉末性石膏和 PLA 材料为打印材料，使用 PP 型打印机和 FDM 打印机各打印了 3 块如图 3.13（d）所示的圆柱形试块，其中 3D 打印石膏圆柱试样和 PLA 圆柱试样的尺寸如表 3.4 所示。

石膏圆柱试样的单轴压缩试验是利用图 3.15（a）所示的 MTS815 岩石力学实验系统完成的，试验中轴向应变采用线性可变差动变压器（linear variable differential transformer，LVDT）位移传感器测量，而环向应变采用链条与引伸计组合的方式测量，加载方式采用轴向变形控制，其加载速率为 0.001 mm/s。3D 打印石膏试样的基本力学参数如表 3.5 所示，其典型的全应力-应变曲线如图 3.15（b）所示。从图 3.15（b）可知，在法向荷载加载过程中，3D 打印石膏试样的轴向应力随着轴向变形的增加而呈线性和近线性增加的趋势；而当达到峰值抗压强度后，轴向应力随着轴向变形的增加而迅速跌落，试样表现出明显的应变软化现象；最后轴向应力跌落到某一应力值时，随着轴向应变的增加轴向应力逐渐趋于稳定。由此可知，3D 打印石膏试样的应力-应变曲线与岩石材料具有十

（a）单轴压缩试验

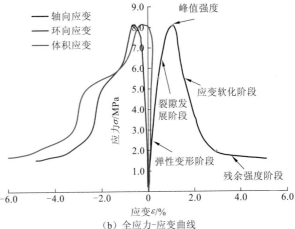

（b）全应力-应变曲线

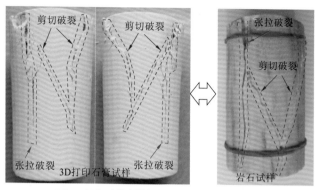

（c）3D打印石膏试样与岩石试样的破坏对比

图 3.15　3D 打印石膏试样的试验结果

分相似的变形特征，即都经历了弹性变形阶段、裂隙发展阶段、应变软化阶段和残余强度阶段。而试样的环向应变和体积应变也与岩石材料的变形呈现类似的特征，并且 3D 打印石膏试样的体积变形也具有与岩石材料类似的扩容现象。另外，图 3.15（c）给出了 3D 打印试样典型的破坏特征，可以发现 3D 打印石膏试样的破裂形式主要为剪切和张拉破裂，表现为有 1 条几乎贯穿整个试样的张拉垂直裂纹，2 条与试样轴线成一定倾角的剪裂面，这与岩石材料的破坏具有相似的特征。从以上分析可知，石膏试样表现出与岩石类似的变形特征和破坏特征，这说明以粉末性石膏材料为打印材料所制作的隧道模型可以应用于岩体力学的研究。

表 3.5　打印石膏试样和 PLA 试样的基本力学性质

类型	密度/（kg/m³）	抗压强度 σ_t/MPa	弹性模量 E/GPa	泊松比 ν
石膏试样	1.26×10^3	7.93	0.49	0.25
PLA 试样	0.758×10^3	32.44	1.53	—

PLA 圆柱试样的单轴压缩试验中轴向应变采用 LVDT 位移传感器测量，加载方式采用轴向变形控制，其加载速率为 0.005 mm/s。PLA 圆柱试样的基本力学参数如表 3.5 所示，其中 PLA 的单轴抗压强度为应变范围内最大的抗压强度。3 块 PLA 试样的应力-应变曲线如图 3.16（a）所示，可以发现在 PLA 试块达到屈服强度前，轴向应力随着轴向呈变形线性增加，而当超过屈服强度后，轴向应力在一个应力极限值下缓慢变化，这表明 PLA 试样表现出明显的弹塑性特征。另外，图 3.16（b）给出了 PLA 试样典型的破坏特征，可以发现 PLA 试样并未出现局部的破裂面，而是表现出明显的塑性膨胀，并且其破坏特征与铸铁试样[图 3.16（c）]基本一致。由此可知，PLA 材料的力学性质与岩石材料有明显的差别，但是它的弹塑性特征及材料变形特征与部分金属材料（如铸铁）十分相似。因此，利用 PLA 材料来模拟锚喷支护中的金属锚杆和喷层（钢筋混凝土类衬砌）也具有一定的合理性。

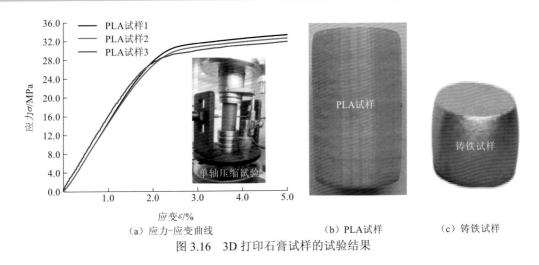

（a）应力-应变曲线　　　　（b）PLA试样　　　　（c）铸铁试样

图 3.16　3D 打印石膏试样的试验结果

3.3.3　侧限条件下隧道物理模型的压缩试验

隧道物理模型在侧限条件下的压缩试验是在图 3.17 所示的 RMT-150C 岩石力学试验系统上完成的，RMT-150C 岩石力学试验系统是计算机控制的多功能电液伺服试验机，其单轴压缩试验系统的轴向荷载由伺服控制的垂直液压缸施加，最大的输出荷载为 1 500 kN。试验系统的轴向力分别由量程为 1 500 kN 和 100 kN 的力传感器测量，轴向变形分别由量程为 5 mm 的位移传感器和量程为 50 mm 的两套行程传感器测量，所有位移及行程传感器的测量精度均优于 0.3%，变形控制速率为 0.000 1～1 mm/s，荷载控制速率为 0.01～90 kN/s。在试验过程中，利用自制的夹具对模型四周进行约束，在试样顶端进行轴向加载，采用行程控制，加载速度为 0.005 mm/s，当试验达到残余强度值或试样破坏时终止试验。

图 3.17　试验系统的布置

无断层普通隧道模型的试验曲线和破坏特征如图 3.18 所示，为更好地观察隧道的破坏特征，只展示了模型隧道附近区域的破坏现象。从模型的试验曲线可以看出：①普通隧道模型的两条试验曲线具有很好的一致性，这也说明了该制样方法一定程度上克服了人工误差；②在试验初期加载阶段，试样的承载力随着位移的增加呈线性或近似线性的增长，表现出明显的弹性阶段，随后试样的承载力进入了非线性增长的塑性阶段，直至达到峰值后试样的承载力随着位移的增加迅速跌落，当达到一定程度时，试样的承载力趋于稳定，此时可以看出隧道模型试样的承载能力仍处于一个较高的承载力水平，这说明隧道发生破坏初期仍具有一定的承载能力，如果此时能及时支护就能阻止隧道持续的变形而导致隧道彻底失稳。从模型的破坏特征可知，在轴向荷载下普通隧道模型的隧洞可以观察到明显的压缩变形，并且在隧洞的拱顶中部、左拱肩出现了裂隙破坏，在左右边墙出现了明显片帮剥落现象。与 Huang 等（2013）的试验相对比，两者模型的破坏特征类似，隧道模型的破坏主要发生在隧洞的拱顶及左右边帮处，这表明利用 3D 打印技术制作的隧道模型能够模拟隧道的破坏特征和变形特征，可应用于隧道物理试验研究中。

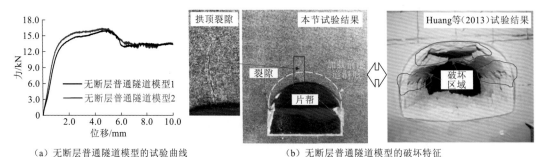

（a）无断层普通隧道模型的试验曲线　　　　　（b）无断层普通隧道模型的破坏特征

图 3.18　无断层普通隧道模型的实验曲线和破坏特征

锚喷衬砌支护隧道模型的试验曲线如图 3.19（a）所示，支护隧道模型的两条实验曲线具有很好的一致性，这表明利用 3D 打印技术来制作含锚杆、喷层及衬砌的复杂支护隧道模型也具有较好的可靠性。锚杆衬砌支护隧道模型的试验曲线在峰值以前与普通隧道模型类似，具有明显的弹性阶段和塑性阶段，但是与普通隧道模型相比，在达到峰值承载力前所经历的塑性变形更大，并且峰值承载能力比未支护的普通隧道模型更高；而峰值之后支护隧道模型的试验曲线虽然也出现了明显的承载力跌落现象，但是当承载力跌落到一定程度时却迅速上升，这与普通隧道模型的变形特征是截然不同的。

为分析支护隧道模型与普通隧道模型所表现出的不同变形特征的原因，图 3.19（b）展示了锚喷衬砌支护隧道模型在不同变形阶段的破坏特征，观察可知在试验压缩前（点 A），衬砌与隧洞拱底具有一定距离，而随着轴向荷载的增加，隧洞不断地被压缩变形，进而导致衬砌与拱底的距离不断减小；在试样达到峰值承载力时（点 B），衬砌模型与拱底开始接触，但是此时并未发挥实质的承载支护作用，这也说明，在峰值承载力前，与普通隧道模型相比，支护隧道模型表现出塑性变形及承载力较大的主要原因是锚杆和喷层的加固作用。在隧洞达到峰值承载力时，在隧洞的左边墙出现明显的破坏特征，并且

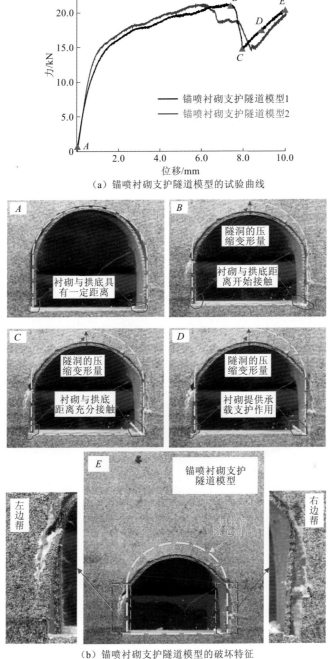

（a）锚喷衬砌支护隧道模型的试验曲线

（b）锚喷衬砌支护隧道模型的破坏特征

图 3.19　锚喷衬砌支护隧道模型的试验曲线和破坏特征

随着隧洞轴向压缩变形的不断增加，隧洞的破坏不断加剧，其承载力迅速下降；在此过程中，衬砌模型与隧洞变形相同步，进而导致其相互充分接触，在点 C 处隧洞的右拱脚处出现了明显的压裂；并且由于衬砌模型是由一种弹塑性材料制成，在弹性阶段内随着变形的增加，其所能提供的承载力将会迅速增加，当其超过因隧道模型破坏而导致承载力的减少值时，支护隧道模型的整体承载力将会增加（C-D-E），进而表现出与普通隧道模型截然不同的变形特征。

另外，图3.19（b）中点E处展示了锚喷衬砌支护隧道模型最终的破坏特征，观察可知仅在隧洞的左右边墙上出现了片帮，但是并未出现剥落，并且右边墙的破坏程度明显受到抑制，这表明该支护方式可以明显抑制隧道的破坏。需要说明的是，衬砌模型与拱底具有一定距离是由试验设计考虑不周所造成的，但是试验现象却充分地证明了隧道发生破坏初期如果能及时支护就能够阻止隧道持续的变形而导致隧道彻底失稳。

图3.20展示了含单断层隧道模型的试验曲线和破坏特征。与普通隧道模型的变形特征相比，含单断层隧道模型的试验曲线表现出明显的差异性[图3.20（a）]，在试验初期模型试样具有较为明显的裂隙加密阶段，随后经历了弹性（近弹性）阶段—塑性阶段—弹性（近弹性）阶段—塑性阶段的循环变形过程，这种差异性可能主要是由断层存在造成的；达到峰值承载力后，含单断层隧道模型的变形特征与普通隧道模型类似，分别经历了承载力的跌落过程和承载力区域稳定的残余阶段过程。与普通隧道模型相比，含单断层隧道模型的破坏特征也表现出一定的差异性[图3.20（b）]，模型隧洞的拱顶中部、左右拱肩都出现了裂隙，并且这三组裂隙与预制断层形成了贯通的垮落体，另外在右侧边墙上还出现了少量的片帮剥落现象。含单断层隧道模型的破坏特征与Huang等（2013）的试验结果类似，其制作的隧道模型在断层的下盘位置都出现了垮落现象，这表明利用3D打印技术制作的含单断层隧道模型能够较好地模拟隧洞的破坏特征；并且两块含单断层隧道模型的试验曲线具有较好的一致性，证明此方法还能够较有效地克服因人工制作所带来的离散性误差。

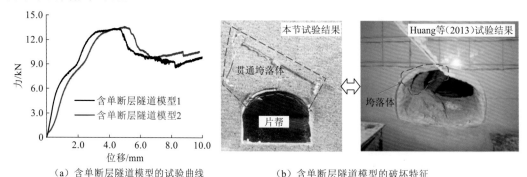

（a）含单断层隧道模型的试验曲线　　　　（b）含单断层隧道模型的破坏特征

图3.20　含单断层隧道模型的试验曲线和破坏特征

图3.21展示了含双断层隧道模型的试验曲线和破坏特征。由图3.21（a）可知，含双断层隧道模型的试验曲线与含单断层隧道模型类似，具有典型的弹性（近弹性）阶段—塑性阶段—弹性（近弹性）阶段—塑性阶段的循环变形过程，但是含双断层隧道模型的峰值承载能力却有一定程度的下降，并且在达到峰值承载力前模型所经历的塑性变形更大。含双断层隧道模型的隧洞破坏程度却比含单断层隧道模型更为严重[图3.21（b）]，在隧洞拱顶中部、右拱肩、右侧拱脚及1号断层的左上方都出现了裂隙，并且右侧拱脚和右拱肩处的裂隙、隧道右边墙及2号断层形成了贯通垮落体，另外在隧道两侧边墙上出现了明显的片帮剥落现象。

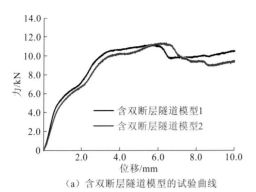

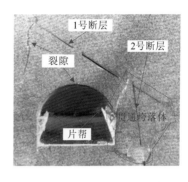

（a）含双断层隧道模型的试验曲线　　　　　　（b）含双断层隧道模型的破坏特征

图 3.21　含双断层隧道模型的试验曲线和破坏特征

　　由以上分析可知，两种含断层隧道模型在变形特征、承载能力及破坏特征等方面都表现出了一定的差异性，这与两种模型断层数量和位置的不同有直接关系。这种现象也证实了公认的事实：围岩的变形与破坏特征明显受到断层数量、分布及组合关系的控制（黄达 等，2009；Choi et al.，2004）。为进一步分析锚喷衬砌支护体和断层对隧道承载能力的影响，表 3.6 汇总了 4 种隧道模型试样的承载力，并且以普通隧道模型的承载能力为基准，定义了承载力提高系数［式（3.13）］，其计算结果如表 3.6 所示，对比可知与普通隧道模型相比，锚喷衬砌支护隧道模型的承载力提高了 29.75%，含单断层隧道模型的承载力降低了 16.91%，含双断层隧道模型的承载力降低了 30.06%。

$$K = \frac{F - F_{普通}}{F_{普通}} \times 100\% \tag{3.13}$$

式中：K 为承载力提高系数；F 为锚喷衬砌支护隧道模型和含断层隧道模型的承载力；$F_{普通}$ 为普通隧道模型的承载力。当 $K>0$ 时，表示承载能力提高；$K<0$ 时，表示承载能力降低。

表 3.6　4 种隧道模型的承载力

隧道模型	承载力/kN		承载力提高系数/%
	模型的承载力	平均承载力	
普通隧道模型	16.42	16.20	—
	15.98		
锚喷衬砌支护隧道模型	20.98	21.07	29.75
	21.06		
含单断层隧道模型	13.58	13.46	-16.91
	13.34		
含双断层隧道模型	11.25	11.33	-30.06
	11.41		

从以上分析可知,同种隧道模型的试验曲线和承载力都具有较好的一致性,这说明利用3D打印技术制作的隧道模型可以克服传统人工制样方法所存在的人工误差;对比4种3D打印隧道模型的变形特征、破坏特征和强度特征可以发现,普通隧道模型和单断层隧道模型的变形破坏特征与人工制作的模型类似;锚喷衬砌支护方式可以明显抑制隧道的破坏,提高隧道的承载能力,而断层的存在明显加剧了隧道的破坏程度,降低了隧道的稳定性,这些现象与人工制作的模型及隧道工程类似。以上分析表明利用3D打印技术制作的裂面隧道模型试样可以应用于隧道工程的试验研究。

3.4 白鹤滩水电站左岸坝基面形貌重构与剪切试验

3.4.1 工程背景

白鹤滩水电站位于金沙江下游四川省宁南县和云南省巧家县境边界,属高山峡谷地貌,河谷呈不对称的V形形貌。白鹤滩水电站是我国继三峡水电站之后的国内第二大巨型水电站,电站总装机容量16 000 MW(图3.22)。大坝坝基岩性自上而下为$P_2\beta_4^2$~$P_2\beta_2^3$层玄武岩,岩层总体产状30°N~50°E,SE∠15°~25°。大坝为289 m混凝土双曲拱坝,其中左岸坝基设计高程为538~834 m,坝基走向29°N~39°E;遵循拱坝设计规范提出的高拱坝建基面基本要求,白鹤滩拱坝建基面岩体中下部范围基本利用微新、无卸荷状态的II类岩体~III_1类岩体,中上部范围基本利用弱风化下段、无卸荷的III_1类岩体,局部利用弱风化-微风化、弱卸荷的III_2类岩体,左岸坝基EL 834~750 m设置混凝土垫座作为基础(徐建荣,2015a)。

图3.22 白鹤滩水电站左岸开挖的混凝土大坝基础

3.4.2 左岸坝基表面形貌扫描

选取白鹤滩左岸大坝坝基某处的现场基础面[图3.23(a)],采用手持式激光扫描仪进行坝基表面形貌测量,基本过程如下。

（a）现场裂面形貌 （b）扫描得到基岩裂面点云数据

图 3.23 现场岩体自然裂面扫描

（1）扫描现场勘察：为确保斜坡上坝基扫描的安全，扫描前应调查现场条件，挑选一个安全、合理的位置进行扫描。扫描前，若发现现场岩体自然裂面表面较暗或岩石颜色较深，可以用滑石粉或一种特殊的防眩光喷雾涂抹，确保扫描时的反光效果。

（2）放置辅助定位标点：考虑现场所扫描的坝基面大于扫描仪器单次扫描的最大范围，很难一次就扫描完整的裂面，需要进行多次扫描，而且较大破裂面、岩层错动带等需要多角度重复扫描，故需选择在合适位置放置辅助定位标点用于点云拼接。

（3）实时融合扫描：扫描开始后使镜头对准扫描裂面，通过电脑对扫描仪进行控制扫描，并实时构建一个 3D 模型。值得注意的是，在进行扫描时应密切关注屏幕上的对象，而不是实际的对象，以确保能够准确地控制扫描仪处在较好的扫描位置。扫描过程中，观察扫描仪上的左端的条状计量器，判定扫描仪与岩体自然裂面之间的距离是否合适，需严格控制在绿色的距离范围内扫描。

（4）扫描数据后处理：按照上述的步骤扫描研究区域内的坝基基岩，扫描完成后可得到基岩裂面表面点云数据信息，如图 3.23（b）所示；然后利用专业软件优化扫描的点云数据及清除多余数据，以消除由裂面表面材质、表面纹理、漫反射及周围其他物体的影响等所产生的噪声及系统自身的测量误差而产生的噪声。

（5）保存点云数据：保存已处理完成的点云数据，并进行文件命名。

3.4.3　左岸坝基表面形貌 3D 数字重构

在工程现场对坝基基岩裂面扫描时，扫描系统会实时构建一个 3D 模型，实时对坝基表面三维点云模型进行处理，并通过构建多个空间三角形的方法还原复杂的裂面形貌特征，扫描得到基岩裂面模型后需做如下处理。

1. 坝基基岩裂面数据融合与研究区域的截取

在对坝基基岩裂面进行扫描时，一次扫描通常不能将整个坝基表面扫描出来，需要进行多次扫描，因此，为了获取整个坝基基岩的点云数据，需要对多次点云数据进行融合。

然而，每次扫描的起点、扫描路径都是不同的，导致每组扫描的点云都有各自的局部坐标系，进而无法完成点云数据的融合，因此，需要将多次扫描得到的点云数据通过数据的平移和旋转实现坐标的统一转化，其具体过程可参考 2.2 节。基岩点云数据坐标统一转化后，利用扫描软件自带的全局自动注册功能，进一步实现数据的智能对准，进而可实现多组局部数据的统一拼接，得到同一坐标系下坝基基岩裂面的点云数据[图 3.24（a）]。数据融合后，为了后续研究，选取并截取合适区域作为研究对象，如图 3.24（b）所示。

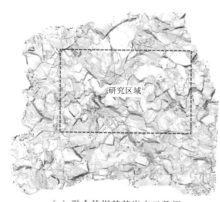
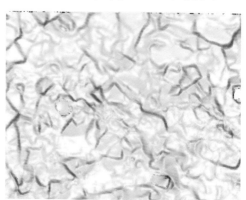

（a）融合的坝基基岩点云数据　　　　　　　　　（b）提取的研究区域数据

图 3.24　研究区域的选取

2. 降噪处理及杂点去除

在工程现场对坝基基岩裂面进行扫描时，由于所处现场环境比较复杂，获得的点云数据需要进行降噪处理。降噪的方法可以选择拉普拉斯光顺法，即对点云模型上的每个顶点都应用拉普拉斯算子，通过迭代使顶点位置调整到其环邻域顶点的重心处。事实上，对所构建的模型进行光顺去噪的过程，可以看作每个噪声点不断向周围邻域扩散的过程，如式（3.14）所示。

$$\frac{\partial p_i}{\partial t} = \lambda L(p_i) \tag{3.14}$$

对时间进行积分，使得曲面上噪声点能够很快地扩散到它的邻域中，进一步消除噪声点。如果采用显式的欧拉积分方法，即

$$p_i^{n+1} = (1 + \lambda dt \cdot L)p_i^n \tag{3.15}$$

利用该方法逐步调整每个顶点到其邻域的几何重心位置：

$$L(p_i) = p_i + \lambda \left(\frac{\sum\limits_j \omega_j q_j}{\sum\limits_j \omega_j} - p_i \right) \tag{3.16}$$

式中：q_j 为 p_i 的 j 个邻域点；λ 为一个正的常数，用于控制光顺的速度。

拉普拉斯光顺法实际上就是使该顶点处的噪声向其邻域内散开，进而促使曲面模型中的噪声分布逐渐趋于均匀，从而降低噪声。经点云降噪及光顺处理之后，点云前后图像对比如图 3.25 所示。

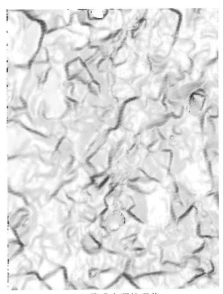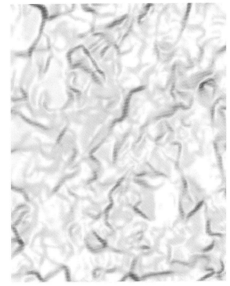

（a）降噪光顺处理前　　　　　　　　　　　　　（b）降噪光顺处理后

图 3.25　点云数据降噪光顺前后对比

3. 采样率设置

三维扫描仪扫描密度大，获得的点云数据量巨大，如果将所获取的点云数据直接应用于基岩裂面分析将会导致相关处理软件运行慢、效率低。因此，将裂面点云数据导入处理软件中，可以设置采样比例为 30%，并选择保持对全部数据进行采集，该做法极大地减少了点云数量，可以提高运算效率。图 3.26 展示了采样比例为 100% 和 30% 的点云数据，可以发现两者裂面模型的特征并无明显变化，但数据明显得到了精简。另外，在对点云数据进行插值时，采样间距取为 0.1 mm，具体步骤可参考 2.2 节。

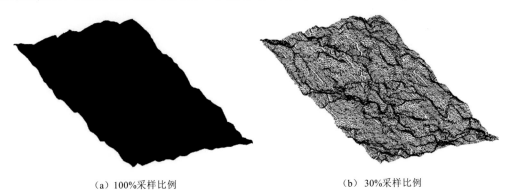

（a）100%采样比例　　　　　　　　　　　　（b）30%采样比例

图 3.26　点云数据精简前后对比图

4. 多边形阶段数据处理构建虚拟模型

将上文处理得到的点云数据进行封装，将点云处理从点阶段过渡到三角形阶段，由于坝基岩体破裂表面不规则、基岩面上岩石凸起或采集角度不合适等客观因素，点云数据中可能会出现空值，需要将多边形模型的空缺处进行填充处理，从而实现在不损坏原岩裂面表面形态的前提下，得到含岩体自然裂面表面形貌特征的数字化虚拟模型，如图 3.27 所示。

图 3.27　白鹤滩左岸坝基面 3D 虚拟模型

3.4.4　岩石-混凝土胶结面试样制作与剪切试验

利用 3.2 节所述 3D 扫描与 3D 雕刻裂面模型制作方法，将白鹤滩左岸坝基面 3D 虚拟模型导入雕刻机控制系统，利用数控刻录机将坝基面数字模型直接刻录在岩石上，如图 3.28 所示。利用这种技术可以复刻现场观察到的白鹤滩坝基面，并可以批量制备该岩石坝基面的试样，可用于坝基岩石-混凝土坝体抗剪强度试验测试分析。

利用此方法，制备了大量含现场裂面的岩石刻录试样，通过对比图 3.28 可以发现，仅从肉眼观察，重构的岩体自然裂面试样与原始裂面试样的表面形态展现出了极高的相似性。

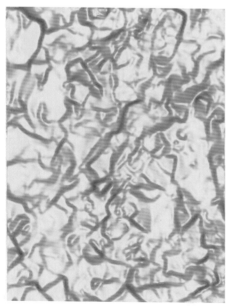

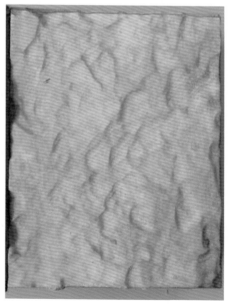

（a）原岩裂面数字化模型　　　　　　　　　　（b）刻录试样（反差增强剂染色）

（c）批量制作含白鹤滩坝基面岩体试样

图 3.28　原岩裂面数字化模型与刻录试样对比

在岩石–混凝土接触面直剪试验的过程中，试验系统通过法向位移传感器与水平位移传感器，得到了岩石–混凝土接触面的剪切力、剪切位移及法向位移等试验数据，经过对试验数据的处理，绘制岩石与三种不同强度混凝土试样的剪切力–位移关系曲线，如图 3.29 所示。

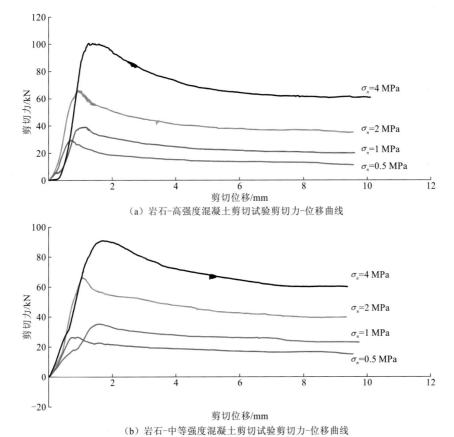

（a）岩石-高强度混凝土剪切试验剪切力-位移曲线

（b）岩石-中等强度混凝土剪切试验剪切力-位移曲线

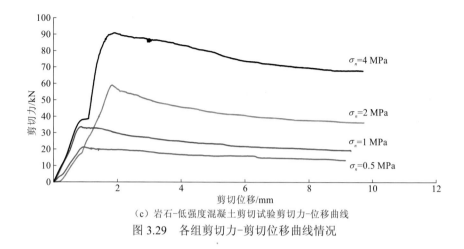

（c）岩石-低强度混凝土剪切试验剪切力-位移曲线

图 3.29 各组剪切力-剪切位移曲线情况

根据试验结果，含自然结构面的岩石试样分别与三种不同强度的混凝土试样，在不同法向应力的条件下，其法向剪胀曲线如图 3.30（a）～（c）所示，在相同法向应力的条件下，岩石与不同强度的混凝土进行剪切试验，其剪胀曲线如图 3.30（d）～（f）所示。

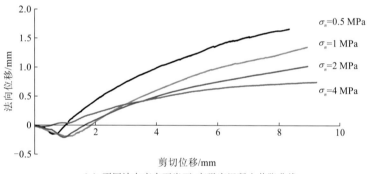

（a）不同法向应力下岩石-高强度混凝土剪胀曲线

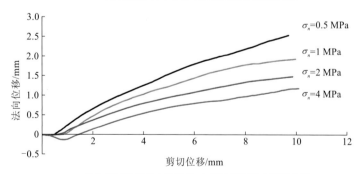

（b）不同法向应力下岩石-中等强度混凝土剪胀曲线

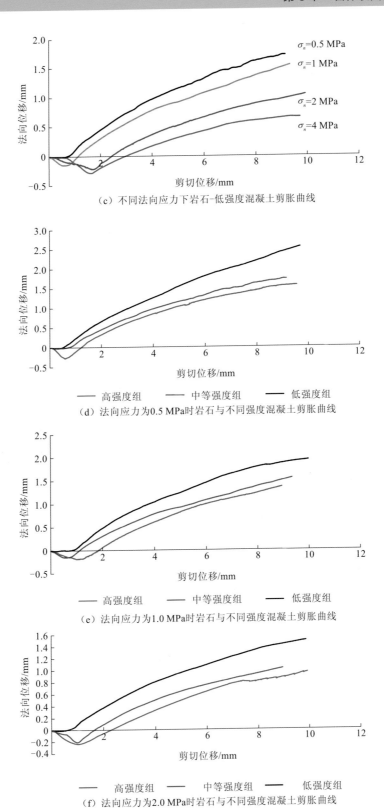

（c）不同法向应力下岩石-低强度混凝土剪胀曲线

（d）法向应力为0.5 MPa时岩石与不同强度混凝土剪胀曲线

（e）法向应力为1.0 MPa时岩石与不同强度混凝土剪胀曲线

（f）法向应力为2.0 MPa时岩石与不同强度混凝土剪胀曲线

图 3.30　岩石-混凝土剪胀曲线

    从图 3.30 中可知，岩石-混凝土剪切试验的初期剪胀曲线几乎都出现了一定程度的压密剪缩，且随后都出现了不同程度的剪胀现象。法向应力较低时，其法向位移较大，随着法向应力的增大，法向位移开始逐渐变小，分析可知，法向应力对岩石-混凝土接触面的剪胀效应有一定的抑制作用，且法向应力越大这种抑制作用越强。而在相同法向应力的条件下，岩石与混凝土试样的剪胀程度受混凝土强度的影响，其剪胀程度随着混凝土强度的增大而增大。

第 4 章
裂面剪切力学试验与剪切磨损机理

  岩体裂面的剪切强度受其表面形貌特征的影响，其形貌特征具有明显的各向异性特征，因此在分析工程岩体稳定性时，理解和分析岩体裂面的各向异性形态特征及由此引起的剪切强度各向异性特性十分重要。与此同时，岩体裂面剪切强度还受其壁面强度的影响，故分析岩体裂面的壁面强度特征对其剪切行为的影响，同样有助于加强对岩体接触面两侧壁面强度不同工程结构的剪切变形与破坏风险的认识。本章从岩体裂面 3D 细观剪切破坏特征角度分析裂面各向异性剪切特性及其剪切磨损机理。

4.1 裂面剪切行为各向异性试验

4.1.1 试验方法

为了从裂面的破坏特征来探索岩体裂面剪切行为各向异性特征的机理，本试验选取图 4.1（a）所示的自然岩体 4#裂面为研究对象。为保证后续研究的可靠性，需要对 4#裂面表面的形貌特征作进一步分析。为获取 4#裂面表面特征的数字信息，利用 3D 白光扫描仪对裂面进行测量。经过裂面表面预处理、粘贴标志点、3D 岩体裂面扫描、扫描数据后处理等步骤，获得裂面表面的数字点云数据，为保证后续剪切试验过程中剪切区域是相同的，选择圆形区域作为研究区域，其直径为 120 mm[图 4.1（b）]。

 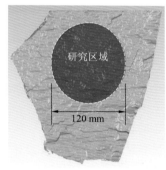

（a）4#裂面   （b）裂面的数字模型

图 4.1   自然岩体 4#裂面的数字重构

为分析研究区域内 4#裂面的形貌特征，利用软件提取圆形区域的点云数据并处理得到圆形区域的等间距数字模型，数字模型的间隔为 0.5 mm，如图 4.2（a）所示。利用裂面的数字模型，可以分析沿不同方向裂面的形貌特征，并且 X 轴方向为 0°方向，逆时针方向为正方向，具体分析方向如图 4.2（a）所示。图 4.2（b）显示了裂面在 0°、30°、60°和 90° 4 个不同方向上典型的 2D 剖面线特征，可以发现 4 条剖面线具有明显的差异，其中 0°方向的剖面线似乎最平滑，而 90°方向的剖面线起伏最大。利用统计参数 $\theta^*_{max}/(C+1)$（Gresselli et al.，2002）定量分析 4#裂面在 0°～360°方向（间隔为 5°）内的 3D 形貌特征。图 4.2（c）展示了 0°～360°分析方向上的 $\theta^*_{max}/(C+1)$ 值，可以看出随着分析方向的变化，其值表现出明显的差异性。从上述 2D 和 3D 的分析结果可知，所选 4#裂面的形貌特征具有明显的各向异性特征，这表明用该裂面来研究岩体裂面剪切行为的各向异性特征是可行的。

粗糙岩体裂面的剪切力主要由两个部分组成：一是裂面表面微凸体的滑移和剪断所产生的抵抗力；二是上盘、下盘裂面相互接触所产生的基本摩擦力。为了分析这两种力对剪切行为各向异性特征的影响，共设计两种裂面试样：一种是含 4#裂面形貌特征的粗糙裂面试样，另一种是光滑裂面试样。粗糙裂面试样利用前述所提出的裂面模型制作技术

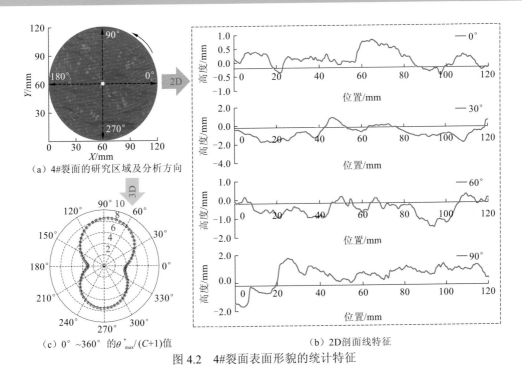

（a）4#裂面的研究区域及分析方向

（b）2D剖面线特征

（c）0°～360°的 $\theta^*_{max}/(C+1)$ 值

图 4.2　4#裂面表面形貌的统计特征

来浇筑，光滑裂面试样则通过浇筑一块尺寸为 150 mm×150 mm×150 mm 的砂浆方块后切割成两块尺寸为 150 mm×150 mm×75 mm 的试样，并对上下裂面进行抛光处理，如图 4.3 所示。其中，制备两种裂面试样的砂浆材料是水泥、石英砂和水的混合物，其质量比为 1∶2∶0.5。同时，制作若干块直径为 50 mm、高度为 100 mm 的圆柱试样，并对其进行单轴压缩试验和拉伸试验，获得其基本力学参数，见表 4.1。

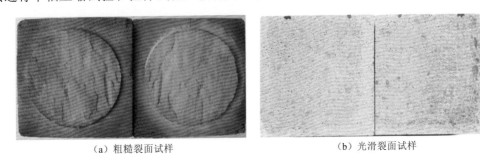

（a）粗糙裂面试样

（b）光滑裂面试样

图 4.3　粗糙裂面和光滑裂面试样

表 4.1　砂浆材料的质量混合比及其基本力学参数

质量混合比			基本力学性质			
水泥	石英砂	水	单轴抗压强度/MPa	单轴抗拉强度/MPa	弹性模量/GPa	泊松比
1.0	2.0	0.5	47.75	1.68	22.58	0.17

两组裂面试样均进行常法向应力条件下的剪切试验。对于粗糙裂面试样，其法向应力是以 σ_n/σ_c 为梯度施加的，分别取 σ_n/σ_c 为 1/80、1/20、1/10、1/5，即法向应力分别为

0.60 MPa、2.39 MPa、4.77 MPa、9.55 MPa；为了调查不同剪切方向下的剪切行为的各向异性特征，分别沿 0°、90°、180°、270° 4 个方向进行不同法向应力下的剪切试验。对于光滑裂面，为了更好地估算裂面的基本摩擦角，除上述的法向应力，还进行法向应力为 7.50 MPa、15.00 MPa、20.00 MPa 的剪切试验。另外，每种试验条件下至少进行 3 个试样的剪切试验，试验主要包括以下 4 个步骤。

（1）在剪切试验之前，利用 3D 扫描系统测量裂面的表面形貌特征。

（2）将接缝试样固定到上下剪切盒后，进行剪切试验。在试验过程中，首先以 0.005 kN/s 的加载速率对试样施加法向荷载，直到达到设计荷载值；然后以 0.005 mm/s 的剪切位移速度对试样施加剪切荷载。

（3）在试验过程中法向应力由伺服控制系统保持恒定，当试验达到残余强度值或剪切位移达到 10 mm 时停止试验。试验过程中，通过剪切伺服控制软件，同步采集整个剪切过程中的法向荷载、法向变形、剪切荷载和剪切位移等数据。

（4）在清扫试验后的裂面试样的表面后，再次采用 3D 扫描测量其表面，为量化分析裂面的磨损特征做准备。

4.1.2　裂面剪切行为的各向异性

为了分析裂面的形貌特征对不同方向上剪切强度的影响，图 4.4 对比了不同法向应力下裂面试样 4 个剪切方向的强度与 3D 形态参数的关系。通过对比可以发现，在相同的剪切方向上，峰值剪切强度随法向应力的增大而增大。在相同的法向荷载下，峰值剪切强度和 3D 形态参数都随着剪切方向变化而变化，并且粗糙裂面的峰值剪切强度及其形貌特征的变化趋势具有较好的一致性。例如，无论在何种法向应力下，这两个值在 90° 方向上始终最大，在 180° 方向上始终最小。因此，可认为裂面的剪切强度与其形态特征变化密切相关，两者具有相似的方向依赖性。

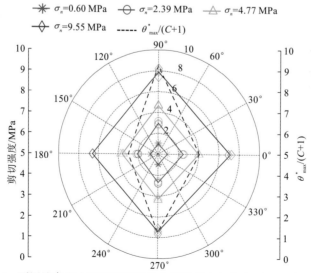

图 4.4　不同法向应力下裂面剪切各向异性强度与其表面形貌特征对比

　　为了观察法向应力对粗糙度裂面剪切行为的影响，图 4.5 对比了 180° 剪切方向上在不同法向应力下粗糙裂面试样的典型试验曲线和破坏特征。从图 4.5 中可以看出，在不同的法向应力下，粗糙裂面试样的剪切位移-剪切应力曲线表现出相似的变形特征，包含典型的压密阶段、弹性变形阶段、屈服阶段和应力跌落阶段。粗糙裂面试样的剪胀曲线也具有相似的特征：在施加法向应力后，法向位移随剪切位移的增加先减小，即裂面表现出剪缩现象；然后随着剪切位移的进一步增加，下盘裂面沿着其表面的微凸体滑移，这种岩体裂面的滑移导致法向位移的增加，即裂面表现出剪胀行为。对比粗糙裂面在不同法向应力下的试验曲线，可以观察到裂面的剪切行为由于法向应力的改变表现出明显的差异性。具体来说，随着法向应力的增大，粗糙裂面试样的峰值剪切强度和压缩程度逐渐增大，而剪胀程度逐渐减小。由图 4.5（c）可知，粗糙裂面试样的表面破坏区域范围和程度与法向应力呈正相关关系。另外，进一步观察图 4.5（a）可以发现一个有趣的现象：随着法向应力的增大，应力跌落阶段中剪切强度的下降越来越明显，这种力学现象可能与裂面表面微凸体破坏特征的差异性有关。

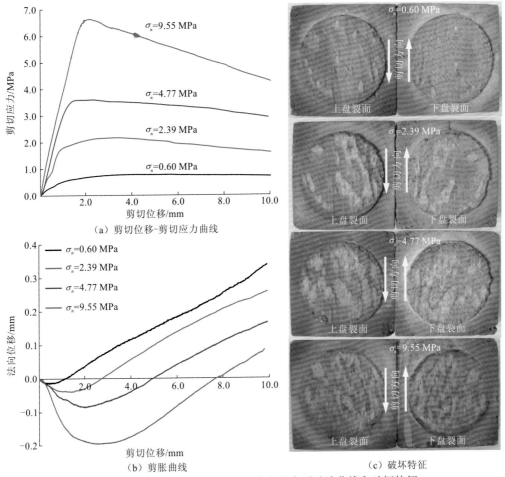

（a）剪切位移-剪切应力曲线

（b）剪胀曲线

（c）破坏特征

图 4.5　粗糙裂面在 180° 剪切方向上的典型试验曲线和破坏特征

为了观察剪切方向对粗糙裂面剪切行为的影响，图 4.6 对比了粗糙裂面在 2.39 MPa 法向应力下沿 4 个剪切方向的典型剪切试验曲线和破坏特征。对比可以发现，粗糙裂面的剪切行为具有明显的方向依赖性。具体来说，在相同法向应力条件下，尽管不同剪切方向上的试验曲线具有相似的变形特性，但随着剪切方向的变化，其峰值剪切强度和剪胀行为表现出明显的差异性。其中，峰值剪切强度和剪胀程度在 180°方向上最小，而在 90°方向上最大。此外，随着剪切方向的变化，粗糙裂面表面的破坏区域也显示出明显的差异。通过以上对比分析可以发现，裂面的峰值剪切强度、剪胀特征及破坏特征都受剪切方向影响，表现出明显的各向异性特征。

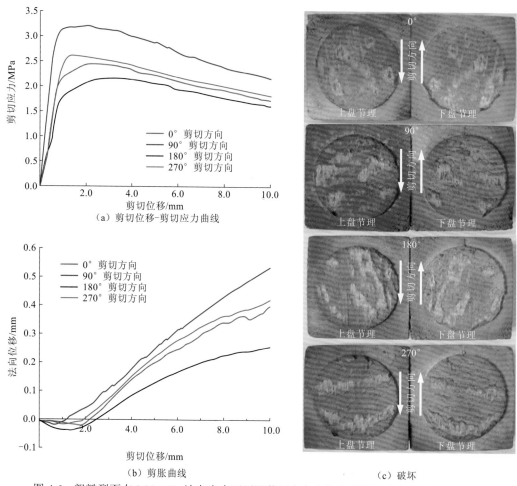

图 4.6　粗糙裂面在 2.39 MPa 法向应力下不同剪切方向上的典型剪切试验曲线和破坏特征

图 4.7（a）显示了光滑裂面在 7 种不同法向应力下的典型剪切试验曲线，可以发现，其峰值剪切强度随法向应力的增加而增加。需要指出的是光滑裂面试样在峰值剪切强度后也出现了应力跌落的现象，出现这种现象的原因可能是裂面破坏的微粒使裂面由滑移摩擦转化为滚动摩擦。为了确定光滑裂面试样的基本摩擦角，根据其在 7 种不同法向应力作用下的试验结果绘制其剪切强度的包络线，如图 4.7（b）所示。可以看出，随着法

向应力的增加，光滑裂面试样表现出明显的线性增加趋势，其拟合系数高达 0.998 8。说明光滑裂面的剪切强度符合简单的莫尔-库仑准则，据此可以反算得到其基本摩擦角 φ_b 为 31.67°。

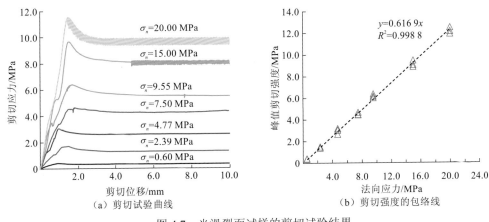

图 4.7　光滑裂面试样的剪切试验结果

4.1.3　裂面表面微凸体对剪切行为的影响

剪切强度是评价含裂面岩体稳定性的重要指标，学者们提出了很多评价裂隙岩体强度的剪切强度模型，并且在这些模型中很多符合莫尔-库仑模型。而这类剪切强度模型中剪切强度主要由两个变量控制，一个是法向应力，另一个是摩擦角。法向应力在实验室内或工程现场往往是可测的，因而准确地度量摩擦角往往最为关键。对于粗糙裂面，其摩擦角一般用基本摩擦角和剪胀角来评估，这两个参数是影响其剪切行为的重要因素。基本摩擦角是剪切强度公式中的一个重要参数，虽然部分学者认为它并不是一个恒定的物理量（Mehrishal et al.，2017；Scholz et al.，1976），但是大部分学者都认为它是一个独立于边界条件的常数，其值由材料的性质决定（Kumar et al.，2016；Zhao，1997；Barton，1973）。因此，大多数的剪切强度模型都认为基本摩擦角是一个可测量的常量。另一个重要的参数是剪胀角，它是一个与边界条件、材料性质及裂面表面形貌特征等因素相关的变量。为了评估裂面的剪胀角，学者们从各种角度提出了不同的剪胀模型（Tian et al.，2018；Dong et al.，2017；Liu et al.，2017；陈世江 等，2016；Kumar et al.，2016；唐志成 等，2015；Xia et al.，2014；Zhao，1997；Kulatilake et al.，1995；Barton，1973），然而这些剪胀模型大多是从经验角度提出的。这是因为虽然影响剪胀角的一些因素，如边界条件、材料性质等，很容易测量或确定，但用它们准确评估裂面表面微凸体对剪胀角的影响是非常困难的。另外，裂面的滑移破坏和剪断破坏也与其表面的微凸体直接相关（Hong et al.，2016；Indraratna et al.，2014；Gentier et al.，2000；Barton et al.，1985）。因此，研究粗糙裂面表面微凸体对剪切行为的影响，对理解含裂面岩体的力学行为和评估岩体的稳定性都具有重要意义。

　　基本摩擦角往往通过光滑裂面在不同试验条件下的剪切试验获得。从图4.7（b）可以看出，光滑裂面的剪切强度包络线与简单的莫尔-库仑准则相一致，因此研究中将基本摩擦角近似为一个常数。在这种情况下，粗糙裂面的基本摩擦角对剪切行为的贡献可以利用光滑裂面的试验结果来近似评估，而剩余部分则可以认为是裂面表面微凸体对剪切行为的贡献，如图4.8（a）所示。图4.8（b）、（c）比较了粗糙裂面和光滑裂面试样沿270°剪切方向在0.60 MPa和4.77 MPa法向应力下的典型剪切试验曲线。可以看出，在剪切过程中，粗糙裂面表面的微凸体影响着其剪切行为和剪胀行为。具体来说，可以大致概括为以下几点。

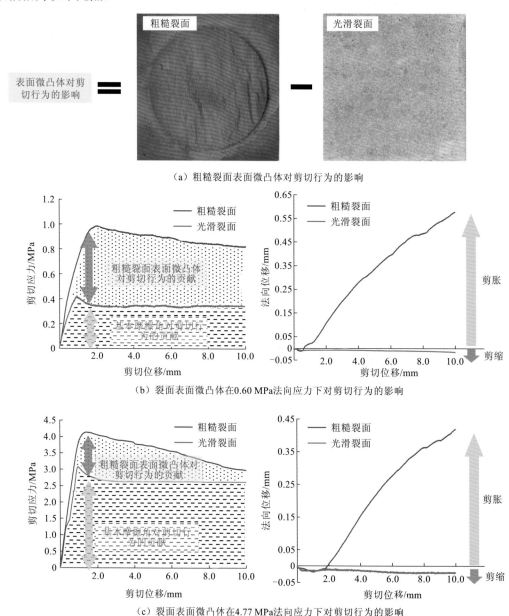

（a）粗糙裂面表面微凸体对剪切行为的影响

（b）裂面表面微凸体在0.60 MPa法向应力下对剪切行为的影响

（c）裂面表面微凸体在4.77 MPa法向应力下对剪切行为的影响

图4.8　在270°剪切方向下微凸体对粗糙裂面剪切行为的影响

（1）在剪切过程的弹性阶段，粗糙裂面表面的微凸体在一定程度上提高了其剪切模量。

（2）在剪切过程中，基本摩擦力和微凸体都对粗糙接缝提供了很大的阻力，但这两个因素对剪切强度的贡献随法向应力的变化而变化。当法向应力为 0.60 MPa 时，微凸体对剪切强度的贡献大于基本摩擦角；而在法向应力为 4.77 MPa 时，微凸体对剪切强度的贡献小于基本摩擦角。

（3）微凸体是应力跌落阶段中剪切强度下降的主要原因，剪切强度下降可能是由微凸体的滑移磨损或剪断造成。在 0.60 MPa 和 4.77 MPa 法向应力下，当光滑裂面的剪切强度随着剪切位移的增加基本保持不变时，即处于残余剪切阶段时，粗糙裂面的剪切强度仍随着剪切位移的增加而减小，即粗糙裂面仍处于应力跌落阶段。造成这种现象的原因，只能归结于两种裂面之间的唯一一个差异处，即粗糙裂面的表面上存在很多形状不一的微凸体，而光滑裂面的表面上没有。

（4）微凸体是引起裂面剪胀行为的原因。在相同的试验条件下，粗糙裂面的剪胀曲线既经历了剪缩阶段，又经历了剪胀阶段，即法向位移随剪切位移的增加先减小后增大，且最终法向位移的值大于 0。但光滑裂面仅仅经历了剪缩阶段，即法向位移随剪切位移的增加先减小后基本保持不变，并且最终垂直位移值小于 0，并没有出现剪胀现象。这两种裂面在剪胀行为上的差异也只能归因于裂面表面形态特征的差异。

为进一步分析粗糙岩体裂面表面的微凸体对其剪切强度的影响，可定义参数 $K_{Asperity}$ 来表征微凸体对剪切强度的贡献程度[式（4.1）]。分别计算 4 个剪切方向上粗糙裂面试样在不同法向应力下的 $K_{Asperity}$，并绘制在图 4.9 中，可看出微凸体对剪切强度的贡献受剪切方向和法向应力影响。具体来说，在相同的法向应力下，无论其值如何，参数 $K_{Asperity}$ 随着剪切方向的变化而变化，并且 4 个剪切方向 $K_{Asperity}$ 之间的关系始终为 $90° > 270° > 0° > 180°$，这一关系与图 4.4 所示 4 个剪切方向的 3D 形貌参数 $\theta_{max}^*/(C+1)$ 相同。这表明在相同的法向应力下，该裂面在剪切方向的粗糙度越大，其表面微凸体对剪切强度的贡献越大。在相同的剪切方向上，4 个剪切方向的参数 $K_{Asperity}$ 随法向应力的增大而减小，这表明无论裂面的粗糙度大小如何，裂面表面微凸体对其剪切强度的贡献随法向应力的增大而减小。

$$K_{Asperity} = \frac{\tau_{p\_rough\_average} - \tau_{p\_smooth\_average}}{\tau_{p\_rough\_average}} \times 100\% \tag{4.1}$$

式中：$\tau_{p\_rough\_average}$ 为某一剪切方向上粗糙裂面的平均峰值剪切强度；$\tau_{p\_smooth\_average}$ 为某一剪切方向上光滑裂面的平均峰值剪切强度。

为了分析裂面剪切强度各向异性特征随法向应力的变化规律，以 4 个剪切方向中最小的剪切强度为基准，定义参数 $\Delta\tau_p$ 来分析剪切强度各向异性特征[式（4.2）]。对于该粗糙裂面，在这 4 个剪切方向中，180° 剪切方向的剪切强度是最小的，以该方向上的剪切强度为基准，计算其他 3 个剪切方向上不同法向应力下的 $\Delta\tau_p$ 值，并将其绘制于图 4.10。由图 4.10 可知，0°、90° 和 270° 3 个剪切方向上的 $\Delta\tau_p$ 值随法向应力的增加而减小，0°、90° 和 270° 3 个剪切方向上剪切强度与 180° 方向剪切强度的差异性越来越小。这表明随着法向应力增加，裂面剪切强度的各向异性特征被逐渐削弱。

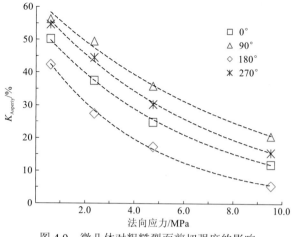

图 4.9　微凸体对粗糙裂面剪切强度的影响

$$\Delta \tau_{\mathrm{p}} = \frac{\tau_{\mathrm{p\_rough\_average}} - \tau_{\mathrm{p\_rough\_average\_min}}}{\tau_{\mathrm{p\_rough\_average\_min}}} \times 100\% \tag{4.2}$$

式中：$\tau_{\mathrm{p\_rough\_average\_min}}$ 为 4 个剪切方向上在相同法向应力下最小的平均剪切强度。

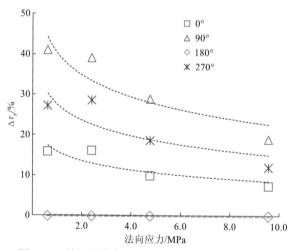

图 4.10　剪切强度各向异性随法向应力的变化程度

4.2　裂面剪切磨损度量方法

4.2.1　裂面抗剪区域识别方法

再次观察图 4.6（c）可以发现，随着剪切方向的改变，裂面试样的宏观破坏特征表现出明显的差异性，且具有强烈的方向依赖性。从微观角度理解，岩体裂面表面的宏观破坏是由其表面微凸体的滑移磨损和剪断破坏组成的。而岩体裂面的宏观破坏特征具有方向依赖性的原因是不同剪切方向上其参与剪切作用的微凸体也有所不同。因此，合理地确定裂面表面上哪些微凸体参与剪切过程，对理解岩体裂面的剪切机理是至关重要的。部分学者如 Gentier 等（2000）和 Grasselli 等（2003，2002），基于其对剪切试验的观察，认为只有面向剪切方向的接触部分才能在剪切过程中提供剪切力。这一假设得到了许多学者的认可和推广（Kumar et al.，2016；Tang et al.，2016；Xia et al.，2014；Indraratna et al.，2005），但是目前该假设的合理性还没有从微观角度得到论证。为了验证这一假设，以图 4.1（a）所示的 4#裂面为研究对象，开展如下分析。

（1）为了区分裂面上哪些微凸体具有潜在的抗剪作用，根据每个粗糙微凸体在剪切方向的视倾角（Grasselli et al.，2002），将其分为活跃微凸体和不活跃微凸体。如图 4.11 所示，活跃微凸体是其视倾角的正切值 $\tan\theta^*$ 不小于 0 的微凸体，并将它们记为 1；不活跃的微凸体是其视倾角的正切值 $\tan\theta^*$ 小于 0 的微凸体，记为-1，其定义式如式（4.3）～式（4.6）所示。对裂面表面微凸体的分类，除与本身微凸体的形状相关外，还取决于剪切方向，如图 4.11 所示的同一个微凸体，在剪切方向为 S1 时，微凸体 ABC 是活跃微凸体，而在 S2 剪切方向时则是不活跃微凸体。

$$\begin{cases} A_i = 1, & \tan\theta_i^* \geqslant 0 \quad（活跃微凸体）\\ A_i = -1, & \tan\theta_i^* < 0 \quad（不活跃微凸体）\end{cases} \tag{4.3}$$

$$\tan\theta_i^* = -\cos\alpha_i \cdot \tan\theta_i \tag{4.4}$$

$$\cos\alpha_i = \frac{\boldsymbol{s}\boldsymbol{n}_{io}}{|\boldsymbol{s}||\boldsymbol{n}_{io}|} \tag{4.5}$$

$$\cos\theta_i = \frac{\boldsymbol{n}_o\boldsymbol{n}_i}{|\boldsymbol{n}_o||\boldsymbol{n}_i|} \tag{4.6}$$

式中：A_i 为粗糙裂面上的第 i 个微凸体单元；α_i 为微凸体在剪切平面上上投影与剪切方向的夹角之间的方位角；θ_i 为剪切平面与微凸体的夹角；$\boldsymbol{n}_o$ 剪切平面的法向量；$\boldsymbol{s}$ 为剪切方向的方向向量；$\boldsymbol{n}_i$ 为微凸体单元的外法向量；$\boldsymbol{n}_{io}$ 为 $\boldsymbol{n}_i$ 在剪切平面的投影向量。

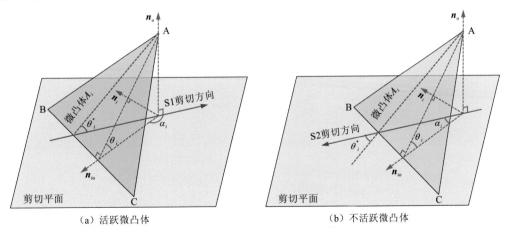

（a）活跃微凸体　　　　　　　　　（b）不活跃微凸体

图 4.11　裂面表面微凸体的分类

（2）根据点云数据，找出裂面表面沿不同剪切方向上所有的活跃微凸体和不活跃微凸体，它们所组成的点云图如图4.12所示。把活跃微凸体所组成的区域称为潜在抗剪区域，不活跃微凸体组成的区域称为非抗剪切区域。从图4.12可知，裂面的潜在抗剪区域随着剪切方向的变化表现出明显的差异性，具有明显的方向依赖性和各向异性。

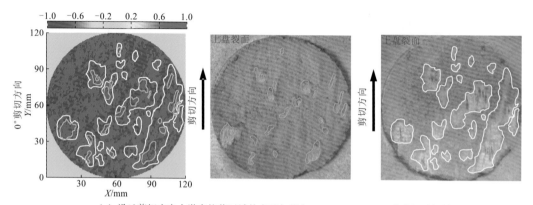

（a）沿0°剪切方向上潜在抗剪区域的点云与其在0.6 MPa、2.39 MPa的剪切破坏特征

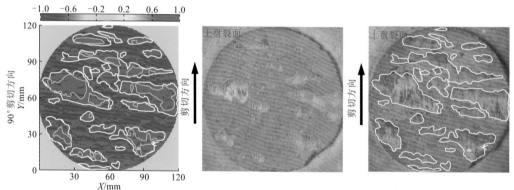

（b）沿90°剪切方向上潜在抗剪区域的点云与其在0.6 MPa、2.39 MPa的剪切破坏特征

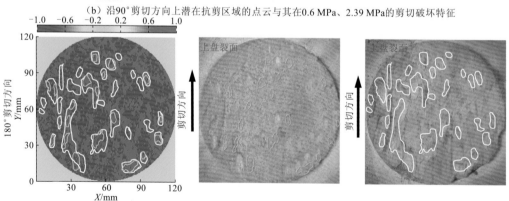

（c）沿180°剪切方向上潜在抗剪区域的点云与其在0.6 MPa、2.39 MPa的剪切破坏特征

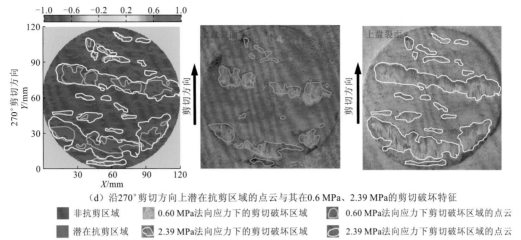

（d）沿270°剪切方向上潜在抗剪区域的点云与其在0.6 MPa、2.39 MPa的剪切破坏特征

■ 非抗剪区域　　　0.60 MPa法向应力下的剪切破坏区域　　　0.60 MPa法向应力下剪切破坏区域的点云
■ 潜在抗剪区域　　2.39 MPa法向应力下的剪切破坏区域　　　2.39 MPa法向应力下剪切破坏区域的点云

图 4.12　裂面表面参与剪切过程的微凸体与剪切破坏区域的关系

　　根据 Gentier 等（2000）和 Grasselli 等（2003，2002）的假设，如果在剪切过程中发生抵抗作用的区域出现在潜在抗剪区域内，那么剪切破坏区域应该是潜在抗剪区域的一个子集。图 4.12 还收集粗糙裂面试样沿 4 个剪切方向法向应力为 0.6 MPa 和 2.39 MPa 下的破坏特征，与其在该方向的潜在抗剪区域对比可以发现：在 0.60 MPa 法向应力下，裂面试样的破坏区域大部分都落在了潜在抵抗区域内，此时，裂面的剪切行为与 Gentier 等（2000）和 Grasselli 等（2003，2002）的假设一致。而在 2.39 MPa 法向应力下，试样的破坏区域明显增大，此时裂面的部分破坏区域已经超出了潜在抵抗区域。图 4.13 给出了裂面沿 180°剪切方向在 2.39 MPa 法向应力下剖面线 A、B 在剪切前后的变化图，可以看出不仅沿着剪切方向 $\tan\theta^* > 0$ 的区域发生了破坏，而且 $\tan\theta^* < 0$ 的部分区域也发生了破坏。此时裂面的剪切行为并不完全符合 Gresselli 等（2003，2002）的假设。造成这种现象的主要原因是施加在裂面上的法向荷载。在较低法向应力下，剪切力主要由上下盘裂面表面微凸体的滑移磨损提供，表面的滑移磨损破坏主要集中在相互接触的区域，即潜在抗剪区域。然而，在较高的法向应力下，部分剪切力由表面微凸体的剪断提供，此时微凸体的剪断破坏不仅发生在剪切方向相互接触的微凸体上，而且部分处于与剪切方向相反的微凸体也会被破坏，即非抗剪区域也发生了剪切破坏。应指出的是，在剪切过程中，非抗剪区域是相互分离的，而在此区域中的微凸体是通过潜在抗剪区域内的微凸体间接地起到抗剪作用。

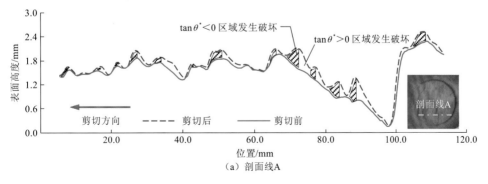

（a）剖面线A

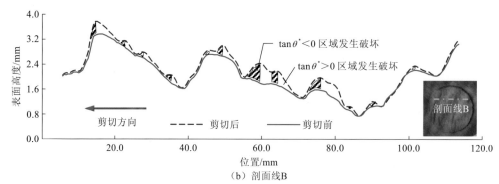

（b）剖面线B

图 4.13　在 180° 剪切方向 2.39 MPa 法向应力下剖面线剪切前后的形貌特征

结合上述分析可以认为：裂面剪切行为的各向异性特征是由剪切方向与其表面参与滑移剪断的微凸体方向的差异所致，并且这些参与剪切作用的微凸体不仅位于面向剪切方向的区域，还可能处于与剪切方向相反的区域，这主要取决于裂面表面的法向应力。

4.2.2　裂面剪切破坏体积量化方法

由上述分析可知，随着法向应力的增加，4#裂面表面微凸体对剪切强度的贡献及剪切强度的各向异性特征都会被削弱。再次观察图 4.6（c）可知，随着法向应力的增加，裂面表面的破坏程度表现出明显的差异性。因此，裂面破坏特征随法向应力增加所表现出的差异性可能是解释其法向应力对剪切行为影响的基本依据。为此，基于试样裂面点云的数字模型，提出一种量化裂面磨损剪切体积的技术方法，包括以下步骤。

（1）剪切前后点云数据的调整和对齐。所浇筑的试验试样分为两个区域，一个是含裂面的圆形凸台区域，另一个是低于凸台区域约 10 mm 的平台区域，如图 4.14（a）所示。在试验过程中只有凸台区域参与剪切过程，而平台区域在剪切前后是不变的，因此剪切前后平台区域所在的平面是不变的。以平台区域所在平面为基准面，通过对剪切前后裂面点云数据的移动和旋转将两者对齐，其过程如图 4.14（b）所示，对点云数据的移动和旋转参见 2.2.1 小节。从图 4.14（b）可以观察到，对齐后裂面破坏区域的点云与其实际的破坏区域具有很好的一致性。

（a）裂面的破坏特征

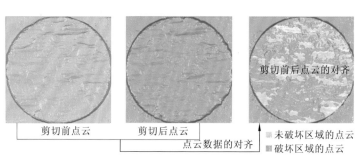

（b）点云数据对齐

图 4.14　剪切前后裂面点云数据的对齐

（2）剪切前后裂面点云数据的等间距插值。反距离加权插值方法是假定每个已知点对插值点都有着局部影响，这种影响随着距离的增加而减弱。3D 扫描数据庞大，并且岩体裂面表面的起伏变化复杂，插值点与其附近的表面凹凸分布具有很好的相关性，若用整个岩体裂面的点云来确定插值点的数值反而与实际情况相悖，因此对上述方法进行相关修改。构造的局部反距离加权插值方法的原理如图 4.15 所示，它是以与插值节点 A 在 $X\text{-}O\text{-}Y$ 上的投影距离不大于半径 R 的数据点为插值参考点，局部使用反距离加权法来确定 A 点的值，如式（4.7）和式（4.8）所示，依此方法可依次确定每个等间距插值点的值。该插值方法既可减少点云数据的计算量，又更加符合岩体裂面的实际情况。

$$f(x_i, y_i) = \begin{cases} \dfrac{\sum\limits_{t=1}^{n} \dfrac{z_t}{d_t^{\text{p}}}}{\sum\limits_{j=1}^{k} \dfrac{1}{d_j^{\text{p}}}}, & \text{当} (x_i, y_i) \neq (x_t, y_t) \text{且} d_t \leqslant R, \quad i = 1, 2, \cdots, k, t = 1, 2, \cdots, n \\ z_t, & \text{当} (x_i, y_i) = (x_t, y_t), \quad i = 1, 2, \cdots, k, t = 1, 2, \cdots, n \end{cases} \tag{4.7}$$

$$d_t = \sqrt{(x_i - x_t)^2 + (y_i - y_t)^2} \tag{4.8}$$

式中：x_i，y_i，z_i 为等间距节点坐标；x_t、y_t、z_t 为裂面扫描数据的坐标；d_t 为节点 i 到扫描点 t 的距离；R 为局部插值区域范围。

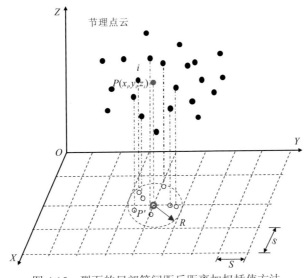

图 4.15　裂面的局部等间距反距离加权插值方法

（3）剪切破坏体积的计算。利用 Delaunay 三角剖分法对点云数据进行三角剖分，以每个剖分的三角形为上底面及其在基准面的投影为下底面所构成的不规则三棱柱的体积为体积微元 V_{ij}[图 4.16（a）]，则剪切破坏体积微元 ΔV_{ij} 为在同一位置处剪切前后体积微元 V_{ij}^b、V_{ij}^a 的差值。这些破坏体积微元 ΔV_{ij} 的和便是裂面的剪切破坏体积 V，其中 V_{ij} 和 V 的计算公式如式（4.9）和式（4.10）所示。图 4.16（b）给出了裂面试样在 2.39 MPa 法向应力下沿 90° 方向的破坏体积微元 ΔV_{ij} 的云图，与图 4.14（a）所示的宏观破坏特征相比，两者具有较好的一致性，说明该方法是可行的。

$$V_{ij} = \frac{1}{3}(d_{ij\_1} + d_{ij\_2} + d_{ij\_3})S_{ij} \tag{4.9}$$

$$V = \sum \Delta V_{ij} = \sum (V_{ij}^b - V_{ij}^a) \tag{4.10}$$

式中：V_{ij} 为三棱柱体积微元；d_{ij_1}、d_{ij_2} 和 d_{ij_3} 为剖分的三角形微凸体单元的三个顶点到基准面的距离；S_{ij} 为微凸体在基准面上的投影面积；V_{ij}^b 为剪切前的体积微元；V_{ij}^a 为剪切后的体积微元；ΔV_{ij} 为剪切破坏体积微元。

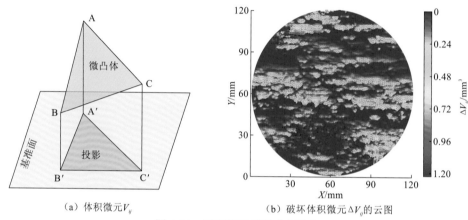

（a）体积微元 V_{ij} （b）破坏体积微元 ΔV_{ij} 的云图

图 4.16　裂面剪切后的破坏体积

需要说明的是，裂面微凸体的破坏是微凸体滑移和剪断共同作用的结果，但是想要准确地区分和确认剪切过程中剪断区域和滑移区域几乎是不可能的，因而本试验所求的剪切破坏体积是由这两种剪切模式共同作用的。另外裂面的剪切破坏程度受剪切位移影响，相同法向应力条件下，位移越大，剪切破坏程度越大。上述分析的破坏体积是剪切作用完成时的破坏体积，并不是峰值剪切强度时的破坏体积，应当注意的是试样达到峰值剪切强度时的破坏体积一般应小于上述计算值。由于上述试验终止条件相同，所求的破坏体积基本可反映峰值剪切强度时裂面破坏体积的变化规律。

4.3　裂面剪切行为各向异性机理

4.3.1　裂面剪切磨损特征的区域性和各向异性

基于裂面剪切破坏体积度量方法，计算得到不同试验条件 4# 裂面的破坏体积，图 4.17（a）展示了裂面的法向应力与剪切破坏体积的关系，可以看出在相同的法向应力下，不同的剪切方向，其剪切破坏体积也具有一定的差异性，具有明显的各向异性特征，而且其值满足 90°>270°>0°>180° 的关系。这一现象进一步证实了上述认识：裂面强度各向异性的根本原因是剪切方向不同，其表面磨损和剪断所涉及的微凸体不同。同样，为了观察裂面破坏体积随法向应力的变化规律，定义式（4.11）的参数ΔV，该参数度量的是在相同法向应力下，所有剪切方向上裂面的破坏体积相对于剪切方向中最小破坏体积的变化量。在该试验中，180°剪切方向上的破坏体积始终是最小的，以该方向的磨损破坏体积为标准，计算裂面在 4 个剪切方向不同法向应力下的参数ΔV，如图 4.17（b）所示。从图中可以看出，ΔV 值随法向应力的增大而逐渐减小，这表明随着法向应力的增大，0°、90°、270° 剪切方向与 0° 剪切方向之间的破坏体积的差异变得越来越小。这表明随着法向应力的增大，裂面表面破坏的各向异性特征逐渐被削弱，而从能量角度理解，裂面破坏所需的能量逐渐趋于一致。

$$\Delta V = \frac{V_{\text{average}} - V_{\text{average\_min}}}{V_{\text{average\_min}}} \times 100\% \tag{4.11}$$

式中：V_{average} 为在相同剪切方向上相同法向应力下 3 块裂面试样剪切破坏体积的平均值；$V_{\text{average\_min}}$ 为 V_{average} 的最小值，本试验中 $V_{\text{average\_min}}$ 为 180° 剪切方向上的剪切破坏体积。

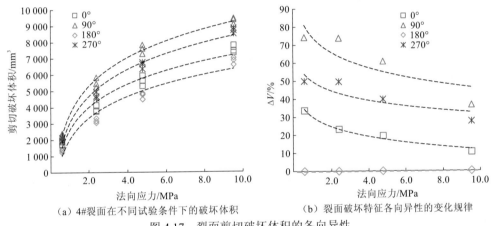

（a）4#裂面在不同试验条件下的破坏体积　　　（b）裂面破坏特征各向异性的变化规律

图 4.17　裂面剪切破坏体积的各向异性

　　许多学者指出，岩体裂面的剪切强度主要由三部分组成：基本摩擦力、滑移摩擦力和剪断力（Dong et al.，2017；Mehrisha et al.，2017；Xia et al.，2014；Zhao，1997；Scholz et al.，1976；Barton，1973；Parton，1966）。基本摩擦力仅由基本摩擦角决定，因为基本摩擦角是一个与裂面材料性质相关的常数，所以基本摩擦力是各向同性的，与剪切方向无关。滑移摩擦力主要由上盘、下盘裂面表面微凸体间的滑移提供，主要取决于微凸体的形状。根据上文分析可知，剪切方向不同，在剪切过程中所涉及的微凸体也是不同的，因此滑移摩擦力是各向异性的，与剪切方向相关。剪断力主要由剪切过程中裂面表面微凸体的啃断提供。裂面表面微凸体的破坏与完整岩石的破坏类似，其破坏时所提供的剪断力虽然与微凸体的形状相关，但是更多取决于裂面材料的性质。因此，抗剪强度的各向异性主要取决于滑移摩擦力和剪断力的差异，并且更多取决于滑移摩擦力。

　　对于自然粗糙裂面，准确地区分滑移破坏和剪断破坏的体积很困难，但可以从裂面的破坏痕迹中观察到它们的变化趋势。图 4.18 展示了某一裂面的破坏特征，裂面表面浅色部分部位（类似于蓝色线框内所示区域）为微凸体滑移磨损所致，而暗色部分（类似黄色线框区域）为微凸体剪断所致。结合图 4.5（c）可知，在低法向应力（如 $\sigma_n = 0.60\,\mathrm{MPa}$）下，以滑动破坏为代表的浅色部分较多，而随着法向应力的增加，暗色的区域逐渐增加，这表明凸起剪断破坏逐渐增加。并且在法向应力为 9.55 MPa 时，试样的破坏区域暗色部分占了主导地位，这表明此状态下在剪切过程中以凸起体的剪断为主。这与其他学者的试验现象类似（Hong et al.，2016；Hossaini et al.，2014；Indraratna et al.，2014；Riss et al.，1997）。因此，可以推断，随着法向应力的增加，越来越多的微凸体的破坏由滑移摩擦转变为啃断，说明微凸体所提供的抗剪力逐渐从滑移摩擦力转变为剪断力。

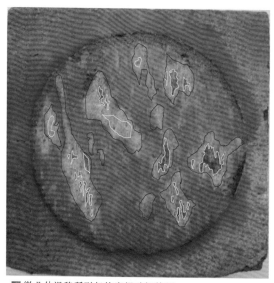

■ 微凸体滑移所引起的磨损破坏特征
■ 微凸体啃断所引起的剪断破坏特征

图 4.18　剪切后裂面试样的滑移磨损和剪断破坏示意图

根据上文分析，可认为裂面各向异性特征随着法向应力逐渐被削弱的主要原因是：在较低方向应力下，破坏体积的差异性较大，并且其破坏主要由微凸体的滑移磨损造成，其所提供的滑移摩擦力具有明显的方向性，故在低法向应力下裂面的剪切强度各向异性特征更为明显；随着法向应力的增加，破坏体积增加，但是其破坏体积间的差异性逐渐减小，并且微凸体的破坏逐渐由滑移磨损转化为啃断破坏，而微凸体啃断所提供的剪断力更多的与材料性质相关，因而抗剪强度的各向异性特征逐渐被削弱。

4.3.2　裂面剪切强度各向异性机理

上述实验分析表明裂面沿不同方向进行剪切时，其表面参与剪切作用的微凸体是不同的。如图 4.19 所示的简化不规则四棱锥裂面，当沿着 s_1 方向进行剪切时，剪切过程中相互接触起抗剪作用的是微凸体 A_1；依此类推，裂面分别沿着 s_2、s_3、s_4 方向时，其提供抗剪力的微凸体分别是 A_2、A_3、A_4。很多学者已经证实，裂面的粗糙度不同，其剪切力也不同（Liu et al.，2017；Grasselli et al.，2002；Barton et al.，1977）。当这 4 个微凸体的几何形貌特征不同时，其粗糙度是不同的，其所能够提供的抗剪力也是不同的，进而导致了该裂面的剪切强度是各向异性的。

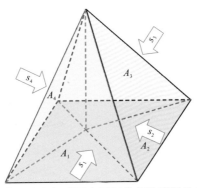

图 4.19　剪切方向与裂面表面起抗剪作用微凸体的关系

　　而对于自然粗糙裂面，其剪切强度各向异性特征的机理可做如下解释，见式（4.12）～式（4.14）：从细观角度理解，裂面的表面形貌特征是由很多个微凸体所组成的集合 **A**，当沿着不同的 s_i 方向进行剪切试验时，参与剪切过程的微凸体集合 **A**_s_i 是不同的，且集合 **A**_s_i 是集合 **A** 的子集；粗糙裂面的剪切强度是能提供抗剪作用微凸体集合 **A**_s_i 所能提供的总和抗剪强度 $\sum \tau_{A\_s_{ij}}$ 的宏观表现；并且从上述分析可知，剪切方向不同，其剪切破坏体积是不同的，依此可以推断出不同剪切方向上其集合 **A**_s_i 中微凸体的形貌特征也是不同的，导致每个微凸体所能提供的抗剪强度 $\tau_{A\_s_j}$ 也有所差异，而这种现象造成了不同剪切方向上起抗剪作用的微凸体集合 A_s_i 所提供的总和抗剪强度 $\sum \tau_{A\_s_{ij}}$ 存在一定差异，进而导致裂面的剪切强度表现出明显的各向异性特征。

$$\mathbf{A} = [A_1 \ A_2 \ \cdots \ A_i \ \cdots \ A_{n-1} \ A_n] \tag{4.12}$$

$$\mathbf{A}\_s_i = [A\_s_{i1} \ A\_s_{i2} \ \cdots \ A\_s_{ij} \ \cdots \ A\_s_{i(t-1)} \ A\_s_{it}] \subseteq \mathbf{A} \tag{4.13}$$

$$\tau = \sum \tau_{A\_s_{ij}} = \sum \sigma_n \tan(i_{A\_s_{ij}} + \varphi_b) \tag{4.14}$$

式中：**A** 为裂面表面微凸体的集合；A_i 为裂面表面第 i 个微凸体；n 为裂面表面微凸体的总数；**A**_s_i 为裂面沿 s_i 方向剪切时起抗剪作用微凸体的集合；A_s_{ij} 为 s_i 方向上起抗剪作用的第 j 个微凸体；t 为 s_i 方向上起抗剪作用的总数；τ 为峰值剪切强度；$\tau_{A\_s_{ij}}$ 为 A_s_{ij} 的剪切强度；σ_n 为法向应力；i_s_{ij} 为 A_s_{ij} 的峰值剪胀角；φ_b 为裂面的基本摩擦角。

　　因此，根据以上分析，裂面的各向异性特征随着法向应力的增加而被削弱的原因可以从其剪切磨损特征进行解释，即每个岩体裂面表面可以离散成若干个微凸体，并假设微凸体为图 4.20 所示的锯齿状微凸体。

　　（1）在足够低的法向应力（σ_{n1}）下，锯齿状微凸体仅发生滑移磨损破坏，其磨损仅仅集中在上盘、下盘裂面相互接触的区域；此时当剪切方向不同时，裂面的磨损区域将处于两个不同的接触区域，并且由于其倾角不同，破坏体积将存在明显的差异，导致其剪切强度具有明显的各向异性特征。

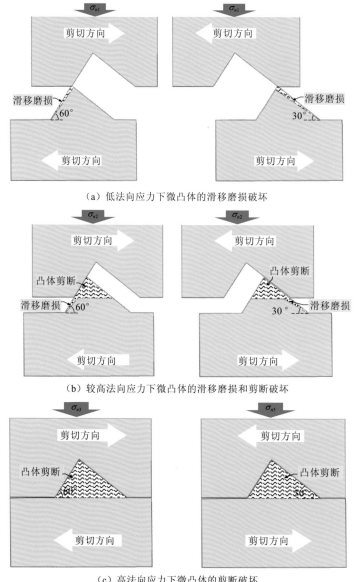

（a）低法向应力下微凸体的滑移磨损破坏

（b）较高法向应力下微凸体的滑移磨损和剪断破坏

（c）高法向应力下微凸体的剪断破坏

图4.20　滑移磨损和剪断破坏示意图

（2）随着法向应力的增加（σ_{n2}），锯齿状微凸体将沿着其上盘、下盘接触面滑移一段距离后被剪断，其剪切破坏区域不仅仅处于上盘、下盘裂面的接触区域，其非接触的部分锯齿也将被剪断；此时当剪切方向不同时，裂面的磨损区域虽然处于不同的接触区域，但其部分剪断的区域是重合的，其破坏体积的差异性减小，导致其剪切强度的差异也减小。

（3）当法向应力足够大时（σ_{n3}），锯齿状微凸体的整个锯齿都将被剪断；此时当剪切方向不同时，其破坏体积却是相同的，理论上其剪切强度是各向同性的。

4.4　岩体裂面剪切磨损特征与机理

4.4.1　试验方法

采用 3.2 节所述基于 3D 扫描和 3D 刻录技术制作岩体自然裂面，本书选取花岗岩、大理岩和砂岩 3 种岩石，其岩石单轴抗压强度见表 4.2，每种岩体裂面选取 4 个法向应力进行直剪试验，并附加声发射监测。考虑施加的等效法向应力与其强度的关系，花岗岩和大理岩的 4 个法向应力分别为 1 MPa、2 MPa、5 MPa、8 MPa，砂岩的 4 个法向应力分别为 0.5 MPa、1.0 MPa、2.0 MPa、3.0 MPa。为明显区分剪切后破损区域，剪切试验进行前，在砂岩自然裂面表面喷涂白色染料，大理岩和花岗岩表面涂红色墨水。直剪试验在 RMT-150C 岩石力学试验机进行，剪切速率统一设置为 0.005 mm/s。

表 4.2　3 种岩石单轴抗压强度

岩石类型	单轴抗压强度/MPa
砂岩	59.79
大理岩	160.03
花岗岩	177.46

采用上述剪切试验方案，获得 3 种岩体裂面的剪切力–剪切位移曲线（图 4.21），剪切过程伴随剪胀效应，剪胀曲线见图 4.22。可以看出，同一岩石同一法向应力下 3 组试样的剪切力-剪切位移曲线和剪胀曲线吻合度较好，进一步说明本书采用的试样制备方法稳定可靠。随着法向应力的增大，3 种岩体自然裂面峰值剪切强度增加，峰值前后剪切力-剪切位移曲线出现波动，而在较大法向应力下，花岗岩波动尤为显著，这是由于裂面剪切破坏是能量释放的过程，表面每一个凸起被啃断或磨损都是一次能量释放，会引起剪切力瞬间下降，之后裂面上下盘再次咬合抗剪，直至后续凸起部分被磨损或啃断造成剪应力再次波动下降。

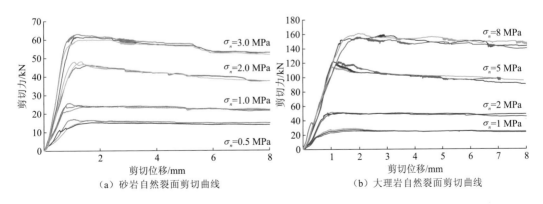

（a）砂岩自然裂面剪切曲线　　　　　　（b）大理岩自然裂面剪切曲线

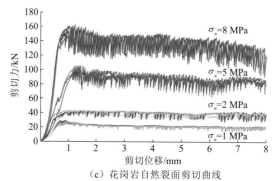

（c）花岗岩自然裂面剪切曲线

图 4.21　直剪条件下岩体自然裂面剪切位移-荷载曲线

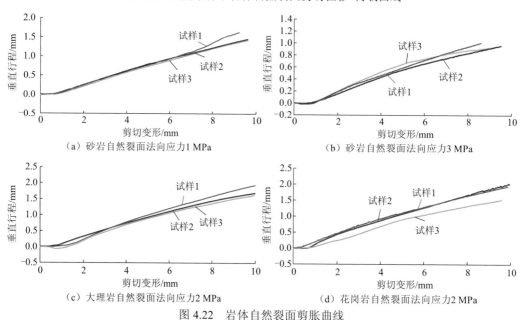

（a）砂岩自然裂面法向应力1 MPa

（b）砂岩自然裂面法向应力3 MPa

（c）大理岩自然裂面法向应力2 MPa

（d）花岗岩自然裂面法向应力2 MPa

图 4.22　岩体自然裂面剪胀曲线

4.4.2　岩体裂面 2D 磨损特征

为了进一步分析岩体自然结构剪切磨损的细观局部化特征，本书首先从裂面 2D 剖面线入手，分析剪切前后裂面表面变化特征。首先利用 3.3.3 小节所述基于四元数的标准 ICP 算法，将剪切后的裂面表面点云数据与剪切前获取的原岩自然裂面点云数据进行点云配准，之后在剪切后裂面同一位置截取 2D 剖面线，结果如图 4.23 所示。可以看出，同一岩石同一法向应力下 3 组自然裂面试样剪切后曲线比较吻合，说明基于 3D 刻录的岩体自然裂面试样的试验结果精度高、一致性好。

以砂岩自然裂面剪切前后表面变化为例，在剪切前后裂面同一位置截取 2D 剖面线，为减少边缘点云数据处理误差，沿剪切方向居中截取长度为 140 mm 的剖面线进行分析，如图 4.24（a）、（b）所示。同时依据式（4.15）计算剪切前该剖面线面向剪切方向的起伏倾角分布见图 4.24（c）。

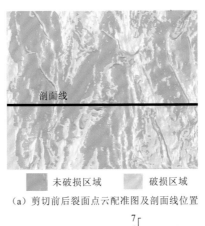

（a）剪切前后裂面点云配准图及剖面线位置

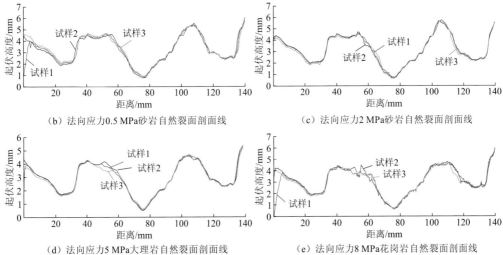

（b）法向应力0.5 MPa砂岩自然裂面剖面线　　　　（c）法向应力2 MPa砂岩自然裂面剖面线

（d）法向应力5 MPa大理岩自然裂面剖面线　　　　（e）法向应力8 MPa花岗岩自然裂面剖面线

图 4.23　岩体自然裂面剪切后剖面线

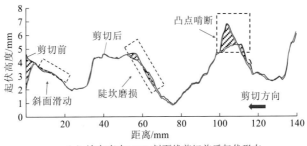

（a）法向应力3 MPa剖面线剪切前后起伏形态

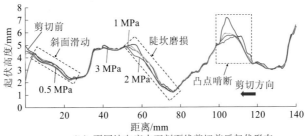

（b）不同法向应力下剖面线剪切前后起伏形态

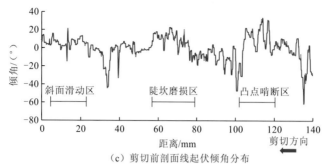

（c）剪切前剖面线起伏倾角分布

图 4.24　剪切前后 2D 剖面线起伏形态变化对比图

$$\theta = \arcsin\left[\frac{y_{i+1} - y_i}{\sqrt{(x_{i+1} - x_i)^2 + (y_{i+1} - y_i)^2}}\right] \tag{4.15}$$

式中：x_i 为点在剖面线内的位置；y_i 为 x_i 点高度。

对比图 4.24（a）、（b）、（c）可以看出，啃断发生在起伏倾角为正值最大的凸点区域，磨损发生在起伏倾角为正值相对较大的陡坎区域，斜面滑动发生在起伏角为正值较小的斜坡区域，说明裂面沿剪切方向损坏具有局部性，并且裂面剪切磨损区域包括凸点啃断区、陡坎磨损区和斜面滑动区。

4.4.3　岩体裂面 3D 剪切磨损特征

采用 2.3 节所述 3D 粗糙度参数 $\theta^*_{\max}/(C+1)_{3D}$ 表征岩体自然裂面剪切前后磨损特征。裂面剪切方向视倾角 θ^* 如图 4.25 所示，将其与表 4.3 剪切后不同法向荷载下 3 种岩体自然裂面磨损区域分布对比，视倾角 θ^* 较大即灰度值较大的白色区域为剪切磨损首要区域，随着法向应力增大，裂面上盘、下盘凹凸体啮合度变大，裂面抗剪性效能进一步发挥，剪切磨损范围逐渐变大并向视倾角 θ^* 较小的灰度值较小的灰色区域扩展，说明结构面剪切磨损区域分布具有局部化特征。

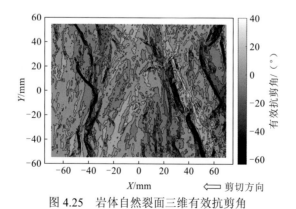

图 4.25　岩体自然裂面三维有效抗剪角

表 4.3　不同法向荷载下岩体自然裂面剪切磨损特征

裂面	法向应力			
	0.5 MPa	1.0 MPa	2.0 MPa	3.0 MPa

裂面	法向应力			
	1.0 MPa	2.0 MPa	5.0 MPa	8.0 MPa

裂面	法向应力			
	1.0 MPa	2.0 MPa	5.0 MPa	8.0 MPa

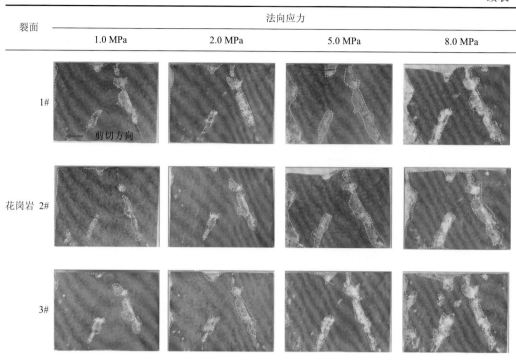

注：黄色线条标记部分为剪切破损区域。

表 4.4 展示了岩体自然裂面剪切前后视倾角 θ^* 分布，可以发现剪切磨损发生在裂面较大粗糙度区域，随法向应力增加，裂面视倾角磨损退化程度增加，磨损区域主要发生在沿剪切方向视倾角为正的区域；随法向应力增加，在视倾角负值区域也会出现一定程度的磨损。

4.4.4 岩体裂面剪切磨损机理

上述砂岩、大理岩、花岗岩的裂面剪切试验过程中，同步进行了声发射（acoustic emission，AE）。本试验采用 AE 累计撞击数和 AE 能量率来分析剪切过程中的裂面磨损力学特性，以花岗岩自然裂面剪切声发射结果为例，花岗岩声波波速为 4 700 m/s，采用阈值 40 dB，监测结果如图 4.26、图 4.27 所示。从 AE 能量率和 AE 累计撞击数随时间变化与剪切过程对比可以看出，裂面剪切过程的声发射特征大体可分为 3 个阶段：Ⅰ摩擦滑动阶段、Ⅱ剪切啃断阶段、Ⅲ残余摩擦阶段。

Ⅰ摩擦滑动阶段 AE 能量率事件比较低，AE 累计撞击数变化缓慢，裂面以磨损破坏为主；Ⅱ剪切啃断阶段为能量迅速释放阶段，该阶段裂面表面在压剪作用下发生啃断破坏，AE 能量率事件达到峰值，AE 累计撞击数急剧增加，AE 累计撞击数随时间变化曲线呈上凸状；Ⅲ残余摩擦阶段为能量缓慢释放阶段，裂面处于残余摩擦抗剪阶段，与剪切啃断阶段相比，AE 能量率事件较低，AE 累计撞击数变化较慢。

表 4.4　不同法向荷载下岩体自然裂面剪切前后破坏视倾角退化对比

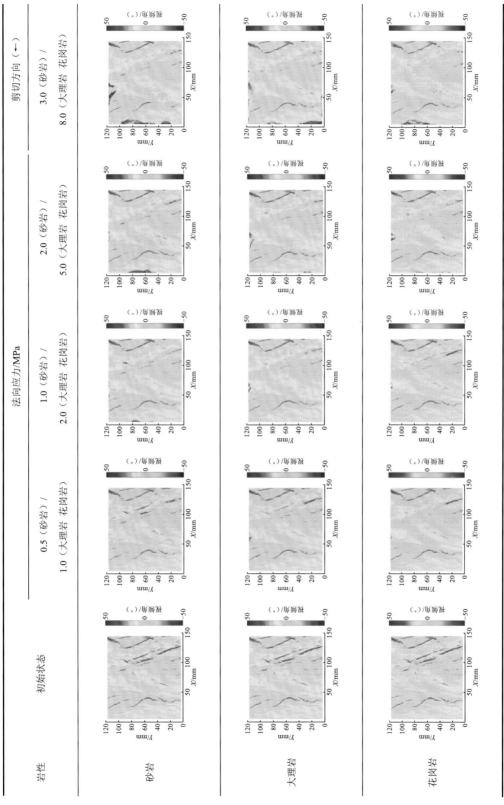

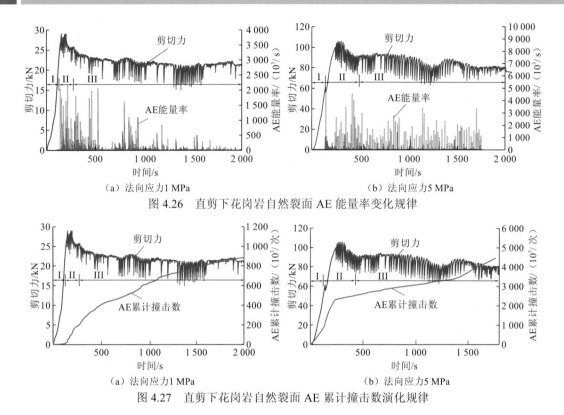

图 4.26　直剪下花岗岩自然裂面 AE 能量率变化规律

图 4.27　直剪下花岗岩自然裂面 AE 累计撞击数演化规律

剪切过程中岩体自然裂面的磨损过程可以通过 AE 事件定位来展示，采用 AE 事件平面到达时间定位方法，根据多传感器获取的到达时间，基于最小二乘法得到 AE 事件的位置坐标。监测结果（图 4.28）表明，裂面破坏首先出现在粗糙度较大的区域（B 阶

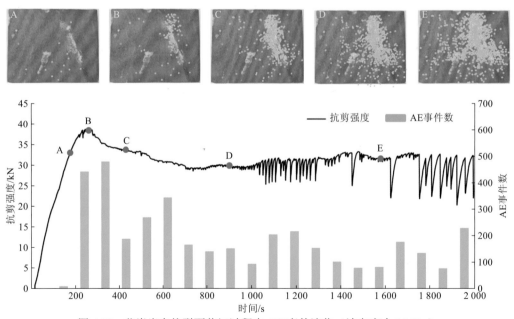

图 4.28　花岗岩自然裂面剪切过程中 AE 事件演化（法向应力 2 MPa）

段），此时对应其峰值抗剪强度。之后破坏区域由粗糙度较大区域向周围延伸（C、D、E 阶段），此时对应峰后抗剪强度。计算出剪切过程中 A～G 阶段磨损区域的视倾角 θ^*，并与初始裂面的视倾角分布对比（图 4.29），可以看出磨损区域视倾角分布在每个阶段的趋势相似，以沿剪切方向视倾角正值为主，但视倾角负值区域也存在一定程度磨损。

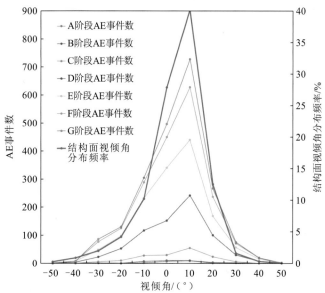

图 4.29　花岗岩自然裂面剪切过程中各阶段破坏区域视倾角及初始裂面视倾角分布频率对比
（法向应力 2 MPa）

4.5　二体裂面剪切行为与剪切磨损机理

4.5.1　试验方法

二体裂面主要指岩体裂面上下盘壁面的力学性质或材料性质不同的地质结构体，在工程中常常遇到类似科学问题，如高层建筑与地基基础的相互作用，大型重力坝与坝基、拱坝与坝肩的相互作用，深埋长隧衬砌结构与围岩的相互作用（谢和平 等，2005a；胡黎明 等，2002；Zhang et al.，1998）。为了研究二体裂面的壁面强度对其剪切行为的影响，以图 2.10（a）所示 1#裂面为研究对象，研究范围尺寸为 150 mm×150 mm，并以此研究对象共设计 3 组含不同壁面强度组合的剪切试验，如图 4.30 所示，其中，LLJCS 组裂面的壁面强度为低-低强度组合，LHJCS 组裂面的壁面强度为低-高强度组合，LMJCS 组裂面的壁面强度为低-中等强度组合。

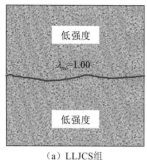
（a）LLJCS组

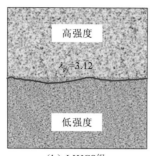
（b）LHJCS组

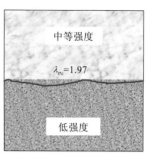
（c）LMJCS组

图4.30　试验方案

　　确定合适的材料配比是实现研究壁面强度对裂面剪切行为影响试验的关键，为此以水泥、超细石英砂为研究对象进行正交试验，分别以不同的配比浇筑了若干块混凝土圆柱试样，尺寸为50 mm×100 mm。然后在RMT-150C岩石力学试验机上进行单轴压缩试验，经过测试后选择如表4.5所示的配比，3种不同配比类型按单轴抗压强度不同分别命名为低强度、中等强度、高强度，其力学参数如表4.5所示，试验曲线和试样的破坏形态如图4.31所示。另外，为表征节理壁面强度不同的组合方式，定义节理的壁面强度系数 $\lambda_{\sigma c}$，其定义式如式（4.16）所示，在本试验中3组不同壁面强度组合试样 LHJCS组、LMJCS组和LLJCS组的 $\lambda_{\sigma c}$ 分别为3.12、1.97、1.00。

$$\lambda_{\sigma c} = \frac{\sigma_{c\_hard}}{\sigma_{c\_soft}} \qquad (4.16)$$

式中：σ_{c_soft} 为裂面壁面强度较小侧的单轴抗压强度；σ_{c_hard} 为裂面壁面强度较大侧的单轴抗压强度。

表4.5　3种砂浆材料的混合比及其基本力学参数

类型	水泥∶石英砂∶水	单轴抗压强度 σ_c/MPa	弹性模量 E/GPa
高强度	1∶1∶0.3	68.37	22.58
中等强度	1∶2∶0.4	43.14	21.27
低强度	1∶4∶0.6	20.91	12.21

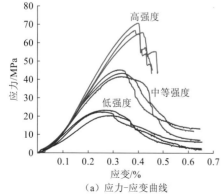
（a）应力-应变曲线

（b）试样破坏形态

图4.31　3种砂浆试样的试验结果

含 1#裂面不同壁面强度混凝土试样的制作是采用上文所提出的基于逆向工程技术含裂面模型的制样方法。首先利用 3D 光学面扫描技术对原 1#裂面进行测量，获得其裂面的点云数据；接着选择研究区域的点云数据，并利用其点云数据建立 3D 数字打印模型；然后将建立好的 3D 模型导入 FDM 打印机，按照打印步骤制作出 PLA 打印裂面模型；最后以 PLA 打印裂面模型为模具，利用混凝土材料对 1#裂面进行复制浇筑。其中，在浇筑上盘、下盘裂面的壁面强度不同时，先浇筑壁面强度较高侧的裂面。

重复采用上述方法，可以快速批量地制作出含原岩 1#裂面表面形貌特征的上盘、下盘壁面强度不同的吻合裂面试样。利用含自然裂面的混凝土试样作为试验对象，可以将影响裂面剪切行为的两个因素（裂面壁面强度和法向应力）分开考虑，此浇筑方法的优势主要有两个：①当裂面壁面强度特征相同时，可以研究法向应力对剪切行为的影响；当法向荷载相同时，可以分析壁面强度的差异性对剪切行为的影响；②所浇筑的试样含有同一自然裂面，可以排除裂面形貌特征对研究问题的影响，并且相对于锯齿状裂面，其剪切行为更接近于工程实际情况。共浇筑 36 块混凝土试样，分 3 组，其中每组 9 块，另外 9 块混凝土试样为补充试样。另外为测量 3 组试样裂面的基本摩擦角，每组分别浇筑 3 块光滑裂面混凝土试样，并在低法向应力下进行剪切试验，测得试样壁面强度为 LLJCS 组的基本摩擦角为 34.0°、试样壁面强度为 LMJCS 组的基本摩擦角为 32.0°、试样壁面强度为 LHJCS 组的试样基本摩擦角为 31.1°。

该试验进行的是在常法向应力条件下的剪切试验，以上盘、下盘裂面壁面强度组合情况分 3 组实验，每组 9 块共 27 块混凝土试样，每组试样以 σ_n/σ_c 为梯度分 3 种不同法向应力施加，分别取 σ_n/σ_c 为 1/80、1/20、1/5，其中 σ_c 为较弱裂面的壁面强度，即法向应力 σ_n 分别为 0.27 MPa、1.06 MPa、4.21 MPa，另外，每种法向应力下做 3 块试样的剪切试验。另外，利用三维白光扫描仪对剪切前后试样的裂面形态进行测量，为后续分析做准备。

图 4.32 展示了 3 组不同壁面强度组合裂面试样在不同法向应力条件下的剪切应力-剪切位移曲线和剪胀曲线。由图 4.32 中可知，3 组试样表现出类似的剪切规律。

（1）3 组试样的峰值剪切强度都随着法向应力的增大而增加，在达到峰值剪切强度后都出现了不同程度的应变软化现象。

（2）3 组试样的剪胀曲线在试验初期都出现了压密剪缩阶段，且随后都出现了不同程度的剪胀现象；但是裂面的最终剪胀程度却与法向荷载的大小有直接关系，其值随着法向应力的增大而减小，且当法向应力大到一定程度后，在剪切过程中可能将不出现剪胀现象。

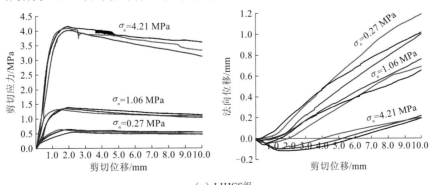

（a）LHJCS组

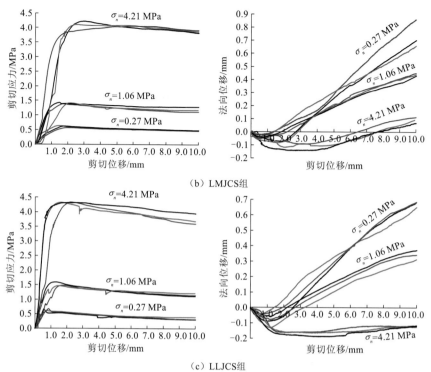

（b）LMJCS组

（c）LLJCS组

图 4.32　不同壁面强度组合试样的剪切应力-剪切位移曲线和剪胀曲线

3 组试样的剪切应力-剪切位移曲线和剪胀曲线所表现出类似的过程大致可以概化为图 4.33 所示的 3 个阶段。

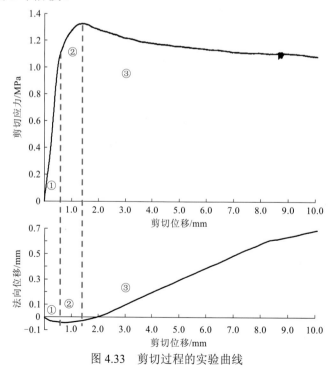

图 4.33　剪切过程的实验曲线

（1）随着剪切位移的增加，剪切应力迅速增大，结合与其对应的剪胀曲线，发现在此阶段裂面的法向位移往往随着剪切位移的增加而减少，即裂面处于压密剪缩阶段。在此过程中，上盘、下盘裂面间的孔隙逐渐减小，裂面的微凸体往往发生弹性压缩变形或被压碎（一般发生在高法向应力状态下），且微凸体的弹性压缩可能占主导地位。此阶段裂面的剪切力随剪切位移的变化表现为线性或近似线性的快速增加，并且裂面间的接触面积也逐渐增大。

（2）当剪切力大于裂面的摩擦阻力时，上盘、下盘裂面开始发生相对移动，此时裂面间的接触面积最大；由于自然裂面是粗糙不平的，裂面将沿着微凸体滑移，其间伴随着裂面的磨损，此时剪切力随剪切位移表现为非线性增加；结合剪胀曲线可以发现，此阶段法向位移一般随着剪切位移增加而逐渐增加，即出现裂面的剪胀现象；并且随着剪胀现象逐渐增强，裂面的接触面积将逐渐减小，进而导致裂面的局部应力逐渐增大；当局部应力大于微凸体的强度而发生了微凸体的剪断，剪切位移在 0.5～3.0 mm 时，裂面达到了峰值剪切强度。

（3）试样达到峰值剪切强度后，其剪切应力–剪切位移曲线出现了一定程度的强度衰减跌落现象，随着剪切位移的增加，其剪切应力逐渐减小，即出现了一定程度的应变软化现象，其原因可能是微凸体的剪断或裂面滑移存在部分材料的颗粒，起到了类似润滑剂的作用；结合裂面的剪胀曲线，可以发现其法向位移仍随着剪切位移的增大而增大。

4.5.2　壁面强度对裂面剪切变形特征和强度特征的影响

进一步观察图 4.32 可知，在相同的法向荷载下，3 组试样的剪胀变形曲线表现出了一定的差异性，例如法向应力 σ_n 为 4.21 MPa 时，相对于 LHJCS 组和 LMJCS 组的裂面，LLJCS 组裂面的剪胀曲线并没有出现类似于其他两组明显的剪胀现象；在压密剪缩阶段之后虽然出现了轻微的剪胀现象，但是其最终剪胀值仍小于 0，即从最终剪切结果来看，裂面的剪缩值大于剪胀值，裂面并未出现剪胀现象。为分析壁面强度对裂面剪胀变形特征的影响，对 3 组试样的剪缩量和剪胀量进行定量统计分析，其结果如图 4.34 所示。

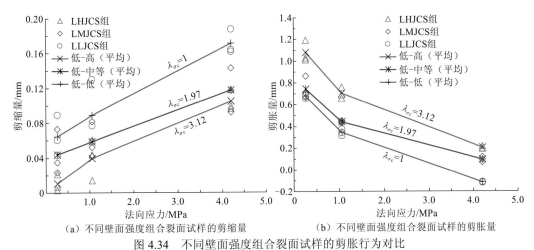

（a）不同壁面强度组合裂面试样的剪缩量　　（b）不同壁面强度组合裂面试样的剪胀量

图 4.34　不同壁面强度组合裂面试样的剪胀行为对比

（1）具有相同壁面强度组合的裂面试样，在相同的法向荷载下，试样的剪缩量虽表现出一定的离散性，但随着法向应力的增加，其剪缩量的平均值却具有较为稳定的规律，即剪缩量随着法向应力的增加而逐渐增大；而试样的剪胀量却随着法向应力的增加逐渐减少。由此可见，对于具有相同壁面强度组合、相同裂面形貌特征的试样，法向荷载的大小决定了裂面的剪缩量和剪胀量。

（2）对于 3 组不同壁面强度组合的裂面试样，在相同的法向应力下，试样的剪缩量随着裂面壁面强度系数 $\lambda_{\sigma c}$ 值的增大而减小，而试样的剪胀量随着 $\lambda_{\sigma c}$ 值的增大而增大。由此可见，在相同法向应力条件下，具有相同裂面形貌特征的试样，其剪缩量和剪胀量受裂面壁面强度系数 $\lambda_{\sigma c}$ 的影响。

裂面的剪切刚度是衡量裂面变形性质的重要指标，根据裂面的剪切应力-剪切位移曲线，将弹性阶段或近似弹性阶段单位变形内的应力梯度定义为剪切刚度。由以上分析可知，在压密剪缩阶段剪切力随着剪切位移的增加呈现出线性或近似线性的递增关系，因此裂面的剪缩量直接影响着裂面的剪切刚度。另外从图 4.32 可以看出，不同的剪胀行为对应着不同的剪切强度曲线特征。因此，为进一步分析裂面壁面强度对剪切行为的影响，图 4.35 展示了 3 组试样的剪切刚度和峰值剪切强度的统计分析结果，观察该图可以得出以下两方面结论。

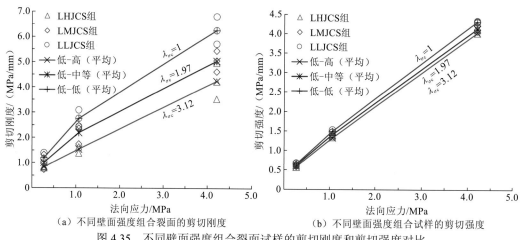

（a）不同壁面强度组合裂面的剪切刚度　　　　（b）不同壁面强度组合试样的剪切强度

图 4.35　不同壁面强度组合裂面试样的剪切刚度和剪切强度对比

（1）具有相同壁面强度组合的裂面试样，其剪切刚度随着法向应力的增加而增加；这与裂面的剪缩值具有相同的规律性。另外，裂面的峰值剪切强度也随着法向应力的增加而增加，这与图 4.32 所观察到的规律是一致的。

（2）对于 3 组不同壁面强度组合的裂面试样，在相同的法向应力下，试样剪切刚度的平均值与其剪缩值的平均值表现出相同的规律，即随着裂面壁面强度系数 $\lambda_{\sigma c}$ 值的增大而减小，并且裂面的峰值剪切强度也表现出类似的规律性。由此可见，在相同法向应力条件下，具有相同裂面形貌特征的裂面试样，其剪切刚度和峰值剪切强度受裂面壁面强度系数 $\lambda_{\sigma c}$ 的影响。

4.5.3 壁面强度对裂面 2D 破坏特征的影响

图 4.36 给出了 LLJCS 组试样和 LHJCS 组试样在法向应力为 1.06 MPa 时的破坏特征，从图中可以看出：每组试样，上盘、下盘裂面两侧都出现了磨损剪断现象，并且破坏区域具有一定的差异性；对比两组试样，其磨损剪断区域的位置大致相同，但是剪切区域的范围有一定的区别。裂面剪切行为决定着裂面表面的损伤特征，反过来裂面破坏形态的差异性也能在一定程度上解释造成裂面剪切行为差异性的原因。由于自然岩体裂面的形态复杂，并具有一定的随机性，首先从裂面的 2D 局部破坏特征入手进行分析。

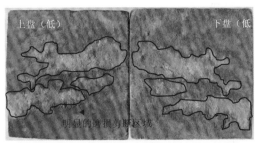

（a）LLJCS 组试样

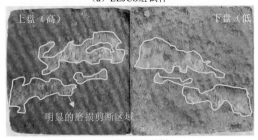

（b）LHJCS 组试样

图 4.36 试样裂面的破坏特征

分别在 LHJCS 组试样裂面上选取两条剖面线，其位置如图 4.37 所示，利用扫描所得的点云数据，画出不同法向应力下剪切前后剖面线的形态，进而分析在不同法向应力下壁面强度对裂面表面局部破坏形态的影响。需要说明的是，为了获得与自然裂面一致的浇筑样，虽然在浇筑方法和材料上进行了慎重地选择和改进，但因浇筑过程的人为主观原因不可避免地会出现一些可接受的离散性误差（杜时贵 等，2010）。但为了统一观察不同试样剪切前后的变化，本节中剪切前裂面的剖面线取自岩体裂面的扫描数据，这样会为观察剪切前后裂面的形态变化带来一些影响，但这是可以接受的，其结果如图 4.37（a）所示。

（1）在低法向应力下（σ_n=0.27 MPa），在较低壁面强度一侧，剪切后剖面线 1 的曲线形态与原裂面剖面线 1 的形态基本一致，这说明在剪切过程中该局部区域主要发生的是爬坡磨损；同时壁面强度较高侧剖面线 2 的曲线形态也出现类似的现象。这说明在低法向应力下，裂面两侧的破坏区域主要以爬坡磨损为主，此时剪切强度主要由裂面的起伏特征和基本摩擦角决定。

（2）随着法向应力的增加（σ_n=1.06 MPa、4.21 MPa），剖面线 1 出现明显的剪断凸起现象，并且裂面的剪断轨迹逐渐下移，这说明剪断的程度随着法向应力的增大逐渐增

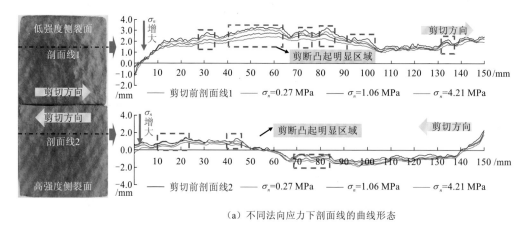

（a）不同法向应力下剖面线的曲线形态

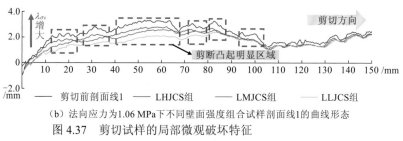

（b）法向应力为1.06 MPa下不同壁面强度组合试样剖面线1的曲线形态

图4.37 剪切试样的局部微观破坏特征

强。剖面线2也表现出与剖面线1相似的规律，但其剪断破坏的程度和范围远小于剖面线1。这说明在较高应力下，对于壁面强度不同的裂面，两侧裂面都会发生凸起剪断现象，但较弱侧裂面的凸起剪断程度较大。此种情况下剪切强度主要由裂面的起伏特征、基本摩擦角和微凸体的强度特征决定。

为分析相同法向应力下壁面强度对剪切破坏特征的影响，图4.37（b）展示了在法向应力1.06 MPa下3组试样剖面线1的曲线形态。从图中可知，3组试样的剖面线1都发生了较大范围的凸起剪断，并且3组试样微凸体剪断位置基本一致；但对比三者凸起剪断的程度，可以发现随着壁面强度系数$\lambda_{\sigma c}$的增大，其破坏位置的迹线逐渐升高，剪断破坏程度逐渐减小。

4.5.4 壁面强度对裂面3D破坏特征的影响

上文分析了壁面强度特征对裂面局部破坏特征的影响，值得指出的是，由于复杂的表面形貌特征，剪切后的自然裂面是很难区分破坏区域是由爬坡磨损还是由微凸体剪断造成的，但是试样的宏观破坏特征是由裂面表面每个微凸体破坏形态的综合表现，其宏观破坏特征在一定程度上反映了裂面的综合力学效应。为此从3D宏观角度分析试样的破坏特征，分析不同壁面强度裂面的剪切行为。表4.6展示了3组剪切试样在不同法向应力下裂面的破坏特征，从表中可以发现：①具有相同壁面强度组合的试样（$\lambda_{\sigma c}$相同），其裂面的破坏区域随着法向应力的增加而增大；②在相同的法向应力下，对于3组不同壁面强度组合的试样（$\lambda_{\sigma c}$相异），其裂面破坏区域的位置大致相同，但破坏区域的范围和程度随着$\lambda_{\sigma c}$的变化而略有不同。

表 4.6　试样裂面的破坏特征

类型	$\sigma_n = 0.26$ MPa	$\sigma_n = 1.06$ MPa	$\sigma_n = 4.21$ MPa

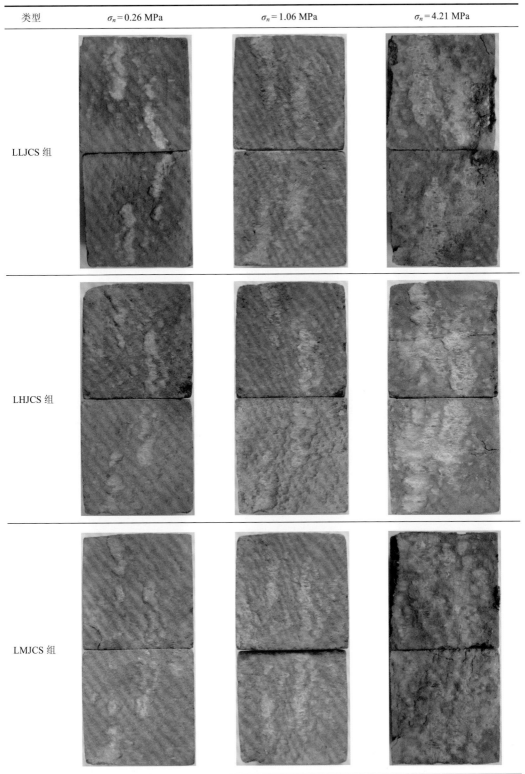

LLJCS 组

LHJCS 组

LMJCS 组

为度量因壁面强度影响所引起地裂面破坏区域的差异，利用剪切前后裂面表面的点云数据，定量计算 3 组试样剪切前后裂面体积的变化。大致步骤主要包括裂面剪切前后点云数据的对齐、裂面表面点云数据三角剖分及剪切破坏体积的计算，具体方法可参照 4.2.2 小节。裂面剪切前后试样的对齐效果和 3 组裂面的破坏体积如图 4.38 所示。从图 4.38（b）可知，3 组试样的破坏体积都随着法向应力的增加而增大，这与表 4.2 所展示的现象具有很好的一致性，并且相对于 LLJCS 组试样（$\lambda_{\sigma c}=1$），LHJCS 组（$\lambda_{\sigma c}=3.12$）和 LMJCS 组（$\lambda_{\sigma c}=1.97$）两组试样的体积变化趋势更接近。对比图 4.38（b）和图 4.35（b）可以发现，试样的破坏体积和峰值剪切强度随着法向应力变化表现出相似的变化规律，这是因为岩石材料的破坏与能量的变化密切相关（葛云峰 等，2016；谢和平 等，2005；Steffler et al.，2003），裂面的破坏体积是上盘、下盘裂面在剪切过程中的爬坡滑移和凸起剪断造成的，其间伴随着能量的存储和耗散，这是宏观力学响应的深层原因，而峰值剪切强度正是宏观力学特征的其中一种体现。另外，这种规律一定程度上也体现出相同法向应力下不同壁面强度组合试样的变化规律，进一步观察对比图 4.38（b）和图 4.35（b）可以发现，在相同法向应力下，试样的破坏体积和剪切峰值强度都随着

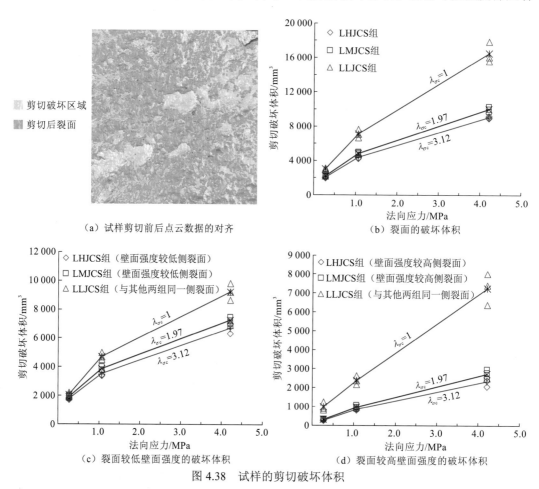

（a）试样剪切前后点云数据的对齐　　　　（b）裂面的破坏体积

（c）裂面较低壁面强度的破坏体积　　　　（d）裂面较高壁面强度的破坏体积

图 4.38　试样的剪切破坏体积

裂面壁面强度系数 $\lambda_{\sigma c}$ 值的增大而减小。不同壁面强度组合试样的上盘、下盘裂面强度是不同的，为分析其对试样破坏的影响，图 4.38（c）、（d）分别给出了不同法向应力下，上盘、下盘裂面破坏体积的变化规律。从图中可知，其变化规律与试样的总体积的变化规律相类似，并且 LHJCS 组和 LMJCS 组试样上盘、下盘裂面的体积变化规律更为接近。

对比图 4.38（c）、（d），可以发现裂面两侧的破坏体积是有差别的，壁面强度较弱侧的破坏体积比壁面强度较高侧的体积大，为定量统计裂面两侧破坏体积之间的区别，图 4.39 给出了较高壁面强度侧破坏体积所占总破坏体积的比例。从图 4.39 可知，随着法向应力的增加，剪切总破坏体积中壁面强度较大侧裂面所占比例逐渐增大，但对于裂面两侧壁面强度不同的两组试样（LHJCS 组和 LMJCS 组），剪切破坏的总破坏体积中壁面强度较强侧的破坏体积所占比例最大也不超过 30%，裂面的破坏体积以壁面强度较弱侧为主。另外，对于裂面两侧强度相同的 LLJCS 组试样，裂面破坏体积所占比例的变化趋势与其他两组试样一致，但是在相同的法向应力下，LLJCS 组试样此侧裂面的破坏体积所占比例远比其他两组较强裂面侧所占比例大。这是因为裂面试样两侧的裂面强度是不一致的，较弱侧更容易发生破坏。而对于裂面两侧强度相同的试样，理论上裂面两侧都具有相同破坏的概率，而在剪切过程中究竟哪一侧的裂面发生破坏取决于裂面表面的形貌特征，这也是 LLJCS 组试样此侧破坏体积比例小于 50% 的原因。

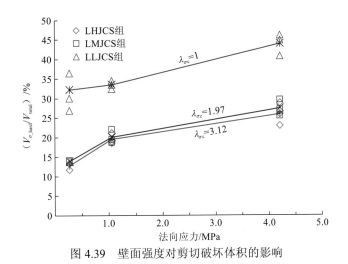

图 4.39　壁面强度对剪切破坏体积的影响

4.5.5　二体裂面剪切磨损机理

上文从 2D 局部角度和 3D 宏观角度分析了壁面强度特征对裂面剪切行为的影响，自然岩体裂面的表面形态复杂，并具有一定的随机性，很难准确地识别剪切破坏区域的类型（爬坡磨损、凸起剪断），但是裂面的剪切行为一定程度上能反映其剪切本质。因此，结合上文对裂面局部和宏观剪切行为的分析，本小节从微观角度对二体裂面的破坏机理进行探究。每个裂面都可以离散成若干个微凸体，本小节假设微凸体为锯齿状单元，如图 4.40 所示。设加载在裂面的法向应力为 σ_n（文中为 σ_{n1}、σ_{n2}、σ_{n3}），裂面法向荷载的加载面积为 A，微凸体的接触面积为 A_{Cj}，剪切过程中总有效接触面积为 A_{CE}，微凸体倾角为 i，微凸体的法向应力为 σ_{nj}。其中对于起伏的裂面，在剪切过程中背坡面表现为受拉，而对于无胶结裂面的强度本质上接近于残余强度，抗拉强度可以视为 0，大面积的背坡面对裂面剪切强度基本是不起作用的。并且 Grasselli 等（2003）研究发现，裂面剪切过程中发生接触磨损的部位出现在与剪切方向一致的地方，因此，总有效接触面积 A_{CE} 小于加载面积 A，其大小满足式（4.17）所示函数，微凸体的法向应力 σ_{nj} 如式（4.18）所示。

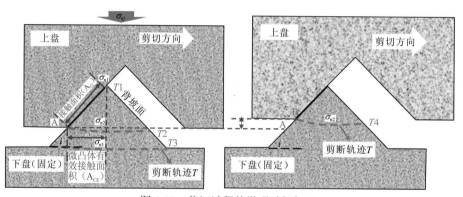

图 4.40　剪切过程的微观破坏机理

$$A_{CE} = f(A_{Cj}, i, \sigma_n, k, D) \tag{4.17}$$

式中：A_{CE} 为裂面总有效接触面积；A_{Cj} 为微凸体的接触面积；k 为材料的刚度；D 为剪切位移。其中沿着剪切方向度量时：$i \geqslant 0$，则 $A_{Cj} > 0$；$i < 0$，则 $A_{Cj} = 0$。

$$\sigma_{nj} = \left(\sigma_n A \frac{A_{Cj} \cos i}{A_{CE}} \right) \Big/ (A_{Cj} \cos i) \tag{4.18}$$

裂面的微观剪切机理可以做如下解释。

（1）在足够低的法向应力 σ_{n1} 下，上盘微凸体将沿下盘微凸体滑移至顶点 $T1$，裂面主要发生爬坡运动，微凸体的破坏主要由爬坡磨损产生，此时微凸体的剪切强度满足如式（4.19）所示的 Parton（1966）强度公式，其大小由微凸体的起伏形态和裂面的基本摩擦角决定。裂面的峰值剪切强度为剪切过程中所有微凸体中剪切强度的最大值，如式（4.20）所示。此时，岩体裂面的破坏区域主要是由微凸体的爬坡磨损造成的。

$$\tau_{\text{slid}\_j} = \sigma_{nj} \tan(i_j + \varphi), \quad i \geqslant 0 \tag{4.19}$$

$$\tau_{\text{slid}} = \max[\sigma_{nj} \tan(i_j + \varphi)] \tag{4.20}$$

式中：τ_{slid} 为裂面仅发生爬坡磨损破坏时的剪切强度；τ_{slid_j} 为微凸体的爬坡剪切强度；σ_{nj} 为微凸体上的有效法向应力；φ 为裂面表面的基本摩擦角；i 为微凸体的倾角。

（2）当裂面的法向应力（σ_{n3}）足够大时，微凸体将不再发生爬坡运动，而是沿着 T3 完全被剪断，微凸体的破坏区域完全由微凸体的剪断组成，此时微凸体的剪切强度满足如式（4.21）所示的 Parton 强度公式，裂面剪切强度的大小由式（4.22）决定。此种情况下，裂面的破坏区域主要是由微凸体的剪断造成的。

$$\tau_{\text{shear}\_j} = \sigma_{nj}\tan\varphi_b + C \tag{4.21}$$

$$\tau_{\text{shear}} = \max[\sigma_{nj}\tan(\varphi_b) + C] \tag{4.22}$$

式中：τ_{shear} 为裂面仅发生剪断破坏时的剪切强度；τ_{shear_j} 为微凸体的剪断剪切强度；φ_b 为微凸体的内摩擦角；C 为微凸体的内聚力。

（3）当法向应力为 σ_{n2}（$\sigma_{n1}<\sigma_{n2}<\sigma_{n3}$）时，最初微凸体的爬坡剪切应力 τ_{slid_j} 小于本身的强度 P，即满足 $\tau_{\text{slid}\_j}<P$，此时上盘裂面的微凸体沿着下盘微凸体进行爬坡运动，并且随着剪切位移 D 的增加，裂面的接触面积逐渐减小，由式（4.17）可知，随着有效接触面积减小微凸体的法向应力逐渐增大，进而微凸体的爬坡剪切应力 τ_{slid_j} 逐渐增大；当爬坡至 A 点时，微凸体的法向应力达到一个临界值 $\sigma_{nj\_临}$，此时满足 $\tau_{\text{slid}\_j\_临}\geqslant P$，即爬坡剪切应力大于微凸体的强度，裂面将沿着 T2 发生剪断破坏，此时微凸体的剪切强度 $\tau_{\text{slid\_shear}\_j}$ 满足式（4.23），其中，临界法向应力 $\sigma_{nj\_临}$ 满足式（4.24）所示函数，裂面的剪切强度 $\tau_{\text{slid\_shear}}$ 由式（4.25）确定。裂面的破坏区域由爬坡磨损和凸起剪断组成。另外随着法向应力 σ_n 的增大，裂面的剪断轨迹 T 逐渐下移，剪断程度和体积逐渐增大，此现象在图 4.37（a）、（b）和图 4.27 均有体现。

$$\tau_{\text{slid\_shear}\_j} = \sigma_{nj\_临}\tan(i_j+\varphi), \quad i\geqslant 0 \tag{4.23}$$

$$\sigma_{nj\_临} = f(P,i,\sigma_n,A_{Cj}) \tag{4.24}$$

$$\tau_{\text{slid\_shear}} = \max[\sigma_{nj\_临}\tan(i_j+\varphi)] \tag{4.25}$$

式中：$\tau_{\text{slid\_shear}}$ 为裂面发生爬坡剪断破坏时的剪切强度；$\tau_{\text{slid\_shear}\_j}$ 为微凸体的爬坡剪断剪切强度；$\sigma_{nj\_临}$ 为微凸体爬坡后发生剪断破坏时的临界法向应力；P 为微凸体的强度。

针对本节中裂面上盘、下盘壁面强度不同的情况（LHJCS 组和 LMJCS 组），相对于裂面上下盘壁面强度相同的试样（LLJCS 组），当法向应力相同时，会造成以下影响：①即使起伏角 $i=0$ 的裂面相互接触时，其本质也是接触面凹与凸部分的交错啮合，由于上盘、下盘裂面材料的刚度不一致，产生的微变形是有区别的，会影响其接触程度，导致裂面的基本摩擦角 φ_b 减小；②由于上盘裂面材料的刚度较大，裂面的剪胀行为将受影响，在相同的法向应力条件下，与 LLJCS 组裂面试样相比，其剪缩量较小，最终的剪胀量较大。LHJCS 组和 LMJCS 组试样的破坏轨迹线较高[图 4.37（b）]及破坏体积较小的现象（图 4.38），从微观角度可做以下可能性的解释（图 4.40）：在法向应力为 σ_{n2} 时，在相同位置 A 点，由于 LHJCS 组和 LMJCS 组试样的基本摩擦角比 LLJCS 组试样的小，裂面的剪切应力满足 $\tau_{\text{slid}\_j}^{\text{低-高}} < \tau_{\text{slid}\_j\_临}^{\text{低-低}}$，即此时未达到剪断条件；裂面将继续进行爬坡运动，而裂面的总有效接触面积 A_{CE} 随着爬坡运动的进行而减小，由式（4.18）可知，微凸体

的有效法向应力 σ_{nj} 随 A_{CE} 的减小而增大，导致微凸体的爬坡力 τ_{shear_j} 不断增大；当到达 B 点时满足了剪断条件 $\tau_{\text{slid}\_j\_\text{临}} \geqslant P$，裂面将沿轨迹 T4 发生破坏，其轨迹 T4 较 LLJCS 组的剪断轨迹 T2 高，相对应的剪断体积较小。需要指出的是，对于自然裂面，在剪切过程中最先起作用的一般是起伏角较大的微凸体，由于 LHJCS 组和 LMJCS 组的裂面需要更小的有效接触面积才能达到爬坡剪断的临界条件，有可能导致起伏角较大的微凸体主要发生的是爬坡磨损，进而导致自然裂面的 $\tau^{\text{低-高}} < \tau^{\text{低-低}}$。

第5章
岩体裂面剪切强度模型

　　岩体裂面的微凸体影响着裂面的剪切强度特征、剪胀行为和破坏特征，是影响含裂面岩体稳定性的关键因素。为此，本章考虑裂面壁面强度结构特征与形貌特征对剪切行为的影响，提出考虑二体裂面剪切强度模型和多形貌特征的剪切强度模型，并对其合理性和适用性进行分析。

5.1 考虑二体裂面壁面强度结构特征的剪切强度模型

5.1.1 JRC-JCS 强度模型对二体裂面强度估算的局限性

Barton 等（1977，1973）以岩体自然结构面为基础所提出的 JRC-JCS 峰值剪切强度公式是工程中运用最为广泛的剪切强度模型[式（5.1）]，可以看出裂面的壁面强度（JCS）是强度模型中一个重要的参数，对于新鲜裂面，JCS 一般取为裂面的单轴抗压强度。但当遇到类似于两侧壁面的抗压强度不同的二体裂面情况时，有必要对 JRC-JCS 强度模型的适用性进行分析。

$$\tau = \sigma_n \tan \left[\text{JRC} \cdot \lg \left(\frac{\text{JCS}}{\sigma_n} \right) + \varphi_b \right] \quad (5.1)$$

式中：τ 为裂面峰值剪切强度；σ_n 为法向应力；JRC 为裂面粗糙度系数；JCS 为裂面的壁面强度；φ_b 为裂面表面的基本摩擦角。

在 JRC-JCS 剪切强度公式的使用过程中，由于裂面粗糙度系数 JRC 值的确定往往具有主观性和局限性，可能会低估裂面的形貌特征，导致其估算值较试验值偏低。例如使用三维坡度均方根 Z_{2s} 度量 1#裂面在 0.5 mm 间隔下的 3D 形貌特征（Belem et al.，2000），其值为 0.234 8，并利用 Yang 等（2001b）研究所给出的拟合公式，如式（5.2）所示，拟合系数 0.993，计算裂面的 JRC 值，其结果为 11.9。由 4.5.1 小节可知，对于上盘、下盘裂面壁面强度相同的 LLJCS 组试样，其基本摩擦角 φ_b 为 34°，壁面强度 JCS 为 20.9，将计算所得 JRC 的值代入 JRC-JCS 强度公式，计算出其在不同法向应力下的剪切强度[图 5.1（a）]，可以看出利用 Z_{2s} 拟合所得 JRC 值代入 JRC-JCS 强度公式所得的计算值确实比试验值低。

$$\text{JRC} = 32.69 + 32.98 \lg Z_2 \quad (5.2)$$

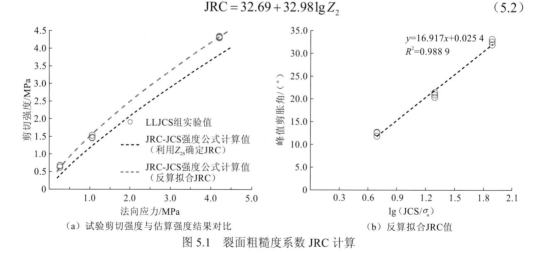

（a）试验剪切强度与估算强度结果对比 （b）反算拟合JRC值

图 5.1 裂面粗糙度系数 JRC 计算

为消除拟合 JRC 值对后续分析的影响，利用 4.5 节中 LLJCS 组裂面试样在不同法向应力下的剪切试验结果反算出 JRC。由 JRC-JCS 剪切强度公式[式（5.1）]可知，裂面的峰值剪胀角 i 如式（5.3）所示，若以 $\lg(\text{JCS}/\sigma_n)$ 为 X 坐标，剪胀角 i 为 Y 坐标，理论上两者满足截距为 0 的线性函数，而线性函数的斜率即为 JRC 值。利用试验结果反算出其在不同法向应力下的剪胀角 i，并与 $\lg(\text{JCS}/\sigma_n)$ 值进行拟合，其结果如图 5.1（b）所示。从拟合结果可知，两者具有较好的线性关系，且截距基本为 0，故裂面的 JRC 值为 16.917。将反算所得 JRC 的值代入 JRC-JCS 强度公式，计算出其在不同法向应力下的剪切强度，如图 5.1（a）所示，可以看出估算结果与试验结果对比具有很好的一致性，这表明计算得到的 JRC 值能够更好地评估裂面的形貌特征。

$$i = \text{JRC} \cdot \lg\left(\frac{\text{JCS}}{\sigma_n}\right) \tag{5.3}$$

从 4.5 节可知，对于 LHJCS 和 LMJCS 两组裂面试样，壁面强度不同的上盘、下盘裂面在剪切过程中都发生了一定程度的破坏，虽然两侧裂面的破坏体积中以较低壁面强度一侧为主，但是仅用此侧的壁面强度 JCS 值代入 JRC-JCS 剪切强度公式中来估算二体裂面的剪切强度时，也可能会存在一些问题。为全面地分析 JRC-JCS 剪切强度对二体裂面的适用性，剪切强度公式中壁面强度 JCS 值分别取较低壁面强度侧和较高壁面强度侧的单轴抗压强度 σ_c，然后将其代入 JRC-JCS 剪切强度公式中进行估算。以 4.5 中 LHJCS 组为例，其结果如图 5.2 所示。从图中可以看出，当以较低壁面强度侧的单轴抗压强度 σ_{c_soft} 作为壁面强度 JCS 的计算值时，JRC-JCS 剪切强度公式的计算值较试验值偏小，而以较高壁面强度侧的 σ_{c_hard} 作为 JCS 的计算值时，其估算值较试验值偏大，并且这种偏差随着法向应力的增加而增大。因此，针对类似于上盘、下盘壁面强度不同的二体裂面工程问题中，JRC-JCS 剪切强度公式具有一定的局限性，有必要对此作进一步分析。

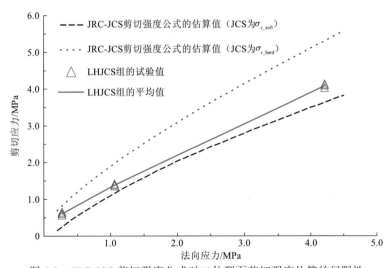

图 5.2　JRC-JCS 剪切强度公式对二体裂面剪切强度估算的局限性

5.1.2　二体裂面剪切强度模型

岩体裂面的剪切强度与其裂面壁面强度系数 $\lambda_{\sigma c}$ 有直接关系，由前述分析可知破坏体积中较弱裂面侧所占比例较大，因此较弱侧裂面对剪切的贡献较大。故以较弱侧裂面的壁面强度JCS$_{低}$为基准建立等效壁面强度JCS$_{等效}$关于壁面强度系数 λ_σ 的修正关系函数 $f(\lambda_{\sigma c})$，如式（5.4）所示。

$$\text{JCS}_{等效} = \text{JCS}_{低} f(\lambda_{\sigma c})$$

即

$$\frac{\text{JCS}_{等效}}{\text{JCS}_{低}} = f(\lambda_{\sigma c}) \tag{5.4}$$

式中：$\lambda_{\sigma c} \geqslant 1$，且满足当 $\lambda_{\sigma c}=1$ 时，$f(\lambda_{\sigma c})=1$。

确定修正关系函数 $f(\lambda_{\sigma c})$ 的表达式，主要分为以下两步。

（1）确定二体裂面的等效壁面强度JCS$_{等效}$。使用类似于确定JRC值的方法，对式（5.3）进行变形，如式（5.5）所示，若以 $JRC \cdot \lg(\text{JCS}/\sigma_n)$ 为 X 坐标，剪胀角 i 为 Y 坐标，理论上两者满足斜率为-1的线性函数，而线性函数截距 I 即为 $JRC \cdot \lg(\text{JCS}/\sigma_n)$ 的值，利用式（5.6）即可求得二体裂面的等效壁面强度JCS$_{等效}$。以LMJCS组裂面试样为例，根据上述方法确定了该裂面的等效强度，其结果如图5.3（a）所示，观察可知两者具有很好的拟合关系，且拟合曲线的斜率值基本为-1，代入式（5.6），即可求得其等效壁面强度JCS$_{等效}$ 为24.448 5。利用相同的方法可求得LHJCS组裂面试样的JCS$_{等效}$ 为22.972 2。

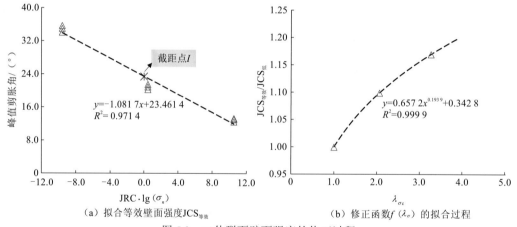

（a）拟合等效壁面强度JCS$_{等效}$　　　　（b）修正函数 $f(\lambda_\sigma)$ 的拟合过程

图5.3　二体裂面壁面强度的修正过程

（2）确定系数函数 $f(\lambda_{\sigma c})$。利用三组试样的等效壁面强度JCS$_{等效}$ 对系数函数 $f(\lambda_{\sigma c})$ 进行拟合，其结果如图5.3（b）所示。从图中可知，利用所构造的幂函数能很好地度量两者关系，因此，二体裂面的等效壁面强度JCS$_{等效}$ 修正系数函数如式（5.7）所示，进而可以得到关于二体裂面的修正JRC-JCS剪切强度公式，如式（5.8）所示。

$$i = JRC \cdot \lg \text{JCS}_{等效} - JRC \cdot \lg \sigma_n \tag{5.5}$$

$$\text{JCS}_{等效} = 10^{I/JRC} \tag{5.6}$$

$$\text{JCS}_{等效} = \text{JCS}_{低}[a(\lambda_{\sigma c})^b + (1-a)] \tag{5.7}$$

式中：a、b 为系数，且 $0 \leqslant a \leqslant 1$。

$$\tau = \sigma_n \tan\left(JRC \cdot \lg\left\{\frac{\text{JCS}_{低}[a(\lambda_{\sigma c})^b + (1-a)]}{\sigma_n}\right\} + \varphi_b\right) \tag{5.8}$$

二体裂面的剪切强度模型是对现有的 JRC-JCS 剪切强度模型的完善，其中当 $\lambda_{\sigma c} = 1$ 时，修正 JRC-JCS 剪切强度公式就是 Barton 的 JRC-JCS 剪切强度公式。利用式（5.8）对三组裂面试样的剪切强度进行估算，其结果如图 5.4 所示，从图中可以看出二体裂面的剪切强度估算值和试验值具有很好的一致性。

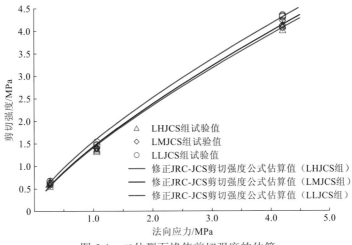

图 5.4　二体裂面峰值剪切强度的估算

为进一步验证二体裂面强度模型的可靠性，本节对 LMJCS 组的裂面试样进行了法向应力为 0.52 MPa 和 2.1 MPa 的剪切实验，其应力–应变曲线如图 5.5 所示。利用二体裂面强度模型估算 LMJCS 组裂面在不同条件下的剪切强度并算出其相对误差，其结果如表 5.1 所示，可以发现估算相对误差较小，故二体裂面剪切强度模型具有较好的估算结果。

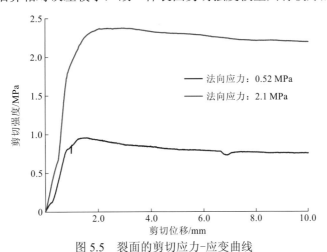

图 5.5　裂面的剪切应力–应变曲线

表 5.1　修正 JRC-JCS 公式估算结果

JCS 等效	法向应力 σ_n/MPa	剪切强度试验值/MPa	剪切强度估算值/MPa	相对误差/%
23.07	0.52	0.93	0.90	3.23
	2.10	2.37	2.47	4.22

本节提出的二体裂面剪切强度模型考虑了裂面上盘、下盘壁面强度的差异，是对现有 JRC-JCS 剪切强度公式的完善，但是使用中也有一些注意事项。壁面强度系数 $\lambda_{\sigma c}$ 是二体裂面强度模型中一个关键性的参数，但是它是以 $\sigma_{c\_hard}/\sigma_{c\_soft}$ 的方式定义的，为确定 $\lambda_{\sigma c}$ 的修正关系函数 $f(\lambda_{\sigma c})$，σ_{c_hard} 或 σ_{c_soft} 中有一个必须是定值，类似于本节与 Ghazvinian 等（2010）所研究的情况。此二体裂面强度剪切模型更适合类似于充填采矿中尾砂胶结充填体（cemented paste backfill，CPB）与围岩接触面的稳定性（CPB-岩石）、嵌岩桩的荷载传递特性（混凝土-岩石）及大坝与基岩的稳定（混凝土-岩石）等工程问题。

5.1.3　二体裂面剪切强度模型与剪胀角的关系

Ghazvinian 等（2010）以锯齿状裂面为基础，使用三种不同强度的石膏-砂浆材料模拟弱裂面、混凝土材料模拟硬裂面，研究了具有不同盘壁面强度裂面的剪切行为，研究发现 JRC-JCS 剪切强度公式是不适合直接预测裂面壁面强度不同时的剪切强度，并且试样在剪切过程中裂面的破坏仅仅发生在较软侧裂面，但是正如 Ghazvinian 等（2010）研究结果，该公式具有一定的局限性，它仅适用于裂面两侧壁面强度相差较大的情况，此时在剪切过程中较硬侧裂面保持完整，试样的破坏（剪断破坏）仅来源于较弱侧裂面。本节试验是对 Ghazvinian 研究的一种显著改进。同时，本节试验也发现了一些与 Ghazvinian 研究结果不同的现象，例如当 $\sigma_{c1}/\sigma_{c2}>2$ 时，在较高法向应力下，虽然裂面的剪断破坏主要来自较弱裂面，但是在硬裂面侧也出现了表面微凸体剪断的现象，这说明较硬裂面对 JCS 值也是有贡献的。观察到与 Ghazvinian 不同现象的原因可能是 Ghazvinian 的研究对象是人工锯齿状裂面，其虽能揭露剪切行为的本质，但裂面的形貌特征复杂程度远比自然裂面简单，其破坏特征与自然裂面相比显然也会存在一定的区别。

岩体裂面的剪胀行为受壁面强度的影响，尤其是峰值剪胀角是确定剪切强度的关键因素，它与壁面强度系数存在一定的关系（图 5.6），在相同的法向应力下，随着壁面强度系数 $\lambda_{\sigma c}$ 的增大剪胀角增大。

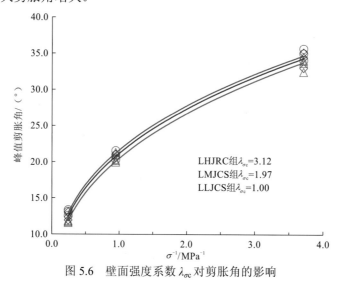

图 5.6　壁面强度系数 $\lambda_{\sigma c}$ 对剪胀角的影响

5.2　影响剪切行为的裂面形貌特征因素

5.2.1　单一形貌特征因素粗糙度统计参数的局限性

2D 粗糙度统计参数常常用来确定裂面的粗糙度系数 JRC 值，由于 JRC-JCS 剪切强度公式（Barton，1977，1973）在岩体工程中仍具有广泛应用，2D 统计参数仍具有较强的活力。目前，常常使用的 2D 统计参数主要有坡度均方根 Z_2、粗糙度指数 R_p，结构函数 SF 等（Yang et al.，2001；Yu et al.，1991；Maerz et al.，1990；Tse et al.，1979），然而通过分析发现这些参数都是从单一因素对裂面的粗糙度进行度量的。坡度均方根 Z_2 和粗糙度指数 R_p 的分析过程如式（2.8）~式（2.10）所示，结构函数 SF 的分析过程如式（5.9）和式（5.10）所示。

$$\text{SF} = \frac{1}{L}\sum_1^{n-1}(y_{i+1}-y_i)^2(x_{i+1}-x_i) = \frac{1}{n-1}\sum_1^{n-1}\frac{(y_{i+1}-y_i)^2}{(\Delta x)^2}(\Delta x)^2 = \frac{1}{n-1}\sum_{i=1}^{N-1}\tan^2\theta_i(\Delta x)^2 \quad (5.9)$$

$$L = \sum_1^{n-1}x_{i+1}-x_i \quad (5.10)$$

式中：x_i 为剖面线的位置；y_i 为 x_i 位置处剖面线的高度；L 为剖面线的投影长度。

表 5.2 总结了部分学者使用 2D 参数 Z_2、R_p、SF 对 10 条 JRC 标准轮廓线估算的结果，而 10 条 JRC 标准轮廓曲线的 JRC 值是通过剪切试验反算得到的（Barton，1977），从表 5.2 中可以发现，10 条 JRC 标准轮廓曲线的 JRC 值是逐渐增加的，但是不同学者在利用不同的 2D 统计参数对其进行估算时，所得到的统计参数值却不是逐渐增加的，都出现了异常结果。例如第 4 条 JRC 标准轮廓线的 JRC 值要比第 5 条小，然而 Yu 等（1991）、Tse 等（1979）和 Maerz 等（1990）在使用 R_p 对这两条 JRC 标准轮廓线进行度量时，所得到第 4 条 JRC 标准轮廓线的 R_p 值却比第 5 条大。这种异常现象表明仅考虑单一形貌特征因素也许不能很好地全面表征裂面的粗糙度，这可能与裂面的角度特征并不是影响裂面剪切行为的唯一因素有关，当然这种差异也可能与 JRC 标准轮廓线数字化的过程误差有关。

表 5.2　部分学者利用 2D 统计参数度量 JRC 值的总结

JRC 标准轮廓线编号	JRC 值	Z_2			R_p			SF		
		Yu 等（1991）	Yang 等（2001b）	Tatone 等（2010）	Yu 等（1991）	Tatone 等（2010）	Maerz 等（1990）	Yang 等（2001）	Yu 等（1991）	
									$\Delta x=0.5$ mm	$\Delta x=1.0$ mm
1	0.41	0.063	0.108	0.067	1.002	1.002	1.003	0.005 9	0.000 5	0.000 4
2	2.8	0.113	0.127	0.114	1.006	1.006	1.006	0.008 1	0.002 7	0.006 5
3	5.8	0.129	0.145	0.128	1.009	1.008	1.009	0.010 6	0.003 9	0.013 1
4	6.7	0.209	0.170	0.199	1.021	1.019	1.016	0.014 4	0.011 2	0.031 2
5	9.48	0.190	0.188	0.192	1.018	1.018	1.015	0.017 8	0.009 2	0.030 0

续表

JRC 标准轮廓线	JRC 值	Z_2			R_p			SF		
		Yu 等（1991）	Yang 等（2001b）	Tatone 等（2010）	Yu 等（1991）	Tatone 等（2010）	Maerz 等（1990）	Yang 等（2001）	Yu 等（1991）	
									$\Delta x = 0.5$ mm	$\Delta x = 1.0$ mm
6	10.78	0.221	0.216	0.213	1.024	1.022	1.024	0.023 2	0.012 6	0.043 9
7	12.8	0.262	0.259	0.239	1.033	1.027	1.028	0.033 4	0.017 3	0.052 3
8	14.51	0.281	0.259	0.277	1.037	1.036	1.038	0.033 4	0.019 4	0.071 4
9	16.68	0.306	0.324	0.325	1.043	1.048	1.037	0.052 1	0.023 9	0.075 0
10	18.69	0.387	0.402	0.395	1.067	1.069	1.058	0.080 1	0.037 7	0.121 7

注：红框内为统计参数的异常点。

很多学者提出了一些评价裂面 3D 形貌特征的 3D 粗糙度参数（Dong et al.，2017；葛云峰，2014；Tatone et al.，2009；Grasselli et al.，2002；Belem et al.，2000）。其中 Gresselli 等（2002）所提出的 3D 参数 $\theta_{max}^* / (C+1)$ 应用较为广泛。该参数中粗糙度 C 反映的是剪切视倾角 θ^* 的分布特性。因此 $\theta_{max}^* / (C+1)$ 在对裂面粗糙度进行度量时也只是一定程度上考虑了角度特征这个单一因素。另外，该参数中仅考虑了裂面剪切方向上的倾角与接触面积的关系。从形貌特征上考虑，该参数不能够区分类似于图 5.7 所示剪切方向上迎坡面的视倾角特征相同而背坡面不同的裂面。从剪切行为角度来看，从 4.3 节可知，不仅剪切方向上迎坡面的微凸体参与剪切过程，其背坡面也有可能对剪切起作用，因此该参数也不能用于区别图 5.7 中两组裂面的剪切行为。所以仅考虑裂面剪切方向上的形貌特征并不能全面地描述其形貌特征对剪切行为的影响，$\theta_{max}^* / (C+1)$ 是存在一定局限性的。

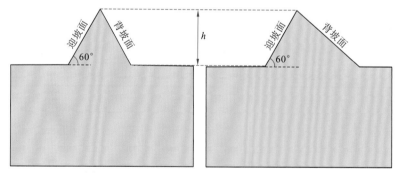

图 5.7　迎坡面相同而背坡面不同的两组裂面

5.2.2　试验方案

本章的目的是从影响裂面剪切行为的形貌特征入手，试图提出考虑多形貌特征的裂面剪切强度模型。为了探索影响裂面剪切行为的形貌特征因素，设计一系列的剪切试验，其形貌特征、试验方案及试验目的如表 5.3 所示。

表 5.3 剪切试验方案

裂面	形貌特征	试验方案	试验目的
5#裂面		法向应力 σ_n：0.01 MPa、0.05 MPa、1.0 MPa、2.0 MPa	研究角度特征对剪切行为的影响
6#裂面		法向应力 σ_n：0.01 MPa、0.05 MPa、1.0 MPa、2.0 MPa	与 5#裂面对比，研究高度特征对剪切行为的影响
4#裂面		剪切方向：0°、90°、180°、270°；法向应力 σ_n：0.60 MPa、2.39 MPa、4.77 MPa、9.55 MPa	分析背坡面对剪切行为的影响

3 组裂面试样的制作是借助 3D 扫描技术和 3D 打印技术完成的，其中在制作两种锯齿状裂面：5#裂面和 6#裂面时，其虚拟裂面模型是利用计算机辅助软件建立的。另外，浇筑裂面试样的材料为水泥、石英砂、水，其质量比与 4#裂面混凝土试样一样，其质量比为 1∶2∶0.5，力学参数如表 4.1 所示。按照试验方案，利用 RMT-150C 岩石力学试验系统对 3 组裂面试样进行不同试验条件下的剪切试验，每种试验条件下做 3 块试样。

5.2.3 角度特征对剪切行为的影响

角度特征常被用来描述裂面的形貌特征，从以上分析可知常用的统计参数 Z_2、R_p、SF 和 $\theta_{\max}^*/(C+1)$ 都考虑了该因素。利用锯齿状 5#裂面试样的剪切试验结果，进一步研究角度特征对剪切行为的影响。图 5.8 展示了 5#裂面在不同法向应力下典型的试验曲线和破坏特征。

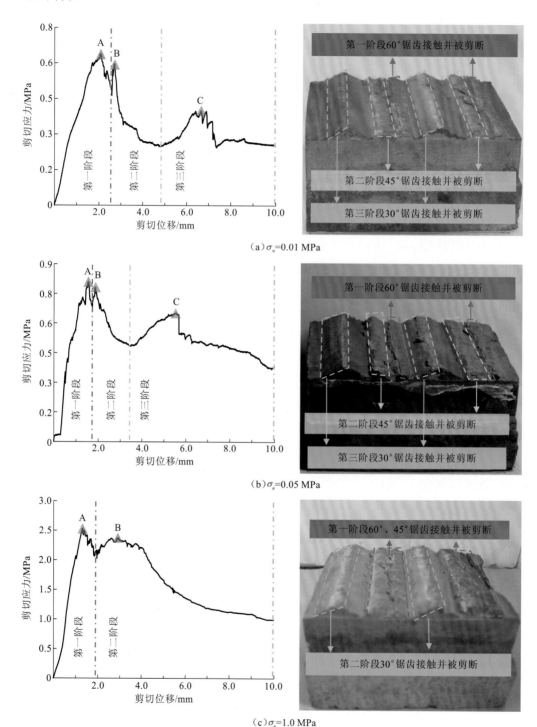

（a）σ_n=0.01 MPa

（b）σ_n=0.05 MPa

（c）σ_n=1.0 MPa

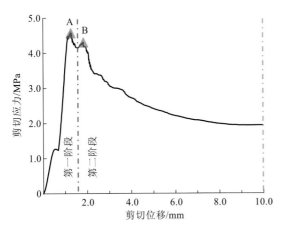
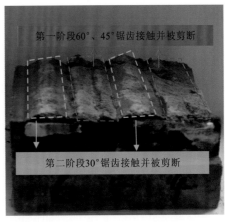

(d)σ_n=2.0 MPa

图 5.8　不同法向应力 σ_n 下 5#裂面的典型试验曲线和破坏特征

观察分析图 5.8（a）、（b）可知，5#裂面试样在法向应力为 0.01 MPa 和 0.05 MPa 时，其剪切应力-剪切位移试验曲线有 3 个峰值点，这与 Yang 等（2000）的试验结果类似。比较 5#裂面的 3 个剪切强度峰值点可以发现，3 个峰值点的值是依次下降的，即这 3 个峰值在下降，即满足 $\tau_{p\_A} > \tau_{p\_B} > \tau_{p\_C}$。部分学者指出，裂面的剪切强度与其粗糙度呈正相关的关系（Dong et al.，2017；Tang et al.，2016；Nasseri et al.，2010；Schneider，1976；Jaeger，1971）。结合 5#裂面表面锯齿的倾角特征与试验曲线特征，可以推断出 3 个剪切强度峰值点分别是由 60° 锯齿、45° 锯齿和 30° 锯齿的滑移剪断引起的。根据剪切强度峰值的数量，裂面的剪切过程可分为图 5.8（a）、（b）所示的 3 个阶段，裂面表面的倾角特征对剪切行为的影响符合以下规律。

（1）在某一法向应力下，裂面的剪切方向与其表面微凸体的倾角特征决定了裂面的接触状态。例如，在第一阶段中，在剪切过程中裂面相互接触的区域仅包括了剪切方向上 60° 锯齿的迎坡面，而剪切方向上 60° 锯齿的背坡面及 45° 锯齿和 30° 锯齿的迎坡面和背坡面都是相互分离的。

（2）裂面表面微凸体的倾角大小决定了其接触顺序，倾角越大，越容易接触。5#裂面在 3 个剪切阶段中，60° 锯齿、45° 锯齿和 30° 锯齿是按照锯齿倾角大小依次接触并起剪切作用的。

（3）裂面表面微凸体的倾角大小影响裂面的剪切强度。某一法向应力下，微凸体的倾角越大，所提供的抗剪力就越大。

然而从图 5.8（c）、（d）可以看出，在法向应力 σ_n=1.0 MPa 和 σ_n=2.0 MPa 作用下，5#裂面的试验曲线中只有两个剪切强度峰值点，这说明法向应力影响着裂面的接触状态。具体地说，对于同一个裂面，在某一个法向应力 σ_n 下，会对应一个确定的临界视倾角 $\theta^*_{critical}$，此种状态下，视倾角 θ^*_i 大于临界视倾角 $\theta^*_{critical}$ 的微元粗糙体都会同时接触；并且临界视倾角 $\theta^*_{critical}$ 与法向应力 σ_n 呈负相关，σ_n 越大，$\theta^*_{critical}$ 越小。对于 5#裂面，在 0.01 MPa 和 0.05 MPa 法向应力下，其 $\theta^*_{critical}$ 值均大于 45°，因此在剪切过程中，裂面表面上的 60°

锯齿、45°锯齿和30°锯齿是依次相互接触并被切断的，导致出现了3个峰值剪切强度。而在1.0 MPa和2.0 MPa法向应力下，其临界视倾角$\theta_{critical}^*$均处于35°～45°；在第一阶段剪切过程中，45°锯齿和60°锯齿沿剪切方向的迎坡面是同时接触的，在该种情况下，45°锯齿和60°锯齿同时被剪断。因此，这是5#裂面试样在较高法向应力下相比低法向应力少1个峰值剪切强度的原因。

根据上文的分析可知，裂面的接触状态是由法向荷载和其表面微凸体的倾角特征决定的，并且微凸体在剪切方向上相互接触是表面微凸体起到剪切作用的首要条件。对于同一个裂面，只有沿着剪切方向上的微凸体才有可能接触，并且其视倾角越大，越有可能接触；剪切方向上裂面表面微凸体是否能够接触还取决于法向应力，每个法向应力σ_n对应一个确定的$\theta_{critical}^*$；裂面表面倾角特征和$\theta_{critical}^*$共同决定了裂面的接触状态。而当法向应力σ_n确定时，裂面的接触状态可以完全由倾角决定，因此可以用倾角特征来反映剪切过程中裂面的接触状态。

值得指出的是，参数$\theta_{max}^*/(C+1)$虽然不能全面地描述裂面的形貌特征，但该参数是根据剪切方向上裂面的视倾角与接触面积的关系而提出的，一定程度上能够反映裂面倾角特征对其接触状态的影响。因此直接借助参数$\theta_{max}^*/(C+1)$来反映倾角特征对裂面剪切行为的影响，并记为接触系数$\theta_{contact}$，如式（5.11）所示。

$$\theta_{contact} = \frac{\theta_{max}^*}{C+1} \tag{5.11}$$

5.2.4　高度特征对剪切行为的影响

具有相同倾角特征的裂面其表面形貌特征也可能有很大差别，如表5.3所示，5#裂面和6#裂面具有相同的倾角特征，然而6#裂面的高度是5#裂面的两倍，直观观察两者的形貌特征具有明显的差异。由此可见，裂面的高度特征也是影响裂面形貌特征的关键因素。

为研究高度特征对剪切行为的影响，图5.9对比了5#裂面和6#裂面在法向应力为2.0 MPa时的典型试验曲线和破坏特征。对比两组试验结果可以发现，在相同的法向应力下，两组裂面的试验曲线和破坏特征具有一定的相似性，其剪切应力-剪切位移曲线都出现了两个明显的峰值点，剪胀曲线都经历了压密阶段，裂面表面45°锯齿和60°锯齿几乎都被剪断。然而由于其高度特征的不同，6#裂面的峰值剪切强度和剪胀程度都比5#裂面的大。为进一步分析高度特征对峰值剪切强度的影响，图5.10（a）对比了两组裂面在不同法向应力下的峰值强度特征，可以发现在相同的法向应力下，6#裂面的峰值剪切强度都要大于5#裂面。Liu等（2018）制作了一批角度特征相同而高度特征不同的裂面试样，并进行了不同法向应力下的剪切试验。图5.10（b）展示了Liu等（2018）的试验结果，可以发现在相同的法向应力下，裂面高度特征和剪切强度呈正相关的关系，并且两者具有较好的幂函数关系。由此可见，裂面的高度特征影响其峰值剪切强度特征和剪胀程度特征，并且这种影响是独立于倾角特征之外的，因此，在描述裂面形貌特征时有必要考虑高度特征这一因素。

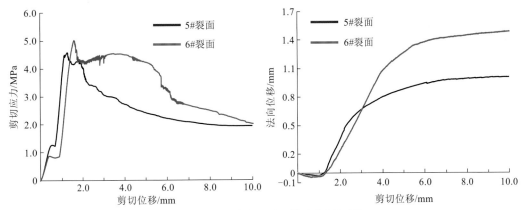

（a）5#裂面和6#裂面的试验曲线对比

（b）5#裂面和6#裂面的破坏特征对比

图 5.9　5#裂面和 6#裂面在 2.0 MPa 法向应力的试验结果对比

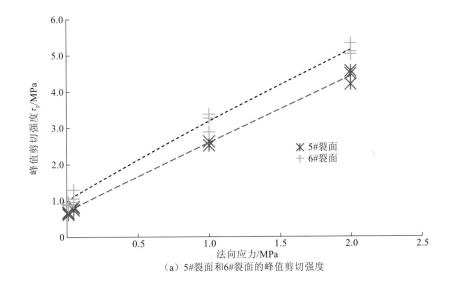

（a）5#裂面和6#裂面的峰值剪切强度

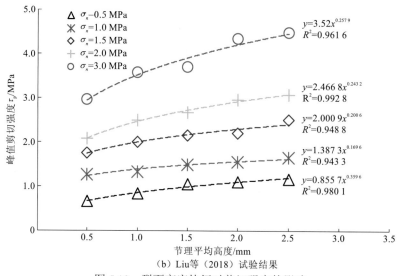

（b）Liu等（2018）试验结果

图 5.10　裂面高度特征对剪切强度的影响

　　接下来需要做的是如何合理地描述裂面的高度特征。Barton 等（1977，1973）通过对 136 种不同自然裂面的剪切试验，获得了具有代表性的 10 条 JRC 标准轮廓线，它们一定程度上能够反映自然裂面的形貌特征。因此，对 10 条 JRC 标准轮廓线的高度特征进行统计，曲线的高度是以中位基准面为参考面（Jiang et al.，2016），相对于裂面表面最低点的相对高度，其中 JRC 的取样间距为 0.5 mm，h_i 计算公式如式（5.12）所示。图 5.11 展示了 10 条 JRC 标准轮廓线高度特征的统计结果，可以发现，直观其高度特征的统计规律并未表现出明显的正态分布的典型特征，即峰值位于中部，两侧逐渐降低且左右大致对称。为进一步验证 10 条 JRC 标准轮廓线的高度特征是否符合正态分布，对其进行正态分布检验。由于样本数并不是太多，选择 Shapiro-Wilk（S-W）检验法（Shapiro et al.，1965）。表 5.4 给出了 10 条 JRC 标准轮廓线 S-W 检验的结果，可以发现其统计量 W 均接近 1，而显著性 Sig 值均小于 0.05，因此可以认为 10 条 JRC 标准轮廓线的高度特征并不符合正态分布。另外对 1#裂面和 4#裂面的高度特征进行了统计分析，其结果如图 5.12 所示，可以发现 4#裂面的高度频率直方图的分布特征基本符合正态分布的典型特征；而 1#裂面的高度频率直方图却与正态分布的典型特征具有明显的差异。

$$h_i = y_i - \min\{y_1, \cdots, y_i, \cdots, y_n\} \tag{5.12}$$

式中：y_i 为在裂面 x_i 位置处的高度。

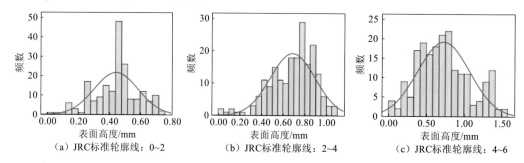

（a）JRC标准轮廓线：0~2　　　　（b）JRC标准轮廓线：2~4　　　　（c）JRC标准轮廓线：4~6

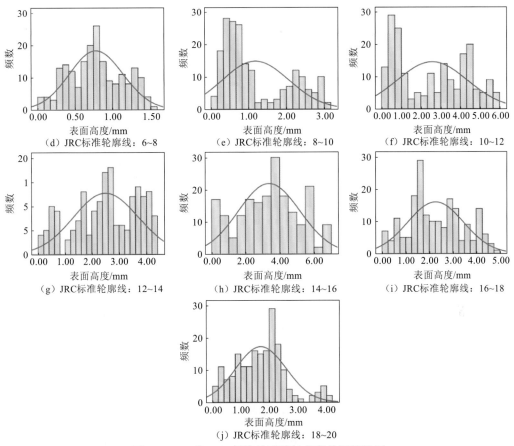

图 5.11　10 条 JRC 标准轮廓线的高度特征统计图

表 5.4　10 条 JRC 标准轮廓线高度特征的 Shapiro-Wilk 检验

JRC 标准轮廓线编号	W	df	Sig
1	0.97	191.00	3.37×10^{-4}
2	0.96	191.00	9.37×10^{-5}
3	0.98	191.00	3.48×10^{-3}
4	0.98	191.00	1.88×10^{-2}
5	0.86	191.00	4.80×10^{-12}
6	0.90	191.00	3.45×10^{-10}
7	0.95	191.00	3.98×10^{-6}
8	0.97	191.00	6.24×10^{-4}
9	0.97	191.00	6.78×10^{-4}
10	0.97	191.00	1.18×10^{-4}

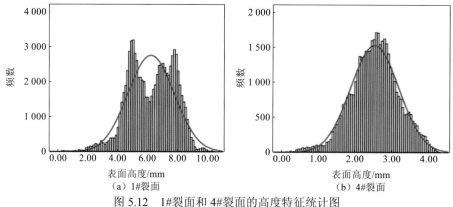

图 5.12　1#裂面和 4#裂面的高度特征统计图

通过以上分析可知，并不是所有裂面的高度特征都符合正态分布。为了更好地表征裂面高度特征的整体水平，引入如式（5.13）所示的高度中位值 H_{median} 的概念。这样做是因为当裂面的高度特征符合或者近似符合正态分布时，高度中位值与平均值相等或相近；而当裂面的高度特征不符合正态分布时，高度中位值要比平均值更能反映裂面的整体水平。另外，考虑自然裂面的复杂程度，构造无量纲参数 K_H 来表征裂面高度的分布特征，其定义如式（5.14）、式（5.15）所示。分布特征参数 K_H 反映的是裂面高度偏离平均值的程度，其 K_H 越大，表示局部裂面偏离平均高度越大，在满足接触条件时，在剪切过程中更容易被剪断。H_{median}、K_H 这两个参数考虑了裂面高度的中位值、平均值及分布特征，一定程度上能够较为全面地反映其表面的高度特征。

$$H_{median} = \mathrm{median}\{h_1, h_2, \cdots, h_i, \cdots, h_{n-1}, h_n\} = \begin{cases} h_{\left(\frac{n+1}{2}\right)}, & n\text{为奇数} \\ \dfrac{h_{\left(\frac{n}{2}\right)} + h_{\left(\frac{n+1}{2}\right)}}{2}, & n\text{为偶数} \end{cases} \quad (5.13)$$

式中：H_{median} 为裂面高度的中位值；h_i 为裂面 x_i 处相对于裂面最低点的高度；n 为总样本量；$h_{\left(\frac{n}{2}\right)}$ 为 h_i 中第 $\frac{n}{2}$ 个最小值；$h_{\left(\frac{n+1}{2}\right)}$ 为 h_i 中第 $\frac{n+1}{2}$ 个最小值。

$$K_H = \frac{\sqrt{\left(\dfrac{1}{n-1}\sum_i^n (h_i - \overline{h})^2 + \overline{h}^2\right)}}{\overline{h}} \quad (5.14)$$

$$\overline{h} = \frac{1}{n}\sum_1^n h_i \quad (5.15)$$

式中：K_H 为裂面高度的分布特征参数；$\overline{h}$ 为平均高度。

5.2.5　剪切方向背坡面对剪切行为的影响

由 4.3 节可知，当裂面发生剪断破坏时剪切方向上相互接触的迎坡面区域及所对应的背坡面区域都起到了抗剪作用。实际上，对于自然裂面而言，其破坏往往是一种复合破坏，既有爬坡磨损也有剪断破坏，因此，有必要考虑裂面坡面对剪切行为的影响。结合上文，对裂面背坡面对剪切行为影响的机理进行分析。如图 5.13 所展示的 7#裂面和 8#裂面，两者在剪切方向上的迎坡面形貌特征相同而背坡面不同。当两组裂面沿着下盘锯齿滑移到相同剪切位置时，其剪切方向的接触区域是相同的，即 AB 区域。当 σ_n 足够小时，两组裂面只发生滑移磨损破坏，剪切力主要是由裂面间的摩擦力提供，破坏也主要集中在相互接触的 AB 区域，此时背坡面几乎不提供剪切力。而当 σ_n 大到一定程度时，相互接触区域的锯齿将会被剪断，剪切力主要由锯齿的剪断力提供，此时参与剪切作用的区域包含了迎坡面和背坡面的整个抗剪区域。这种情况下，7#裂面的剪断区域是其抗剪区域 ABC，而对于锯齿状 8#裂面是抗剪区域 ABC′，两者的剪断破坏体积明显是不同的，因此剪断这两个区域的抗剪力也是有差异的。

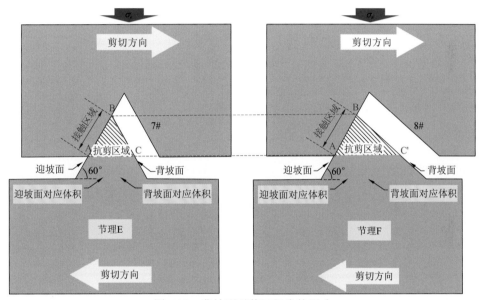

图 5.13　背坡面对剪切行为的影响

从上述分析可知，迎坡面相同而背坡面不同的裂面所表现出剪切行为的差异性原因之一是剪切破坏体积的不同。故对 4#裂面在不同试验条件下的总剪切破坏体积与剪切强度的关系进行统计分析，如图 5.14 所示。可以发现，无论剪切方向如何，其剪切强度都随着破坏体积的增加而增加，并且两者具有较好的幂函数关系（$R^2 = 0.9475$）。因此可以寻找一个与体积相关的量来表征剪切强度。然而剪切破坏体积不但与裂面形貌特征相关，还受到法向应力、剪切位移的影响，剪切之前确定剪切破坏体积几乎是不可能的。庆幸的是，最大的可能剪切破坏体积 $V_{\max}$ 是可以确定的，它是沿着表面最低点将裂面全部剪断时的体积，可用式（5.16）表示。当裂面表面部分被破坏时，其破坏体积 V 是 $V_{\max}$ 的一部分，其具体关系与法向应力和剪切位移有关，因此可以用最大的剪切破坏体积来反映裂面抵抗剪切的能力。

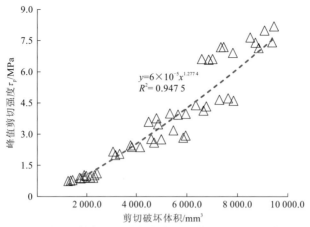

图 5.14　4#裂面试样在不同法向应力不同剪切方向下的总破坏体积

实际上，裂面点云数据在参与运算的过程中，往往都会对其进行等间距处理，此时投影面积 S_{ij} 便是与点云间距 ΔI 相关的常数，而 $V_{\max}$ 便可以写作式（5.17）。从式（5.17）可以看出 $V_{\max}$ 实际上是与高度特征相关的量，这说明高度特征一定程度可以反映裂面的剪切体积特征。对比图 5.10 和图 5.14 可知，裂面的高度特征和破坏体积都与剪切强度具有较好的幂函数关系，这也可以从侧面反映两者存在一定的相关性。因此，这两个特征因素只需选择一个即可，而本章选择用裂面的高度特征因素。然而由于高度特征是一个标量，它无法表征剪切背坡面对剪切的影响。进一步观察图 5.13 所示的两组裂面，两者迎坡面所对应的体积是相同的，其区别在于背坡面对应的体积，并且背坡面体积所占总体积的比例越大，其抵抗力越大。因而引入参数 V_{ration} 来表征背坡面对剪切行为的影响，该值越大，表明裂面对剪切的抵抗力越大，其定义如式（5.18）所示。

$$V_{\max} = \sum \Delta V_{ij} = \sum \left[\frac{1}{3}(h_{ij\_1} + h_{ij\_2} + h_{ij\_3})S_{ij} \right] \tag{5.16}$$

$$V_{\max} = \frac{1}{6}\Delta I^2 \sum (h_{ij\_1} + h_{ij\_2} + h_{ij\_3}) \tag{5.17}$$

$$V_{\text{ration}} = \frac{\sum V_{(\theta_i^*)^-}}{V_{\text{total}}} \tag{5.18}$$

式中：h_{ij_1}、h_{ij_2}、h_{ij_3} 为微元微凸体 3 个顶点的高度；ΔI 为点云间隔；$V_{(\theta_i^*)^-}$ 为视倾角 θ_i^* 小于零所对应的体积；V_{total} 为裂面相对于其最低点时的总体积。

5.3　考虑多形貌特征的岩体裂面 3D 剪切强度模型

5.3.1　岩体裂面 3D 形貌特征指标 SRC

由上文分析可知，裂面的角度特征、高度特征、背坡面形貌特征对其剪切行为都有一定影响，并由此提出了相关参数 θ_{contact}、H_{median}、K_H、V_{ration} 来度量这些因素。接下来要做的就是如何利用这些参数合理地定量表征裂面的形貌特征。目前，JRC-JCS 剪切强度公式（Barton，1977，1973）在岩体工程中仍具有广泛应用，其中国际岩石力学学会推荐的确定该公式中参数 JRC 值的方法是依靠 10 条 JRC 标准轮廓线（图 5.15），它们一定程度上能够代表裂面的粗糙度。而本小节利用上述因素对这 10 条 JRC 标准轮廓线进行分析，进而确定合理地描述裂面粗糙度的方法。

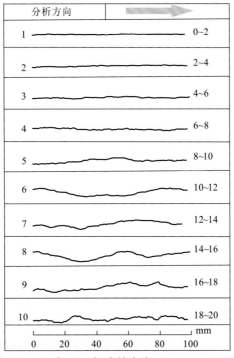

图 5.15　10 条 JRC 标准轮廓线（Barton，1973）

上文的参数都是从 3D 角度提出的，而 10 条 JRC 标准轮廓线是 2D 的，因此需要对参数进行 2D 化处理。实际上，这些参数中有两个参数需要 2D 化处理，一个是 θ_{contact}，另一个是 V_{ration}。指标 θ_{contact} 实际上就是 3D 参数 $\theta_{\text{max}}^*/(C+1)_{\text{3D}}$，Tatone 等（2010）已经对其进行了 2D 处理，如式（5.19）所示，具体过程参考 Tatone 等（2010）的文章。指标 V_{ration} 的 2D 化处理本质上是针对微元体积 V_{ij} 的 2D 化，在 2D 中与 V_{ij} 对应的是面积 S_{ij}，其计算公式如式（5.20）所示，此时 V_{ration} 可由式（5.21）确定。

$$L_{\theta^*} = L_0 \left(\frac{\theta_{\text{max}}^* - \theta^*}{\theta_{\text{max}}^*} \right) \tag{5.19}$$

式中：L_0 为裂面剖面线上视倾角大于 0 部分的长度总和；θ^* 为剪切方向的视倾角；θ_{max}^* 为视倾角的最大值；C 为粗糙度参数。

$$S_{ij} = \frac{1}{2}(h_{i-1} + h_i)\Delta x \tag{5.20}$$

$$V_{\text{ration}} = \frac{\sum S_{(\theta_i^*)^-}}{S_{\text{total}}} \tag{5.21}$$

式中：h_i 为裂面剖面线 x_i 位置处相对于其表面最低的高度；Δx 为采样间隔；$S_{(\theta_i^*)^-}$ 为微凸体视倾角 $\theta_i^* < 0$ 所对应的面积；S_{total} 为裂面相对于其表面最低点时的总面积。

接下来利用参数 $\theta_{contact}$、H_{median}、K_H、V_{ration} 来度量 10 条 JRC 标准轮廓线。然而参数 $\theta_{contact}$ 和 V_{ration} 是有方向性的，并且学者们也已经指出 10 条 JRC 标准轮廓线也是各向异性的（Tatone et al.，2010；Kulatilake et al.，1995），因此分析方向的选择对这两个参数是有影响的。需要指出的是，Barton（1977，1973）在给出 10 条 JRC 标准轮廓线的准确 JRC 值时并没有指出分析方向。然而经过分析发现，当沿着图 5.15（a）所示分析方向，利用参数 $\theta_{contact}$、H_{median}、K_H、V_{ration} 所组成的如式（5.22）所示模型来度量 10 条 JRC 标准轮廓曲线时，其估算值与 JRC 值具有很好的对数函数关系，其相关系数高达 0.988 2，如图 5.16 所示。因此，为了更好地预测 JRC 值，采用式（5.22）所示模型来度量裂面的形貌特征，并命名为剪切粗糙度系数（shear roughness confficient，SRC）。当使用 SRC 确定 2D 剖面线的 JRC 值时，建议采用式（5.23）所示的拟合公式，其中采样间隔为 0.5 mm。另外从图 5.16 中可以看出，10 条 JRC 标准轮廓线的 SRC 值是随着其 JRC 值的增加而增加的，并未出现类似于表 5.2 所示的异常点。

$$SRC = \theta_{contact} \cdot K_H \cdot H_{median}^{0.2} \cdot V_{ration}^{0.5} \qquad (5.22)$$

$$JRC = 9.744\,8 \cdot \ln SRC - 8.471\,4 \qquad (5.23)$$

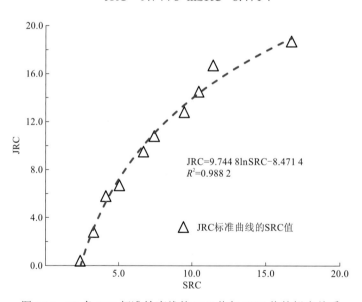

图 5.16　10 条 JRC 标准轮廓线的 JRC 值与 SRC 值的拟合关系

需要说明的是，Barton（1977，1973）指出 JRC 值的范围为 0～20，根据式（5.23），SRC 值的范围为 2.385 3～17.513 0。另外，SRC 中的参数 K_H 是基于裂面表面高度特征的统计分析得到的，因此剪切粗糙度系数 SRC 更适合描述自然裂面的形态特征。事实上，当裂面的表面为平面时，是不考虑粗糙度对剪切强度的影响的，此时剪切强度符合简单的莫尔-库仑准则。

5.3.2　SRC 适用性分析

在岩体工程中，JRC-JCS 剪切强度公式常常被用来估算岩体的剪切强度，而 2D 形貌特征参数一个重要的用途就是确定该公式中的参数之一粗糙度 JRC 值。为了分析 2D 参数 SRC_{2D} 的合理性，利用该参数和其他 2D 参数 Z_2、R_p、SF、$\theta_{max}^* / (C+1)_{2D}$、$(\overline{\theta}^* / n)^{1.05} h^{0.4}$，分别度量 Zhang 等（2016）、Liu 等（2018）文献中的裂面及 4#裂面沿 0° 和 90° 剪切方向的 2D 形貌特征。

Zhang 等（2016）和 Liu 等（2018）是沿着裂面剪切方向每间隔 10 mm 提取了 1 条剖面线，4#裂面同样也沿着剪切方向每隔 10 mm 提取 1 条剖面线，4 组 2D 剖面线的形貌特征如图 5.17 所示。借助软件编程利用以上 2D 参数分别度量 4 组裂面每条剖面线的形貌特征，其结果如表 5.5 所示。部分学者建立了这些 2D 参数与 JRC 值的拟合关系，其拟合关系式和相关系数如表 5.6 所示。利用这些拟合关系式分别计算每条剖面线的 JRC 值。再次观察图 5.17 可知，4 组剖面线的长度与 10 条 JRC 标准轮廓线的长度是不同的，而 Barton 等（1985）研究表明裂面的 JRC 值是存在尺寸效应的，并给出了不同尺寸与标准尺寸（100 mm）的 JRC 值关系式，如式（5.24）所示。另外由于 JRC-JCS 剪切强度公式是在标准尺寸下提出的（Barton，1977，1973），故有必要利用式（5.24）将不同尺寸下剖面线的 JRC 值转为标准尺寸下的 JRC 值，其结果见表 5.5。从表 5.5 中可知，相同的剖面线利用不同的参数所计算的 JRC 值是不同的。另外在利用 Z_2 和 R_p 度量 4#裂面沿 0° 方向的粗糙度时，一些剖面线的 JRC 值是负数（已标成红色），这表明相比于其他几个参数，这两个参数所能度量裂面粗糙度的下限范围较窄。

$$\text{JRC}_n = \text{JRC}_0 \cdot \left(\frac{L_n}{L_0} \right)^{-0.02 \cdot \text{JRC}_0} \tag{5.24}$$

式中：L_n 为剖面线的实际长度；L_0 为 10 条 JRC 标准轮廓线长度（100 mm）；JRC_n 为剖面线在实际长度下的 JRC 值；JRC_0 为剖面线在标准轮廓线长度下的 JRC 值。

将利用不同 2D 参数计算所得到的 JRC 值代入式（5.1）所示的 JRC-JCS 剪切强度公式中，计算 4 组裂面在不同试验条件下的剪切强度，其中每组裂面的 JRC 值为每组裂面剖面线的平均值，4 组裂面的具体参数及计算结果见表 5.7。为分析不同 2D 参数计算 JRC 值所估算裂面强度的可靠程度，定义式（5.25）所示的剪切强度的平均估算误差，计算结果如表 5.7 所示。从计算结果可以发现，相对于其他 2D 参数，参数 SRC_{2D} 计算所得的 JRC 值在估算剪切强度时其估算误差最小，这表明在 2D 条件下，参数 SRC_{2D} 是合理的，并且在估算 JRC 值具有更好的可靠性。

$$\overline{\delta}_\tau = \frac{1}{m} \sum_{j=1}^{m} \left| \frac{\tau_{p,mea} - \tau_{p,cal}}{\tau_{p,mea}} \right| \tag{5.25}$$

式中：$\tau_{p,mea}$ 为试验测量的剪切强度平均值；$\tau_{p,cal}$ 为计算所得的剪切强度；$\overline{\delta}_\tau$ 为估算的剪切强度平均误差。

表 5.5　剖面线的 2D 参数和拟合的 JRC 值

参考文献	剖面线	Z_2	R_P	SF	$\frac{\theta^*_{max}}{(C+1)}_{2D}$	SRC_{2D}	Z_2	R_P	SF	$\frac{\theta^*_{max}}{(C+1)}_{2D}$	$\left(\frac{\bar{\theta^*}}{n}\right)^{1.05} h^{0.4}$	SRC_{2D}
							标准尺寸下的拟合 JRC 值					
Zhang 等（2016）	P1	0.167	1.013	0.007	4.902	3.681	7.481	7.891	2.105	4.177	4.496	4.380
	P2	0.231	1.026	0.031	3.793	2.657	12.968	12.678	14.373	2.100	10.983	1.061
	P3	0.208	1.021	0.011	7.679	7.304	11.197	11.045	5.422	9.127	10.399	12.022
	P4	0.261	1.033	0.046	5.225	4.472	15.242	15.099	17.941	4.768	19.036	6.453
	P5	0.251	1.030	0.016	8.040	8.783	14.518	14.270	8.512	9.756	10.401	14.259
	P6	0.253	1.031	0.016	6.788	7.435	14.677	14.423	8.654	7.565	10.256	12.233
	P7	0.270	1.035	0.018	8.328	9.445	15.857	15.745	9.679	10.255	12.113	15.166
	P8	0.272	1.036	0.018	9.582	10.958	16.007	16.033	9.781	12.425	15.699	17.064
	P9	0.296	1.041	0.028	4.922	4.650	17.585	17.635	13.261	4.214	16.759	6.878
	P10	0.296	1.040	0.022	8.504	9.609	17.575	17.568	11.214	10.561	18.087	15.382
	P11	0.285	1.038	0.068	3.504	3.140	16.878	16.795	21.938	1.540	13.274	2.738
	P12	0.239	1.028	0.014	8.876	9.998	13.597	13.386	7.607	11.205	12.478	15.885
	P13	0.231	1.026	0.013	7.999	8.193	12.969	12.689	7.041	9.684	9.728	13.405
	P14	0.226	1.025	0.013	9.640	9.537	12.652	12.369	6.826	12.525	7.968	15.288
					标准尺寸下的平均 JRC 值							
Liu 等（2018）	P1	0.237	1.025	0.014	7.950	6.484	14.229	14.116	10.311	7.850	12.263	10.873
	P2	0.235	1.026	0.014	9.620	9.370	13.289	12.982	7.331	12.490	10.749	15.065

续表

参考文献	剖面线	标准尺寸下的平均 JRC 值					标准尺寸下的拟合 JRC 值					
		Z_2	R_P	SF	$\dfrac{\theta^*_{max}}{(C+1)_{2D}}$	SRC$_{2D}$	Z_2	R_P	SF	$\dfrac{\theta^*_{max}}{(C+1)_{2D}}$	$\left(\dfrac{\theta^*}{n}\right)^{1.05} h^{0.4}$	SRC$_{2D}$
Liu 等（2018）	P3	0.252	1.031	0.017	9.457	8.967	14.589	14.415	8.836	12.209	13.269	14.516
	P4	0.257	1.032	0.016	7.792	7.444	14.924	14.774	8.822	9.324	13.773	12.248
	P5	0.309	1.045	0.029	9.976	11.052	18.452	18.912	13.683	13.105	22.721	17.174
	P6	0.309	1.045	0.024	9.367	10.850	18.411	18.914	11.971	12.053	15.411	16.935
	P7	0.322	1.049	0.026	9.350	10.751	19.258	19.995	12.698	12.025	16.722	16.816
	P8	0.334	1.052	0.028	12.528	15.134	19.966	21.075	13.341	17.520	19.377	21.420
	P9	0.301	1.043	0.023	6.969	7.332	17.928	18.209	11.559	7.884	16.672	12.068
	P10	0.359	1.057	0.034	10.063	11.643	21.435	22.564	15.055	13.255	26.811	17.856
	P11	0.319	1.047	0.025	7.215	7.605	19.055	19.448	12.552	8.315	18.440	12.504
	P12	0.295	1.041	0.026	9.723	10.753	17.510	17.788	12.598	12.667	17.287	16.819
	P13	0.285	1.038	0.020	10.078	10.851	16.846	16.875	10.552	13.280	14.262	16.936
	P14	0.281	1.038	0.020	10.693	10.584	16.628	16.726	10.371	14.342	13.590	16.614
							17.266	17.523	11.206	12.005	16.145	15.542
4#裂面沿 0°剪切方向	P1	0.089	1.004	0.002	4.298	3.476	-2.004	2.429	-7.415	2.913	3.756	3.567
	P2	0.101	1.005	0.003	4.211	3.350	-0.091	3.237	-5.166	2.807	3.456	3.285
	P3	0.104	1.005	0.003	4.786	4.154	0.272	3.417	-4.724	3.851	4.720	5.430
	P4	0.150	1.010	0.006	3.859	3.363	5.599	6.146	0.513	2.197	4.235	3.374
	P5	0.081	1.003	0.002	3.061	2.432	-3.302	1.974	-8.133	0.666	2.842	0.188

续表

参考文献	剖面线	标准尺寸下的平均 JRC 值					标准尺寸下的拟合 JRC 值					
		Z_2	R_P	SF	$\frac{\theta^*_{\max}}{(C+1)}_{2D}$	SRC_{2D}	Z_2	R_P	SF	$\frac{\theta^*_{\max}}{(C+1)}_{2D}$	$\left(\frac{\theta^*}{n}\right)^{1.05} h^{0.4}$	SRC_{2D}
4#裂面沿0°剪切方向	P6	0.082	1.003	0.002	3.414	2.614	-3.062	2.066	-7.883	1.357	2.277	0.896
	P7	0.150	1.010	0.006	4.186	3.271	5.579	5.897	0.467	2.808	4.057	3.108
	P8	0.115	1.006	0.003	5.755	4.457	1.706	4.166	-3.287	5.541	4.649	6.185
	P9	0.095	1.004	0.002	3.633	2.590	-1.085	2.836	-6.071	1.767	2.459	0.802
	P10	0.129	1.008	0.004	4.796	4.300	3.382	4.940	-1.609	3.822	5.974	5.667
	P11	0.221	1.019	0.012	3.942	3.345	10.225	8.694	5.814	2.295	7.102	3.213
标准尺寸下的平均 JRC 值							1.565	4.164	-3.409	2.729	4.139	3.247
4#裂面沿90°剪切方向	P1	0.175	1.015	0.008	7.551	6.283	7.274	7.483	2.645	7.782	5.759	8.796
	P2	0.186	1.017	0.009	7.476	6.718	8.447	8.453	3.577	8.018	6.071	9.862
	P3	0.195	1.018	0.009	8.018	7.067	9.325	9.190	4.263	9.045	6.473	10.673
	P4	0.163	1.013	0.007	7.787	5.951	6.794	7.367	1.679	8.826	4.063	9.109
	P5	0.160	1.012	0.006	6.672	4.935	6.602	7.129	1.457	7.098	4.880	7.257
	P6	0.189	1.017	0.009	8.500	7.712	9.088	8.848	3.836	10.050	7.565	11.945
	P7	0.264	1.031	0.017	11.539	10.167	14.268	13.614	8.860	14.591	11.666	14.840
	P8	0.212	1.021	0.011	9.748	8.141	10.731	10.466	5.520	11.802	9.201	12.329
	P9	0.252	1.028	0.016	9.617	8.681	13.064	12.242	7.974	11.385	9.765	12.715
	P10	0.202	1.019	0.010	8.232	7.620	9.583	9.313	4.739	9.101	8.764	11.031
	P11	0.184	1.016	0.008	7.075	5.416	7.893	7.942	3.311	7.139	5.248	7.524
标准尺寸下的平均 JRC 值							9.370	9.277	4.351	9.531	7.223	10.553

表 5.6　2D 参数与 JRC 值的拟合关系

2D 统计参数	与 JRC 值的关系	相关系数 R^2	参考文献
Z_2	$JRC = 32.69 + 32.98 \lg Z_2$	0.993	Yang 等（2001b）
R_p	$JRC = 92.07 \sqrt{R_p} - 3.28$	0.974	Yu 等（1991）
SF	$JRC = 37.63 + 16.5 \lg SF$	0.993	Yang 等（2001b）
$\theta^*_{max} / (C+1)_{2D}$	$JRC = 3.95[\theta^*_{max} / (C+1)_{2D}]^{0.7} - 7.98$	0.971	Tatone 等（2010）
$(\overline{\theta}^* / n)^{1.05} h^{0.4}$	$JRC = (\overline{\theta}^* / n)^{1.05} h^{0.4}$	—	Liu 等（2018）

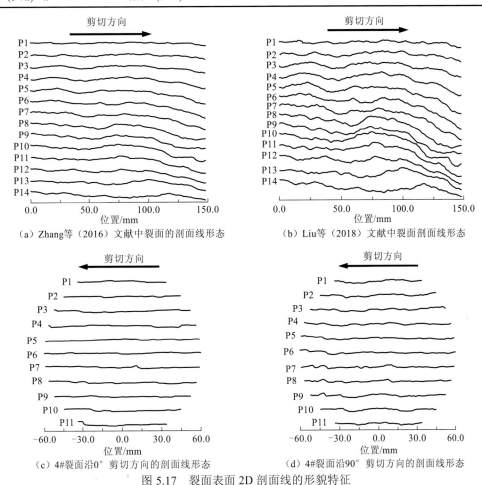

（a）Zhang 等（2016）文献中裂面的剖面线形态　　　　（b）Liu 等（2018）文献中裂面剖面线形态

（c）4#裂面沿 0° 剪切方向的剖面线形态　　　　（d）4#裂面沿 90° 剪切方向的剖面线形态

图 5.17　裂面表面 2D 剖面线的形貌特征

　　现有理论和实验分析表明裂面的剪切强度受其形貌特征影响，剪切强度的各向异性特征主要是由裂面形貌特征的各向异性决定的，并且从 4.1 节可知，裂面的形貌特征与其剪切强度具有相似的各向异性特征。图 5.18 展示了 4#裂面沿 0°、90°、180° 和 270° 方向的 3D 剪切粗糙度系数 SRC_{3D} 的值，还给出该剪切方向在法向应力 2.39 MPa 下的剪切强度。从该图可以发现，裂面的 SRC_{3D} 值和强度都满足 90° > 270° > 0° > 180° 的关系，两者表现出相似的各向异性特征，这与部分学者及上文中的研究结果是类似的，这说明 SRC_{3D} 能够合理地表征裂面的 3D 形貌特征。

表 5.7　裂面的测量剪切强度与不同 2D 参数估算的剪切强度对比

2D 剖面线	φ_j/(°)	JCS /MPa	σ_n /MPa	试验测量的 τ_p/MPa	估算所得 τ_p/MPa						估算误差					
					Z_2	R_p	SF	$\frac{\theta^*_{\max}}{(C+1)_{2D}}$	$\left(\frac{\overline{\theta^*}}{n}\right)^{0.4}h$	SRC_{2D}	Z_2	R_p	SF	$\frac{\theta^*_{\max}}{(C+1)_{2D}}$	$\left(\frac{\overline{\theta^*}}{n}\right)^{1.05}h^{0.4}$	SRC_{2D}
Zhang 等 (2016)	35	35.1	0.5	0.676	0.912	0.904	0.689	0.585	0.789	0.716	0.349	0.337	0.019	0.134	0.167	0.059
			1	1.354	1.539	1.529	1.232	1.039	1.374	1.208	0.137	0.129	0.090	0.233	0.015	0.108
			1.5	1.535	2.102	2.090	1.733	1.535	1.905	1.774	0.369	0.361	0.128	0.000	0.241	0.155
			2	1.916	2.626	2.613	2.208	1.994	2.405	2.279	0.371	0.364	0.152	0.041	0.256	0.190
			3	2.744	3.601	3.585	3.108	2.866	3.343	3.221	0.312	0.307	0.133	0.044	0.219	0.174
Liu 等 (2018)	31	22	0.5	0.695	0.842	0.855	0.582	0.574	0.786	0.694	0.212	0.231	0.162	0.174	0.131	0.001
			1	1.205	1.382	1.398	1.035	1.038	1.311	1.214	0.147	0.160	0.141	0.138	0.088	0.008
			1.5	1.716	1.858	1.876	1.449	1.461	1.777	1.674	0.083	0.093	0.155	0.149	0.035	0.024
			2	2.284	2.295	2.315	1.841	1.849	2.207	2.087	0.005	0.013	0.194	0.190	0.034	0.086
			3	3.102	3.095	3.117	2.577	2.624	2.997	2.914	0.002	0.005	0.169	0.154	0.034	0.061
4#裂面沿0° 剪切方向	31.67	47.75	0.6	0.893	0.415	0.496	0.282	0.450	0.495	0.466	0.536	0.444	0.684	0.496	0.446	0.478
			2.39	2.413	1.594	1.807	1.230	1.686	1.804	1.729	0.339	0.251	0.490	0.301	0.252	0.283
			4.77	3.980	3.126	3.445	2.564	3.292	3.441	3.362	0.215	0.134	0.356	0.173	0.135	0.155
			9.55	7.103	6.146	6.583	5.356	6.424	6.579	6.529	0.135	0.073	0.246	0.096	0.074	0.081
4#裂面沿90° 剪切方向	31.67	47.75	0.6	1.016	0.702	0.697	0.502	0.657	0.608	0.698	0.309	0.314	0.506	0.353	0.402	0.313
			2.39	2.990	2.296	2.286	1.823	2.239	2.082	2.338	0.232	0.235	0.390	0.251	0.304	0.218
			4.77	4.666	4.153	4.139	3.468	4.189	3.848	4.345	0.110	0.113	0.257	0.102	0.175	0.069
			9.55	7.870	7.520	7.502	6.615	7.770	7.123	7.994	0.044	0.047	0.159	0.013	0.095	0.016
平均估算误差											0.217	0.201	0.246	0.169	0.172	0.138

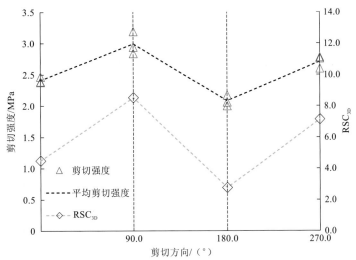

图 5.18　4#裂面剪切强度的各向异性与参数 SRC$_{3D}$ 的关系

　　利用 3D 剪切粗糙度系数 SRC$_{3D}$ 和 3D 参数 $\theta^*_{max}/(C+1)_{3D}$，每间隔 5°（共 72 个分析方向）分别度量自然 1#裂面[图 2.10（a）]、3#裂面[图 2.10（c）]、4#裂面[图 4.1（a）]的表面形貌特征，其结果如图 5.19 所示。从图中可知，3 组裂面的 SRC$_{3D}$ 值和 $\theta^*_{max}/(C+1)_{3D}$ 都随着分析方向的改变而改变，并且两个参数值的变化趋势具有较好的一致性。学者已

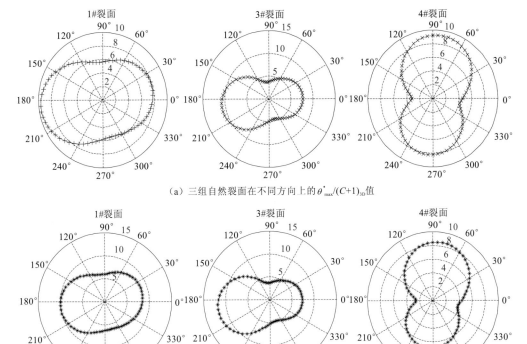

图 5.19　3 组自然裂面在不同方向上的 $\theta^*_{max}/(C+1)_{3D}$ 值和 SRC$_{3D}$ 值

经证实 $\theta^*_{\max}(C+1)_{3D}$ 参数可以表征裂面的各向异性（Tatone et al.，2009；Grasselli et al.，2003），因此，上述现象表明 SRC_{3D} 也能够较好地表征裂面的各向异性特征，在一定程度上也可以说明 SRC_{3D} 是可靠的。

5.3.3　三维剪切强度模型及验证

剪切粗糙度系数 SRC 是从 2D 角度通过对 10 条 JRC 标准轮廓线的分析而提出的，但是 SRC 中的每个参数都有其对应的 3D 形式，如果直接利用 3D 剪切粗糙度系数 SRC_{3D} 值来度量裂面的形貌特征并确定其 JRC 值，可能比通过 2D 剖面线得到的 JRC 值更为合理。为了验证这个猜想，做了如下工作。

（1）利用 3D 打印技术和 3D 扫描技术浇筑了一批含有 1#裂面、3#裂面、4#裂面表面特征的混凝土试样，并对其进行了不同试验条件下的剪切试验，其试样的基本参数、试验条件及对应的峰值剪切强度如表 5.8 所示。

表 5.8　试验测量剪切强度与 SRC_{3D} 和 SRC_{2D} 估算剪切强度的对比

裂面	JRC值		φ_b/ (°)	JCS/MPa	σ_n/MPa	试验测量的 τ_p/MPa	估算所得的 τ_p/MPa		估算误差	
	SRC_{2D}	SRC_{3D}					SRC_{2D}	SRC_{3D}	SRC_{2D}	SRC_{3D}
4#裂面										
0°剪切方向	3.247	6.189	31.67	47.75	0.6	0.893	0.466	0.568	0.478	0.364
					2.39	2.413	1.729	1.986	0.283	0.177
					4.77	3.980	3.362	3.708	0.155	0.068
					9.55	7.103	6.529	6.937	0.081	0.023
90°剪切方向	10.553	12.424	31.67	47.75	0.6	1.016	0.698	0.866	0.313	0.148
					2.39	2.990	2.338	2.638	0.218	0.118
					4.77	4.666	4.345	4.622	0.069	0.009
					9.55	7.870	7.994	8.115	0.016	0.031
180°剪切方向	0.048	0.754	31.67	47.75	0.6	0.702	0.371	0.391	0.471	0.443
					2.39	1.907	1.478	1.531	0.225	0.197
					4.77	3.517	2.948	3.030	0.162	0.138
					9.55	6.610	5.899	6.013	0.108	0.090
270°剪切方向	8.833	10.706	31.67	47.75	0.6	0.960	0.677	0.769	0.295	0.199
					2.39	2.713	2.241	2.440	0.174	0.101
					4.77	4.293	4.075	4.353	0.051	0.014
					9.55	7.407	7.419	7.776	0.002	0.050
1#裂面	13.180	15.865	34.00	20.91	0.27	0.635	0.448	0.553	0.295	0.129
					1.06	1.486	1.312	1.489	0.117	0.002
					4.21	4.320	3.950	4.216	0.086	0.024

续表

裂面	JRC值		φ_b/(°)	JCS/MPa	σ_n/MPa	试验测量的 τ_p/MPa	估算所得的 τ_p/MPa		估算误差	
	SRC$_{2D}$	SRC$_{3D}$					SRC$_{2D}$	SRC$_{3D}$	SRC$_{2D}$	SRC$_{3D}$
3#裂面	11.223	15.443	35.72	49.00	0.05	0.432	0.132	0.352	0.694	0.185
					0.50	1.237	0.802	1.148	0.351	0.072
					1.00	1.728	1.412	1.867	0.183	0.080
					2.00	2.974	2.497	3.100	0.160	0.043
					5.00	5.533	5.333	6.181	0.036	0.117
平均估算误差									0.209	0.118

（2）利用 2D 剪切粗糙度系数 SRC$_{2D}$ 和 3D 剪切粗糙度系数 SRC$_{3D}$ 分别度量 3 组裂面试样的形貌特征，并将其值分别代入式（5.23）中确定裂面的 JRC 值，其中 2D 剖面线是沿着裂面的剪切方向每间隔 10 mm 提取一条。考虑 JRC 值的尺寸效应，利用式（5.24）将其转化为标准尺寸下的 JRC 值，SRC$_{2D}$ 和 SRC$_{3D}$ 所得到的 JRC 值如表 5.8 所示。

（3）分别将 SRC$_{2D}$ 和 SRC$_{3D}$ 所确定的 JRC 值代入 JRC-JCS 剪切强度公式［式（5.1）］中来估算 3 组裂面在不同试验条件下的剪切强度，并与试验所测得的剪切强度对比，其结果如图 5.20 和表 5.8 所示。

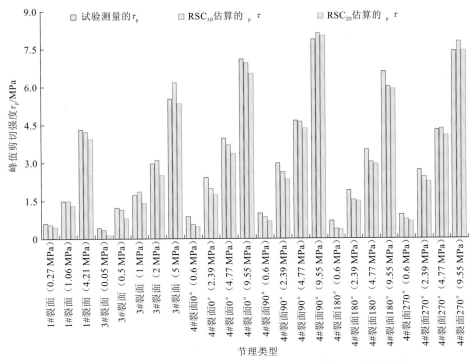

图 5.20　试验测量剪切强度与 SRC$_{3D}$ 和 SRC$_{2D}$ 估算剪切强度的对比

　　从对比结果可知，3D 剪切粗糙度系数 SRC_{3D} 确定的 JRC 值所估算的剪切强度更接近试验测量的剪切强度，其估算误差比 SRC_{2D} 所估算的剪切强度误差要小。如果将式（5.23）代入式（5.1）中，就可以得到改进的 JRC-JCS 剪切强度公式，如式（5.26）所示。

$$\tau_{\text{p}} = \sigma_n \tan\left[(9.744\,8 \cdot \ln SRC - 8.471\,4) \cdot \lg\left(\frac{JCS}{\sigma_n}\right) + \varphi_{\text{b}}\right] \tag{5.26}$$

　　该公式以 SRC 为桥梁，将 JRC-JCS 剪切强度公式由 2D 裂面推广到 3D 裂面，并且从以上分析可知，当采用改进的 3D JRC-JCS 剪切强度公式估算的剪切强度时其精度也有所提高。另外，因为 SRC 具有方向性，改进的 JRC-JCS 剪切强度公式可以表征裂面剪切行为的各向异性特征。

第 6 章
等效岩体变形与强度模型

　　在优势裂面的切割下，裂隙岩体变形具有显著的空间各向异性。裂面空间几何分布特征与其变形性质决定岩体抗变形能力的绝对大小及其空间各向异性特征和程度。在实际工程岩体变形特性分析中，由于受裂面分布遍布性和空间几何组构复杂性等因素的制约，定量分析每条裂面变形特性对完整岩石力学特性的影响是不现实的。所以，充分利用裂隙岩体的已知信息，通过合理的方法将含复杂裂隙岩体等效为连续介质体，以等效变形参数的形式定量表征岩体的变形性质，是当前岩体变形特性评价的常用方法。目前关于裂隙岩体等效变形参数的评价已有大量的研究成果，主要研究方法包括现场试验法、室内试验法、经验关系法、数值试验法、解析法和参数反分析法等。然而，这些研究主要针对裂隙岩体特定方位或是整体变形特性进行评价，缺乏岩体空间各向异性变形的概念，对裂隙岩体变形特性的描述和评价偏于片面和经验，缺少客观系统的理论认识。

　　本章在经典裂隙几何张量基础上提出裂面变形张量，以实现裂面几何特征和变形性质的统一张量表征。通过对具有不同组构特征和变形性质裂面系统的岩体裂面变形张量性质的分析，揭示裂面变形张量特征系统对岩体空间变形的正交化特性及对岩体空间变形主方位与主方位上变形能力的表征精度。在此基础上，建立基于单组裂面变形张量和综合裂面变形张量的岩体等效弹性变形张量本构模型，推导含多组裂隙岩体等效弹性柔度矩阵的完备解析解。然后，对具有不同组构特征和变形性质的裂隙岩体进行数值模拟试验，将岩体等效弹性柔度矩阵的模拟值与采用张量变形本构模型计算获得的解析解进行对比，以验证裂隙岩体等效弹性变形张量本构模型的准确性并进一步明确张量变形本构模型的适用范围。最后，基于岩体张量变形本构模型分析岩体主要等效弹性变形参数的空间变化规律，以揭示具有不同组构特征和变形性质裂面系统岩体的空间各向异性变形特性，在此基础上提出衡量裂隙岩体空间变形各向异性特征和程度的评价指标，为工程稳定性分析时岩体变形特性的合理等效提供量化依据。通过以上研究以实现裂隙岩体空间等效抗变形能力及其各向异性特征和程度的统一变形张量量化评价方法的建立。

6.1 岩体等效变形张量模型

6.1.1 裂面变形张量

1. 裂面变形张量的建立

裂隙岩体空间变形各向异性主要是由裂面优势切割所致，所以裂面空间分布组构特征定量描述对裂隙岩体空间各向异性变形特性评价非常关键。1982 年，Oda 提出了裂隙张量（crack tensor）的概念，它将裂面尺度、密度及方位向量的张量积相结合以表征裂面系统的空间分布的几何组构特性，如式（6.1）所示。该方法实现了裂隙空间几何组构特征的单一参量表征，为裂面系统空间变形性质的评价提供了理论基础。

$$\boldsymbol{F} = \frac{\pi \rho}{4} \int_0^\infty \int_\Omega r^3 \boldsymbol{n} \otimes \boldsymbol{n} \otimes \cdots \otimes \boldsymbol{n} E(\boldsymbol{n}, r) \mathrm{d}\Omega \mathrm{d}r \tag{6.1}$$

式中：ρ 为裂隙密度，根据 $m^{(V)}/V$ 获得，其中 $m^{(V)}$ 为中心点位于体积 V 内的裂隙数目；r 为裂隙等效直径；$\boldsymbol{n}$ 为裂隙法向向量；$E(\boldsymbol{n}, r)$ 为裂隙等效直径与方位向量的联合密度函数；Ω 为单位球表面的隅角。

Oda 裂隙张量仅考虑了裂隙的空间几何分布特性，然而岩体空间力学特性不仅受裂面空间几何分布特征的控制，还受裂面变形特性的影响。尤其当不同尺度裂面变形特性差异明显时，多尺度裂面变形特性的差异不仅影响裂隙岩体抗变形能力的大小，还影响裂隙岩体空间变形的各向异性特征。因此，将裂面变形特性以变形刚度系数的形式与裂隙张量相结合，建立综合考虑裂面空间分布几何特征和变形性质的裂面变形张量，如式（6.2）所示。

$$\boldsymbol{JD} = \frac{\pi \rho}{4} \int_\Omega \int_0^\infty \int_0^\infty r^2 \cdot \frac{1}{\mathrm{JF}} \cdot \boldsymbol{n} \otimes \boldsymbol{n} \cdot E(r, \mathrm{JF}, \boldsymbol{n}) \mathrm{d}r \mathrm{d}\mathrm{JF} \mathrm{d}\Omega \tag{6.2}$$

式中：JF 为变形刚度系数，定义为变形刚度（k_n、k_s）与基准变形刚度（k_{n0}、k_{s0}）的比值（k_n/k_{n0}、k_s/k_{s0}）。

对于空间随机分布的裂面系统，式（6.2）采用尺度、方位和变形刚度系数的联合概率密度函数表示其随机特性和相关性。假设裂面几何组构参数和变形参数间相互独立，则裂面变形张量可表示为

$$\boldsymbol{JD} = \frac{\pi \rho}{4} \int_\Omega \int_0^\infty \int_0^\infty r^2 \cdot \frac{1}{\mathrm{JF}} \cdot \boldsymbol{n} \otimes \boldsymbol{n} \cdot E(r) \cdot E(\mathrm{JF}) \cdot E(\boldsymbol{n}) \mathrm{d}r \mathrm{d}\mathrm{JF} \mathrm{d}\Omega \tag{6.3}$$

式中：$E(r)$、$E(\mathrm{JF})$ 和 $E(\boldsymbol{n})$ 分别为裂面等效直径、变形刚度系数和法向向量的概率密度函数。

若已知研究区域内每条裂面的几何和变形信息，裂面变形张量则可表示为

$$\boldsymbol{JD} = \sum_{k=1}^{m^{(V)}} \frac{1}{V} \cdot s^{(k)} \cdot \frac{1}{\mathrm{JF}^{(k)}} \cdot \boldsymbol{n}^{(k)} \otimes \boldsymbol{n}^{(k)} \tag{6.4}$$

式中：k 为裂面序列编号；$\mathrm{JF}^{(k)}$、$\boldsymbol{n}^{(k)}$ 分别为第 k 条裂面的变形刚度系数和方位向量；$s^{(k)}$ 为第 k 条裂面的面积，等于 $\pi(r^{(k)})^2/4$。

　　裂面是地质历史时期构造运动的产物，在一次构造作用中形成的裂面一般是有规律的，并且成群产出，具有一定的组合形式，即裂面组和裂面系，如图 6.1 所示，裂面系是由两个或两个以上的裂面组组合而成（唐辉明，2008）。裂面组是由产状基本一致且力学性质相同的裂面组成，其典型组构一般采用裂面间距、连通率和方位进行表征。所以基于裂面组的典型几何组构特征，如图 6.2 所示，建立描述成组裂面系统变形特性的裂面变形张量，如式（6.5）所示。

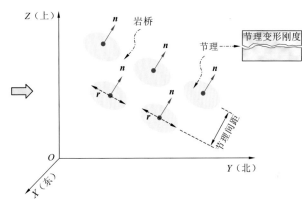

图 6.1　裂面组出露特征及特征参数

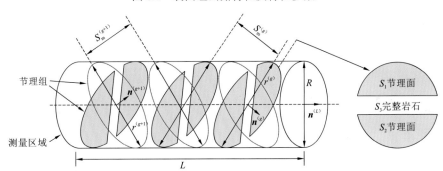

图 6.2　成组非贯通裂面几何分布特征

$$
\begin{aligned}
\mathbf{JD} &= \sum_{k=1}^{m^{(V)}} \frac{1}{V} \cdot s^{(k)} \cdot \frac{1}{\mathrm{JF}^{(k)}} \cdot \boldsymbol{n}^{(k)} \otimes \boldsymbol{n}^{(k)} \\
&= \sum_{g=1}^{q} \frac{N^{(g)}}{V} \cdot s^{(g)} \cdot p^{(g)} \cdot \frac{1}{\mathrm{JF}^{(g)}} \cdot \boldsymbol{n}^{(g)} \otimes \boldsymbol{n}^{(g)} \\
&= \sum_{g=1}^{q} \frac{N^{(g)}}{\pi R^2 L / 4} \cdot \frac{\pi (r^{(g)})^2}{4} \cdot p^{(g)} \cdot \frac{1}{\mathrm{JF}^{(g)}} \cdot \boldsymbol{n}^{(g)} \otimes \boldsymbol{n}^{(g)} \\
&= \sum_{g=1}^{q} \frac{N^{(g)}}{L} \cdot \left[\left(\frac{\pi (r^{(g)})^2}{4} \right) \bigg/ \left(\frac{\pi R^2 L}{4} \right) \right] \cdot p^{(g)} \cdot \frac{1}{\mathrm{JF}^{(g)}} \cdot \boldsymbol{n}^{(g)} \otimes \boldsymbol{n}^{(g)} \\
&= \sum_{g=1}^{q} \frac{N^{(g)}}{L \cdot (\boldsymbol{n}^{(g)} \cdot \boldsymbol{n}^{(L)})} \cdot p^{(g)} \cdot \frac{1}{\mathrm{JF}^{(g)}} \cdot \boldsymbol{n}^{(g)} \otimes \boldsymbol{n}^{(g)} \\
&= \sum_{g=1}^{q} \frac{1}{S_m^{(g)}} \cdot p^{(g)} \cdot \frac{1}{\mathrm{JF}^{(g)}} \cdot \boldsymbol{n}^{(g)} \otimes \boldsymbol{n}^{(g)}
\end{aligned}
\tag{6.5}
$$

式中：q 为裂面组总数；g 为裂面组序列编号；$S_m^{(g)}$、$p^{(g)}$、$JF^{(g)}$、$n^{(g)}$ 分别为第 g 组裂面的间距、连通率、变形刚度系数和方位向量；L 和 R 分别为柱形分析区域的长度和直径。

2. 裂面变形张量特性

裂面变形张量是表征裂面系统空间变形能力的二阶对称张量。为了更加直观地表征裂面系统的空间变形特征，通过裂面变形张量的特征向量和特征值将裂面系统空间变形性质正交化，以描述裂面系统空间变形的主方位及该方位上的变形能力。表 6.1 列出了具有典型几何组构特征和不同变形性质裂面系统的裂面变形张量及其特征系统。表中还列出了裂面系统的零阶裂面变形张量，其表达式为

$$\mathbf{JD}_0 = \sum_{g=1}^{q} \frac{1}{S_m^{(g)}} \cdot p^{(g)} \cdot \frac{1}{JF^{(g)}} \tag{6.6}$$

表 6.1 具有不同组构特征裂面系统变形张量及其特征系统

岩体模型	裂面组	裂面参数	变形张量 **JD**	特征值	特征向量	$\mathbf{JD}_0$
模型 1-1	JG1-1	$S_m=0.2$ m $p=0.8$ $JF=1$ $0°\angle0°$	$\begin{bmatrix} 0 & 0 & 0 \\ 0 & 0 & 0 \\ 0 & 0 & 4 \end{bmatrix}$	$T_1=0$ $T_2=0$ $T_3=4$	$v_3=(0,0,1)$ $v_1=(0,1,0)$ $v_2=(1,0,0)$	4
模型 1-2	JG1-2	$S_m=0.2$m $p=0.8$ $JF=1$ $90°\angle30°$	$\begin{bmatrix} 1 & 0 & -1.73 \\ 0 & 0 & 0 \\ -1.73 & 0 & 3 \end{bmatrix}$	$T_1=0$ $T_2=0$ $T_3=4$	$v_1=(0.5,0,0.87)$ $v_2=(0.81,0.36,-0.47)$ $v_1=(0.31,-0.93,-0.18)$	4
模型 2-1	JG1-1 JG2-1	$S_m=0.2$m $p=0.8$ $JF=0.5$ $90°\angle90°$	$\begin{bmatrix} 8 & 0 & 0 \\ 0 & 0 & 0 \\ 0 & 0 & 4 \end{bmatrix}$	$T_1=0$ $T_2=8$ $T_3=4$	$v_3=(0,0,1)$ $v_1=(0,1,0)$ $v_2=(1,0,0)$	12
模型 2-2	JG1-2 JG2-2	$S_m=0.2$m $p=0.8$ $JF=0.5$ $270°\angle60°$	$\begin{bmatrix} 7 & 0 & -1.73 \\ 0 & 0 & 0 \\ -1.73 & 0 & 5 \end{bmatrix}$	$T_1=0$ $T_2=8$ $T_3=4$	$v_3=(0.5,0,0.87)$ $v_2=(-0.87,0,0.5)$ $v_1=(0,-1,0)$	12
模型 2-3	JG1-3 JG2-2	$S_m=0.2$m $p=0.8$ $JF=1$ $270°\angle75°$	$\begin{bmatrix} 9.73 & 0 & -4.46 \\ 0 & 0 & 0 \\ -4.46 & 0 & 227 \end{bmatrix}$	$T_1=0$ $T_2=11.82$ $T_3=0.18$	$v_3=(0.42,0,0.91)$ $v_2=(-0.91,0,0.42)$ $v_1=(0,-1,0)$	12

岩体模型	裂面组	裂面参数	变形张量 JD	特征值	特征向量	JD$_0$
模型 3-1	JG1-1 JG2-1 <u>JG3-1</u>	$S_m=0.4$m $p=0.8$ JF=1 180°∠90°	$\begin{bmatrix} 8 & 0 & 0 \\ 0 & 2 & 0 \\ 0 & 0 & 4 \end{bmatrix}$	$T_1=2$ $T_2=8$ $T_3=4$	$v_3=(0,0,1)$ $v_1=(0,1,0)$ $v_2=(1,0,0)$	14
模型 3-2	JG1-2 JG2-2 JG3-1	—	$\begin{bmatrix} 7 & 0 & -1.73 \\ 0 & 2 & 0 \\ -1.73 & 0 & 5 \end{bmatrix}$	$T_1=2$ $T_2=8$ $T_3=4$	$v_3=(0.5,0,0.87)$ $v_2=(-0.87,0,0.5)$ $v_1=(0,-1,0)$	14
模型 4	JG1-1 JG2-1 JG3-1 <u>JG4-1</u>	$S_m=0.2$m $p=1$ JF=1 135°∠45°	$\begin{bmatrix} 9.25 & -1.25 & 1.77 \\ -1.25 & 3.25 & -1.77 \\ 1.77 & -1.77 & 6.5 \end{bmatrix}$	$T_1=2.44$ $T_2=10.62$ $T_3=5.94$	$v_3=(-0.53,-0.28,0.80)$ $v_1=(0.07,0.93,0.37)$ $v_2=(0.84,-0.26,0.47)$	19

注：表中"裂面参数"列表示的是"裂面组"列中用下划线标记的裂面组的参数。

从表 6.1 中可以看出，裂面变形张量的特征系统能够很好地将裂面系统空间变形特性正交化，以变形主值和主方位的形式更加直观地展现了裂面系统的空间变形特性，具体表现为以下 5 方面。

（1）裂面变形张量为二阶对称张量 $JD_{ij}=JD_{ji}$，在 3D 空间里存在 3 个独立且相互正交的特征向量，它们反映了裂面空间变形特性的主值方位。

（2）对于 3 组及 3 组以下相互正交的裂面系统，裂面变形张量的特征向量和特征值能够准确地表示裂面系统空间变形的主方位和主方位上的变形能力，且裂面变形张量特征值随着裂面几何切割密度和变形能力的增加而增加,特征向量指向裂面组的法向方位，如裂隙岩体模型 1-1、模型 1-2、模型 2-1、模型 2-2、模型 3-1 和模型 3-2。

（3）对于非正交裂面系统或 3 组以上相互正交的裂面系统，裂面变形张量的特征值和特征向量在裂面系统变形的特征方位将其变形能力等效正交化，能够近似地反映裂面系统变形的优势方位，如裂隙岩体模型 2-3 和模型 4。

（4）零阶裂面变形张量为标量，其大小与变形张量特征值之和相等，且与裂面的空间分布方位无关，仅取决于裂面的分布间距、连通率和变形刚度，反映了裂面系统空间综合变形能力。

（5）裂面变形张量特征值的相对大小反映了裂面系统空间变形特性的各向异性特征和程度。

6.1.2　裂隙岩体等效弹性变形张量本构模型

1. 裂隙岩体等效弹性变形张量本构模型的建立

裂面变形张量综合考虑了裂面系统空间几何分布特征和变形性质，是对裂面系统空间变形性质的定量表达。基于 Boltzmann 线性叠加原理将裂面变形特性与完整岩石变形特性相叠加以评价裂隙岩体的空间抗变形能力。裂隙岩体等效弹性柔度矩阵是对裂隙岩体空间抗变形能力最全面的定量表达。所以，为了量化裂隙岩体的空间等效变形特性，需建立基于裂面变形张量的裂隙岩体等效弹性柔度矩阵的计算方法。

由裂面变形张量特性可知，裂面变形张量特征系统能够很好地表征裂面系统空间变形的主方位及相应主方位上的变形能力，将裂面系统空间等效变形特性正交化。因此，可将裂面系统等效为 3 组相互正交的裂面组，裂面变形张量特征向量及其特征值分别表征等效裂面组的分布方位和变形能力。例如，Amadei 等（1981）推导出 3 组相互正交贯穿裂面切割的岩体等效弹性柔度矩阵，建立局部坐标系下以裂面变形张量特征系统表征的裂隙岩体等效弹性柔度矩阵，如式（6.7）所示。

$$\boldsymbol{D}' = \begin{bmatrix} \dfrac{1}{E}+\dfrac{T_1}{k_{n0}} & -\dfrac{\nu}{E} & -\dfrac{\nu}{E} & 0 & 0 & 0 \\ -\dfrac{\nu}{E} & \dfrac{1}{E}+\dfrac{T_2}{k_{n0}} & -\dfrac{\nu}{E} & 0 & 0 & 0 \\ -\dfrac{\nu}{E} & -\dfrac{\nu}{E} & \dfrac{1}{E}+\dfrac{T_3}{k_{n0}} & 0 & 0 & 0 \\ 0 & 0 & 0 & \dfrac{1}{2}\left(\dfrac{1}{G}+\dfrac{T_2+T_3}{k_{s0}}\right) & 0 & 0 \\ 0 & 0 & 0 & 0 & \dfrac{1}{2}\left(\dfrac{1}{G}+\dfrac{T_1+T_3}{k_{s0}}\right) & 0 \\ 0 & 0 & 0 & 0 & 0 & \dfrac{1}{2}\left(\dfrac{1}{G}+\dfrac{T_1+T_2}{k_{s0}}\right) \end{bmatrix} \tag{6.7}$$

式中：$\boldsymbol{D}'$ 为局部坐标系下裂隙岩体等效弹性柔度矩阵；E、G 和 ν 分别为完整岩石弹性模量、剪切模量和泊松比；T_i（$i=1$，2，3）为裂面变形张量的特征值，它反映了具有一定几何组构特征和变形性质的裂面系统对完整岩石抗变形能力的弱化程度。

裂隙岩体等效弹性柔度矩阵 $\boldsymbol{D}'$ 是在裂面变形张量特征向量所构成的局部坐标系下建立的，所以需要根据特征向量与全局坐标系基向量的对应关系建立转换矩阵，将局部坐标系下的岩体等效弹性柔度矩阵转化为整体坐标系下的等效弹性柔度矩阵。

设由裂面变形张量特征向量所构成的局部坐标系为 $oxyz$，全局坐标系为 $OXYZ$；$OXYZ$ 坐标系对应的应力和应变张量分别记为 $\boldsymbol{\sigma}$、$\boldsymbol{\varepsilon}$；$oxyz$ 坐标系对应的应力和应变张量分别记为 $\boldsymbol{\sigma}'$、$\boldsymbol{\varepsilon}'$；$X$ 轴与 x、y、z 轴的方向余弦分别记为 l_1、m_1、n_1，Y 轴与 x、y、z 轴的方向余弦分别记为 l_2、m_2、n_2，Z 轴与 x、y、z 轴的方向余弦分别记为 l_3、m_3、n_3。特征向量 $\boldsymbol{v}_1$、$\boldsymbol{v}_2$、$\boldsymbol{v}_3$ 与全局坐标系的基向量 $\boldsymbol{e}_1$、$\boldsymbol{e}_2$、$\boldsymbol{e}_3$ 的对应关系，应根据局部坐标系下的等效弹性柔度矩阵中特征向量所对应的特征值与相应应力和应变分量的对应关系确定。由式（6.7）可知，$\boldsymbol{v}_1$、$\boldsymbol{v}_2$、$\boldsymbol{v}_3$ 分别与全局坐标系下的 $\boldsymbol{e}_1$、$\boldsymbol{e}_2$、$\boldsymbol{e}_3$ 相对应。根据方向余弦计算可得局部坐标系下应力张量和应变张量转化到全局坐标系下的应力和应变张量的转换矩阵，如式（6.8）所示。

$$R = \begin{bmatrix} l_1^2 & m_1^2 & n_1^2 & 2m_1n_1 & 2n_1l_1 & 2l_1m_1 \\ l_2^2 & m_2^2 & n_2^2 & 2m_2n_2 & 2n_2l_2 & 2l_2m_2 \\ l_3^2 & m_3^2 & n_3^2 & 2m_3n_3 & 2n_3l_3 & 2l_3m_3 \\ l_2l_3 & m_2m_3 & n_2n_3 & m_2n_3+n_2m_3 & n_2l_3+l_2n_3 & l_2m_3+m_2l_3 \\ l_3l_1 & m_3m_1 & n_3n_1 & m_3n_1+n_3m_1 & n_3l_1+l_3n_1 & l_3m_1+m_3l_1 \\ l_1l_2 & m_1m_2 & n_1n_2 & m_1n_2+n_1m_2 & n_1l_2+l_1n_2 & l_1m_2+m_1l_2 \end{bmatrix} \quad (6.8)$$

在笛卡儿坐标系中，应变张量和应力张量的转换规律是一致的，有

$$\sigma = R\sigma' \quad (6.9)$$
$$\varepsilon = R\varepsilon' \quad (6.10)$$

用等效弹性柔度矩阵表示应力-应变关系，在局部坐标系和全局坐标系下分别为

$$\varepsilon' = D'\sigma' \quad (6.11)$$
$$\varepsilon = D\sigma \quad (6.12)$$

所以，裂隙岩体在全局坐标系下的等效弹性柔度矩阵为

$$D = RD'R^{-1} \quad (6.13)$$

根据裂隙岩体空间变形等效弹性柔度矩阵与岩体等效弹性变形参数的对应关系，如式（6.14）所示（Lekhnitskii et al.，1964），可获得岩体等效弹性变形参数以表征岩体的抗变形能力，其等效变形参数的表达式如式（6.15）～式（6.17）所示。

$$D = \begin{bmatrix} \dfrac{1}{E_x} & -\dfrac{\nu_{yx}}{E_y} & -\dfrac{\nu_{zx}}{E_z} & \dfrac{\eta_{x,yz}}{G_{yz}} & \dfrac{\eta_{x,xz}}{G_{xz}} & \dfrac{\eta_{x,xy}}{G_{xy}} \\[2mm] -\dfrac{\nu_{xy}}{E_x} & \dfrac{1}{E_y} & -\dfrac{\nu_{zy}}{E_z} & \dfrac{\eta_{y,yz}}{G_{yz}} & \dfrac{\eta_{y,xz}}{G_{xz}} & \dfrac{\eta_{y,xy}}{G_{xy}} \\[2mm] -\dfrac{\nu_{xz}}{E_x} & \dfrac{\nu_{yz}}{E_y} & \dfrac{1}{E_z} & \dfrac{\eta_{z,yz}}{G_{yz}} & \dfrac{\eta_{z,xz}}{G_{xz}} & \dfrac{\eta_{z,xy}}{G_{xy}} \\[2mm] \dfrac{\eta_{yz,x}}{E_x} & \dfrac{\eta_{yz,y}}{E_y} & \dfrac{\eta_{yz,z}}{E_z} & \dfrac{1}{G_{yz}} & \dfrac{\mu_{yz,xz}}{G_{xz}} & \dfrac{\mu_{yz,xy}}{G_{xy}} \\[2mm] \dfrac{\eta_{xz,x}}{E_x} & \dfrac{\eta_{xz,y}}{E_y} & \dfrac{\eta_{xz,z}}{E_z} & \dfrac{\mu_{xz,yz}}{G_{yz}} & \dfrac{1}{G_{xz}} & \dfrac{\mu_{xz,xy}}{G_{xy}} \\[2mm] \dfrac{\eta_{xy,x}}{E_z} & \dfrac{\eta_{xy,y}}{E_y} & \dfrac{\eta_{xy,z}}{E_z} & \dfrac{\mu_{xy,yz}}{G_{yz}} & \dfrac{\mu_{xy,xz}}{G_{xz}} & \dfrac{1}{G_{xy}} \end{bmatrix} \quad (6.14)$$

$$E_x = D_{11}^{-1}, \quad E_y = D_{22}^{-1}, \quad E_z = D_{33}^{-1} \quad (6.15)$$

$$G_{yz} = D_{44}^{-1}, \quad G_{xz} = D_{55}^{-1}, \quad G_{xy} = D_{66}^{-1} \quad (6.16)$$

$$\nu_{yz} = -D_{32} \cdot E_y, \quad \nu_{xz} = -D_{31} \cdot E_x, \quad \nu_{xy} = -D_{21} \cdot E_x \quad (6.17)$$

式中：E_x、E_y 和 E_z 分别为裂隙岩体在 X、Y 和 Z 方向上的等效弹性模量；G_{yz}、G_{xz} 和 G_{xy} 分别为 YZ、XZ 和 XY 平面内的等效剪切模量；ν_{xy}、ν_{yx}、ν_{xz}、ν_{zx}、ν_{yz} 和 ν_{zy} 均为泊松比，ν_{ij} 表示由于 i 方向的应力作用，j 方向的正应变和 i 方向上的正应变的比值；$\eta_{x,yz}$、$\eta_{y,yz}$、$\eta_{z,yz}$、$\eta_{x,xz}$、$\eta_{y,xz}$、$\eta_{z,xz}$、$\eta_{x,xy}$、$\eta_{y,xy}$、$\eta_{z,xy}$、$\eta_{xz,x}$、$\eta_{xz,y}$、$\eta_{xz,z}$、$\eta_{xy,x}$、$\eta_{xy,y}$、$\eta_{xy,z}$、$\eta_{yz,x}$、$\eta_{yz,y}$、$\eta_{yz,z}$ 均为相互作用系数，$\eta_{i,jk}$ 表示 jk 方向的剪应力对 i 方向正应变的影响，$\eta_{ij,k}$ 表示 k 方

向的正应力对 ij 方向剪应变的影响；$\mu_{yz,\,xz}$、$\mu_{yz,\,xy}$、$\mu_{xz,\,yz}$、$\mu_{xz,\,xy}$、$\mu_{xy,\,yz}$、$\mu_{xy,\,xz}$ 均为 Chentsov 系数，$\mu_{ij,\,kl}$ 表示 kl 方向的剪应力对 ij 方向剪应变的影响。

1）基于单组变形张量的岩体张量变形本构模型

裂面变形张量特性显示，单组裂面变形张量的特征系统能够精确表征裂面组的空间变形主方位及该方位上的变形能力。为了获得裂隙岩体等效弹性柔度矩阵的精确解析解，首先基于单组裂面变形张量推导出含单组裂隙岩体的等效弹性柔度矩阵，然后通过叠加原理以建立含多组任意方位裂隙岩体的等效弹性柔度矩阵，以量化含多组裂隙岩体的空间变形性质。含单组裂隙岩体的几何模型如图 6.3 所示。为了实现裂隙岩体等效弹性柔度矩阵的解析表达及对裂隙岩体空间变形特性更加直观的描述，采用裂面方位向量与 X、Y、Z 轴的夹角 α、β、λ 对裂面空间方位进行描述。

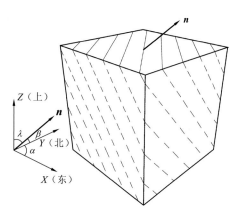

图 6.3　含单组裂隙岩体几何模型

基于图 6.3 所示的含单组裂隙岩体几何模型，由式（6.5）可计算获得单组裂面变形张量，如式（6.18）所示，其特征向量和特征值分别如式（6.19）和式（6.20）所示。

$$\mathbf{JD}^{q=1} = \frac{p}{S_{\mathrm{m}}\mathrm{JF}}\begin{bmatrix} \cos^2\alpha & \cos\alpha\cos\beta & \cos\alpha\cos\lambda \\ \cos\alpha\cos\beta & \cos^2\beta & \cos\beta\cos\lambda \\ \cos\alpha\cos\lambda & \cos\beta\cos\lambda & \cos^2\lambda \end{bmatrix} \tag{6.18}$$

$$T_1^{q=1} = \frac{p}{S_{\mathrm{m}}\mathrm{JF}}, \quad T_2^{q=1} = 0, \quad T_3^{q=1} = 0 \tag{6.19}$$

$$\begin{cases} \boldsymbol{v}_1^{q=1} = (\cos\alpha,\ \cos\beta,\ \cos\lambda) \\ \boldsymbol{v}_2^{q=1} = (-\cos\lambda\csc\beta,\ 0,\ \cos\alpha\csc\beta) \\ \boldsymbol{v}_3^{q=1} = (\cos\alpha\cot\beta,\ -\sin\beta,\ \cos\lambda\cot\beta) \end{cases} \tag{6.20}$$

将单组裂面变形张量特征系统代入裂隙岩体等效弹性变形张量本构模型的分析流程中，即式（6.7）～式（6.13），最终可计算获得含单组裂隙岩体等效弹性柔度矩阵的各个分量，如式（6.21）～式（6.25）所示。

$$\begin{cases} D_{11} = \dfrac{1}{E} + \dfrac{p\cos^2\alpha}{S_{\mathrm{m}}\mathrm{JF}}\left(\dfrac{\cos^2\alpha}{K_{n0}} + \dfrac{\sin^2\alpha}{K_{s0}}\right) \\[3mm] D_{22} = \dfrac{1}{E} + \dfrac{p\cos^2\beta}{S_{\mathrm{m}}\mathrm{JF}}\left(\dfrac{\cos^2\beta}{K_{n0}} + \dfrac{\sin^2\beta}{K_{s0}}\right) \\[3mm] D_{33} = \dfrac{1}{E} + \dfrac{p\cos^2\lambda}{S_{\mathrm{m}}\mathrm{JF}}\left(\dfrac{\cos^2\lambda}{K_{n0}} + \dfrac{\sin^2\lambda}{K_{s0}}\right) \end{cases} \tag{6.21}$$

$$\begin{cases} D_{44} = \dfrac{1}{2G} + \dfrac{2p\cos^2\beta\cos^2\lambda}{S_{\mathrm m}\mathrm{JF}}\left(\dfrac{1}{k_{n0}}-\dfrac{1}{k_{s0}}\right) + \dfrac{p\sin^2\alpha}{2S_{\mathrm m}\mathrm{JF}k_{s0}} \\[2mm] D_{55} = \dfrac{1}{2G} + \dfrac{2p\cos^2\alpha\cos^2\lambda}{S_{\mathrm m}\mathrm{JF}}\left(\dfrac{1}{k_{n0}}-\dfrac{1}{k_{s0}}\right) + \dfrac{p\sin^2\beta}{2S_{\mathrm m}\mathrm{JF}k_{s0}} \\[2mm] D_{66} = \dfrac{1}{2G} + \dfrac{2p\cos^2\alpha\cos^2\beta}{S_{\mathrm m}\mathrm{JF}}\left(\dfrac{1}{k_{n0}}-\dfrac{1}{k_{s0}}\right) + \dfrac{p\sin^2\lambda}{2S_{\mathrm m}\mathrm{JF}k_{s0}} \end{cases} \quad (6.22)$$

$$\begin{cases} D_{12}=D_{21} = -\dfrac{\nu}{E} + \dfrac{p\cos^2\alpha\cos^2\beta}{S_{\mathrm m}\mathrm{JF}}\left(\dfrac{1}{K_{n0}}-\dfrac{1}{K_{s0}}\right) \\[2mm] D_{13}=D_{31} = -\dfrac{\nu}{E} + \dfrac{p\cos^2\alpha\cos^2\lambda}{S_{\mathrm m}\mathrm{JF}}\left(\dfrac{1}{K_{n0}}-\dfrac{1}{K_{s0}}\right) \\[2mm] D_{23}=D_{32} = -\dfrac{\nu}{E} + \dfrac{p\cos^2\beta\cos^2\lambda}{S_{\mathrm m}\mathrm{JF}}\left(\dfrac{1}{K_{n0}}-\dfrac{1}{K_{s0}}\right) \end{cases} \quad (6.23)$$

$$\begin{cases} D_{45}=D_{54} = \dfrac{p\cos\alpha\cos\beta}{S_{\mathrm m}\mathrm{JF}}\left(\dfrac{2\cos^2\lambda}{k_{n0}}-\dfrac{1+2\cos2\lambda}{2k_{s0}}\right) \\[2mm] D_{46}=D_{64} = \dfrac{p\cos\alpha\cos\lambda}{S_{\mathrm m}\mathrm{JF}}\left(\dfrac{2\cos^2\beta}{k_{n0}}-\dfrac{1+2\cos2\beta}{2k_{s0}}\right) \\[2mm] D_{56}=D_{65} = \dfrac{p\cos\beta\cos\lambda}{S_{\mathrm m}\mathrm{JF}}\left(\dfrac{2\cos^2\alpha}{k_{n0}}-\dfrac{1+2\cos2\alpha}{2k_{s0}}\right) \end{cases} \quad (6.24)$$

$$\begin{cases} D_{14}=2D_{41} = \dfrac{2p\cos^2\alpha\cos\beta\cos\lambda}{S_{\mathrm m}\mathrm{JF}}\left(\dfrac{1}{k_{n0}}-\dfrac{1}{k_{s0}}\right) \\[2mm] D_{15}=2D_{51} = \dfrac{p\cos\alpha\cos\lambda}{S_{\mathrm m}\mathrm{JF}}\left(\dfrac{2\cos^2\alpha}{k_{n0}}-\dfrac{\cos2\alpha}{k_{s0}}\right) \\[2mm] D_{16}=2D_{61} = \dfrac{p\cos\alpha\cos\beta}{S_{\mathrm m}\mathrm{JF}}\left(\dfrac{2\cos^2\alpha}{k_{n0}}-\dfrac{\cos2\alpha}{k_{s0}}\right) \\[2mm] D_{24}=2D_{42} = \dfrac{p\cos\beta\cos\lambda}{S_{\mathrm m}\mathrm{JF}}\left(\dfrac{2\cos^2\beta}{k_{n0}}-\dfrac{\cos2\beta}{k_{s0}}\right) \\[2mm] D_{25}=2D_{52} = \dfrac{2p\cos\alpha\cos^2\beta\cos\lambda}{S_{\mathrm m}\mathrm{JF}}\left(\dfrac{1}{k_{n0}}-\dfrac{1}{k_{s0}}\right) \\[2mm] D_{26}=2D_{62} = \dfrac{p\cos\alpha\cos\beta}{S_{\mathrm m}\mathrm{JF}}\left(\dfrac{2\cos^2\beta}{k_{n0}}-\dfrac{\cos2\beta}{k_{s0}}\right) \\[2mm] D_{34}=2D_{43} = \dfrac{p\cos\beta\cos\lambda}{S_{\mathrm m}\mathrm{JF}}\left(\dfrac{2\cos^2\lambda}{k_{n0}}-\dfrac{\cos2\lambda}{k_{s0}}\right) \\[2mm] D_{35}=2D_{53} = \dfrac{p\cos\alpha\cos\lambda}{S_{\mathrm m}\mathrm{JF}}\left(\dfrac{2\cos^2\lambda}{k_{n0}}-\dfrac{\cos2\lambda}{k_{s0}}\right) \\[2mm] D_{36}=2D_{63} = \dfrac{2p\cos\alpha\cos\beta\cos^2\lambda}{S_{\mathrm m}\mathrm{JF}}\left(\dfrac{1}{k_{n0}}-\dfrac{1}{k_{s0}}\right) \end{cases} \quad (6.25)$$

　　根据变形叠加原理可以获得含多组任意方位裂隙岩体的等效弹性柔度矩阵，柔度矩阵各个分量如式（6.26）～式（6.30）所示。从柔度矩阵分量表达式中可明显看出，若应变张量中的剪应变分量采用工程剪应变表示，则相应的等效弹性柔度矩阵具有明显的对称性，满足热力学第二定律，这从能量的角度说明了基于单组裂面变形张量推导获得的岩体等效弹性柔度矩阵方法和结果的合理性。

$$
\begin{cases}
D_{11} = \dfrac{1}{E} + \displaystyle\sum_{g=1}^{q} \dfrac{p^{(g)} \cos^2 \alpha^{(g)}}{S_{\mathrm{m}}^{(g)} \mathrm{JF}^{(g)}} \left(\dfrac{\cos^2 \alpha^{(g)}}{K_{n0}} + \dfrac{\sin^2 \alpha^{(g)}}{K_{s0}} \right) \\[3mm]
D_{22} = \dfrac{1}{E} + \displaystyle\sum_{g=1}^{q} \dfrac{p^{(g)} \cos^2 \beta^{(g)}}{S_{\mathrm{m}}^{(g)} \mathrm{JF}^{(g)}} \left(\dfrac{\cos^2 \beta^{(g)}}{K_{n0}} + \dfrac{\sin^2 \beta^{(g)}}{K_{s0}} \right) \\[3mm]
D_{33} = \dfrac{1}{E} + \displaystyle\sum_{g=1}^{q} \dfrac{p^{(g)} \cos^2 \lambda^{(g)}}{S_{\mathrm{m}}^{(g)} \mathrm{JF}^{(g)}} \left(\dfrac{\cos^2 \lambda^{(g)}}{K_{n0}} + \dfrac{\sin^2 \lambda^{(g)}}{K_{s0}} \right)
\end{cases}
\tag{6.26}
$$

$$
\begin{cases}
D_{44} = \dfrac{1}{2G} + \displaystyle\sum_{g=1}^{q} \left[\dfrac{2 p^{(g)} \cos^2 \beta^{(g)} \cos^2 \lambda^{(g)}}{S_{\mathrm{m}}^{(g)} \mathrm{JF}^{(g)}} \left(\dfrac{1}{k_{n0}} - \dfrac{1}{k_{s0}} \right) \dfrac{p^{(g)} \sin^2 \alpha^{(g)}}{2 S_{\mathrm{m}}^{(g)} \mathrm{JF}^{(g)} k_{s0}} \right] \\[3mm]
D_{55} = \dfrac{1}{2G} + \displaystyle\sum_{g=1}^{q} \left[\dfrac{2 p^{(g)} \cos^2 \alpha^{(g)} \cos^2 \lambda^{(g)}}{S_{\mathrm{m}}^{(g)} \mathrm{JF}^{(g)}} \left(\dfrac{1}{k_{n0}} - \dfrac{1}{k_{s0}} \right) \dfrac{p^{(g)} \sin^2 \beta^{(g)}}{2 S_{\mathrm{m}}^{(g)} \mathrm{JF}^{(g)} k_{s0}} \right] \\[3mm]
D_{66} = \dfrac{1}{2G} + \displaystyle\sum_{g=1}^{q} \left[\dfrac{2 p^{(g)} \cos^2 \alpha^{(g)} \cos^2 \beta^{(g)}}{S_{\mathrm{m}}^{(g)} \mathrm{JF}^{(g)}} \left(\dfrac{1}{k_{n0}} - \dfrac{1}{k_{s0}} \right) \dfrac{p^{(g)} \sin^2 \lambda^{(g)}}{2 S_{\mathrm{m}}^{(g)} \mathrm{JF}^{(g)} k_{s0}} \right]
\end{cases}
\tag{6.27}
$$

$$
\begin{cases}
D_{12} = D_{21} = -\dfrac{v}{E} + \displaystyle\sum_{g=1}^{q} \dfrac{p^{(g)} \cos^2 \alpha^{(g)} \cos^2 \beta^{(g)}}{S_{\mathrm{m}}^{(g)} \mathrm{JF}^{(g)}} \left(\dfrac{1}{K_{n0}} - \dfrac{1}{K_{s0}} \right) \\[3mm]
D_{13} = D_{31} = -\dfrac{v}{E} + \displaystyle\sum_{g=1}^{q} \dfrac{p^{(g)} \cos^2 \alpha^{(g)} \cos^2 \lambda^{(g)}}{S_{\mathrm{m}}^{(g)} \mathrm{JF}^{(g)}} \left(\dfrac{1}{K_{n0}} - \dfrac{1}{K_{s0}} \right) \\[3mm]
D_{23} = D_{32} = -\dfrac{v}{E} + \displaystyle\sum_{g=1}^{q} \dfrac{p^{(g)} \cos^2 \beta^{(g)} \cos^2 \lambda^{(g)}}{S_{\mathrm{m}}^{(g)} \mathrm{JF}^{(g)}} \left(\dfrac{1}{K_{n0}} - \dfrac{1}{K_{s0}} \right)
\end{cases}
\tag{6.28}
$$

$$
\begin{cases}
D_{45} = D_{54} = \displaystyle\sum_{g=1}^{q} \dfrac{p^{(g)} \cos \alpha^{(g)} \cos \beta^{(g)}}{S_{\mathrm{m}}^{(g)} \mathrm{JF}^{(g)}} \left(\dfrac{2 \cos^2 \lambda^{(g)}}{k_{n0}} - \dfrac{1 + 2 \cos 2\lambda^{(g)}}{2 k_{s0}} \right) \\[3mm]
D_{46} = D_{64} = \displaystyle\sum_{g=1}^{q} \dfrac{p^{(g)} \cos \alpha^{(g)} \cos \lambda^{(g)}}{S_{\mathrm{m}}^{(g)} \mathrm{JF}^{(g)}} \left(\dfrac{2 \cos^2 \beta^{(g)}}{k_{n0}} - \dfrac{1 + 2 \cos 2\beta^{(g)}}{2 k_{s0}} \right) \\[3mm]
D_{56} = D_{65} = \displaystyle\sum_{g=1}^{q} \dfrac{p^{(g)} \cos \beta^{(g)} \cos \lambda^{(g)}}{S_{\mathrm{m}}^{(g)} \mathrm{JF}^{(g)}} \left(\dfrac{2 \cos^2 \alpha^{(g)}}{k_{n0}} - \dfrac{1 + 2 \cos 2\alpha^{(g)}}{2 k_{s0}} \right)
\end{cases}
\tag{6.29}
$$

$$\begin{cases}
D_{14}=2D_{41}=\sum_{g=1}^{q}\dfrac{2p^{(g)}\cos^2\alpha^{(g)}\cos\beta^{(g)}\cos\lambda^{(g)}}{S_{m}^{(g)}\mathrm{JF}^{(g)}}\left(\dfrac{1}{k_{n0}}-\dfrac{1}{k_{s0}}\right) \\[2mm]
D_{15}=2D_{51}=\sum_{g=1}^{q}\dfrac{p^{(g)}\cos\alpha^{(g)}\cos\lambda^{(g)}}{S_{m}^{(g)}\mathrm{JF}^{(g)}}\left(\dfrac{2\cos^2\alpha^{(g)}}{k_{n0}}-\dfrac{\cos2\alpha^{(g)}}{k_{s0}}\right) \\[2mm]
D_{16}=2D_{61}=\sum_{g=1}^{q}\dfrac{p^{(g)}\cos\alpha^{(g)}\cos\beta^{(g)}}{S_{m}^{(g)}\mathrm{JF}^{(g)}}\left(\dfrac{2\cos^2\alpha^{(g)}}{k_{n0}}-\dfrac{\cos2\alpha^{(g)}}{k_{s0}}\right) \\[2mm]
D_{24}=2D_{42}=\sum_{g=1}^{q}\dfrac{p^{(g)}\cos\beta^{(g)}\cos\lambda^{(g)}}{S_{m}^{(g)}\mathrm{JF}^{(g)}}\left(\dfrac{2\cos^2\beta^{(g)}}{k_{n0}}-\dfrac{\cos2\beta^{(g)}}{k_{s0}}\right) \\[2mm]
D_{25}=2D_{52}=\sum_{g=1}^{q}\dfrac{2p^{(g)}\cos\alpha^{(g)}\cos^2\beta^{(g)}\cos\lambda^{(g)}}{S_{m}^{(g)}\mathrm{JF}^{(g)}}\left(\dfrac{1}{k_{n0}}-\dfrac{1}{k_{s0}}\right) \\[2mm]
D_{26}=2D_{62}=\sum_{g=1}^{q}\dfrac{p^{(g)}\cos\alpha^{(g)}\cos\beta^{(g)}}{S_{m}^{(g)}\mathrm{JF}^{(g)}}\left(\dfrac{2\cos^2\beta^{(g)}}{k_{n0}}-\dfrac{\cos2\beta^{(g)}}{k_{s0}}\right) \\[2mm]
D_{34}=2D_{43}=\sum_{g=1}^{q}\dfrac{p^{(g)}\cos\beta^{(g)}\cos\lambda^{(g)}}{S_{m}^{(g)}\mathrm{JF}^{(g)}}\left(\dfrac{2\cos^2\lambda^{(g)}}{k_{n0}}-\dfrac{\cos2\lambda^{(g)}}{k_{s0}}\right) \\[2mm]
D_{35}=2D_{53}=\sum_{g=1}^{q}\dfrac{p^{(g)}\cos\alpha^{(g)}\cos\lambda^{(g)}}{S_{m}^{(g)}\mathrm{JF}^{(g)}}\left(\dfrac{2\cos^2\lambda^{(g)}}{k_{n0}}-\dfrac{\cos2\lambda^{(g)}}{k_{s0}}\right) \\[2mm]
D_{36}=2D_{63}=\sum_{g=1}^{q}\dfrac{2p^{(g)}\cos\alpha^{(g)}\cos\beta^{(g)}\cos^2\lambda^{(g)}}{S_{m}^{(g)}\mathrm{JF}^{(g)}}\left(\dfrac{1}{k_{n0}}-\dfrac{1}{k_{s0}}\right)
\end{cases}\tag{6.30}$$

2）基于综合裂面变形张量的岩体张量变形本构模型

裂面变形张量是对裂面系统空间变形特性的量化表征。从表 6.1 可知，对于多组裂面系统，单组裂面变形张量叠加而成的综合裂面变形张量的特征系统也能够较好地将裂面系统空间变形能力正交化，且相比于通过单组裂隙岩体等效弹性柔度矩阵叠加以获得含多组裂隙岩体等效弹性柔度矩阵，直接采用综合裂面变形张量特征系统对岩体等效弹性变形性质进行评价更加系统和直观，同时便于含多组裂隙岩体空间等效变形性质的研究。所以，将根据式（6.3）～式（6.5）计算获得的综合裂面变形张量特征系统代入裂隙岩体张量变形本构模型的分析流程中，即式（6.7）～式（6.13），以获得含有多组裂隙岩体的等效弹性变形柔度矩阵数值表达，即为基于综合裂面变形张量的岩体等效弹性变形张量本构模型。由于综合裂面变形张量的特征系统难以用明确的解析式进行表达，所以无法基于综合裂面变形张量推导出含多组裂隙岩体等效弹性柔度矩阵的解析解。

2. 裂隙岩体等效弹性变形张量本构模型的数值验证

受限于室内试验中力和位移有限的加载、监测手段和监测精度，以及含有多组裂面真实岩体试样取样或含多组裂面相似材料试样制备的难度，通过室内真三轴试验、剪切试验等不同加载手段获取裂隙岩体等效弹性柔度矩阵的各个分量是不现实的。鉴于此，采用数值试验的方法对含有不同组构特征和力学性质的裂隙岩体进行全面的模拟分析，通过监测变量计算裂隙岩体模型的等效弹性柔度矩阵，并将其与根据裂隙岩体张量变形本构模型获得的柔度矩阵进行对比，以充分验证裂隙岩体张量变形本构模型的正确性和合理性。其中，3DEC 数值模拟方法作为 3D 离散元数值分析法，在很好地满足裂隙岩体等效弹性柔度矩阵推导的假设条件下，可以快速方便地建立具有多组裂隙岩体的数值模型并能精确地模拟岩块和裂面的弹性变形行为。因此，本节采用 3DEC 数值方法对裂隙岩体进行数值试验，以验证裂隙岩体等效弹性变形张量本构模型的正确性和合理性。

1）3DEC 数值试验方案

为了获取裂隙岩体等效弹性柔度矩阵中的各个分量，建立方形裂隙岩体数值模型，数值试验基于方案一和方案二而展开（Wu et al.，2012）。其中，试验方案一用以获取与正应力分量相关的柔度矩阵分量，试验方案二用以获取与剪应力分量相关的柔度矩阵分量，具体试验方案如下。

试验方案一：在裂隙岩体模型三个相互垂直的方向（X、Y、Z）上分别施加初始压应力 σ_x、σ_y 和 σ_z，然后保持其中两个方向上的边界应力不变，在另一个方向上通过控制该方向上的模型边界的移动速率匀速加压，直至模型边界位移达到设定的极限位移，这个过程分别在其他两个方向上重复进行，如图 6.4（a）所示。

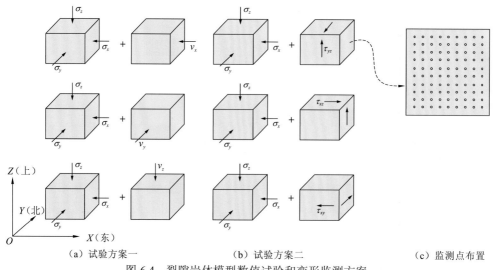

（a）试验方案一　　　　（b）试验方案二　　　　（c）监测点布置

图 6.4　裂隙岩体模型数值试验和变形监测方案

试验方案二：在裂隙岩体模型三个相互垂直的方向（X、Y、Z）上分别施加一定大小的压应力 σ_x、σ_y 和 σ_z，然后在模型任意两个相邻面上通过分步加载均匀地施加剪应力，如图 6.4（b）所示。

为了获取加载过程中裂隙岩体模型的变形量，在裂隙岩体模型的 6 个端面上分别布置 81 个监测点，监测点布置如图 6.4（c）所示。当对裂隙岩体模型进行加载时，记录岩体模型 6 个端面上的监测点在 X、Y 和 Z 方向上的坐标分量，并计算该面在 X、Y 和 Z 方向上的平均位置坐标，其相应的符号含义如表 6.2 及图 6.5（b）所示。图 6.5 中仅展示了沿 Z 方向加载时 X 和 Z 方向模型端面的相对变形情况，其他符号含义与此类似。

表 6.2　裂隙岩体模型各个面平均位置坐标符号含义

变量名	变量含义	变量名	变量含义
dispxn_x	x 负方向端面在 x 方向上的坐标值	dispxp_x	x 正方向端面在 x 方向上的坐标值
dispxn_y	x 负方向端面在 y 方向上的坐标值	dispxp_y	x 正方向端面在 y 方向上的坐标值
dispxn_z	x 负方向端面在 z 方向上的坐标值	dispxp_z	x 正方向端面在 z 方向上的坐标值
dispyn_x	y 负方向端面在 x 方向上的坐标值	dispyp_x	y 正方向端面在 x 方向上的坐标值
dispyn_y	y 负方向端面在 y 方向上的坐标值	dispyp_y	y 正方向端面在 y 方向上的坐标值
dispyn_z	y 负方向端面在 z 方向上的坐标值	dispyp_z	y 正方向端面在 z 方向上的坐标值
dispzn_x	z 负方向端面在 x 方向上的坐标值	dispzp_x	z 正方向端面在 x 方向上的坐标值
dispzn_y	z 负方向端面在 y 方向上的坐标值	dispzp_y	z 正方向端面在 y 方向上的坐标值
dispzn_z	z 负方向端面在 z 方向上的坐标值	dispzp_z	z 正方向端面在 z 方向上的坐标值

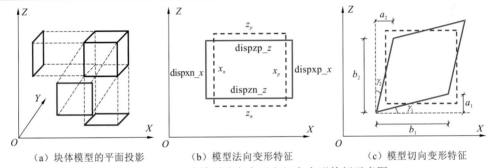

（a）块体模型的平面投影　　　（b）模型法向变形特征　　　（c）模型切向变形特征

图 6.5　裂隙岩体模型法向变形和切向变形特征示意图

　　为了计算裂隙岩体模型的等效应变分量，将模型的各个端面投影到坐标系平面上，如图 6.5（a）所示。由于裂面的存在，在不同方向正应力或剪应力加载条件下，裂隙岩体模型各个端面的投影均会产生如图 6.5（b）、（c）所示的几何形态的叠加变形。根据监测获得的岩体模型各个端面的平均坐标分量，并结合图 6.5（b）、（c）所示的裂隙岩体模型端面变形的几何特征（岩体其他端面的几何变形形态与此类似），可推导出裂隙岩体模型等效正应变和剪应变分量的表达式，如式（6.31）～式（6.33）和式（6.34）～式（6.36）所示。从而根据不同加载条件下的应力分量与应变分量计算对应的等效弹性柔度矩阵分量。根据试验方案一和试验方案二对裂隙岩体模型进行系统模拟后，即可获得裂隙岩体模型完备的等效弹性柔度矩阵的数值解。

$$\varepsilon_{xx} = (\text{dispxp\_}x - \text{dispxn\_}x)/(x_p - x_n) \tag{6.31}$$

$$\varepsilon_{yy} = (\text{dispyp\_}y - \text{dispyn\_}y)/(y_p - y_n) \tag{6.32}$$

$$\varepsilon_{zz} = (\text{dispzp\_}z - \text{dispzn\_}z)/(z_p - z_n) \tag{6.33}$$

$$\varepsilon_{xz} = \frac{1}{2}(\gamma_1 + \gamma_2) = \frac{1}{2}\left(\arctan\frac{a_1}{b_1} + \arctan\frac{a_2}{b_2}\right)$$

$$= \frac{1}{2}\left[\arctan\frac{\text{dispxp\_}z - \text{dispxn\_}z}{1+(\text{dispxp\_}x - \text{dispxn\_}x)} + \arctan\frac{\text{dispzp\_}x - \text{dispzn\_}x}{1+(\text{dispzp\_}z - \text{dispzn\_}z)}\right] \quad (6.34)$$

$$\varepsilon_{yz} = \frac{1}{2}\left[\arctan\frac{\text{dispyp\_}z - \text{dispyn\_}z}{1+(\text{dispyp\_}y - \text{dispyn\_}y)} + \arctan\frac{\text{dispzp\_}y - \text{dispzn\_}y}{1+(\text{dispzp\_}z - \text{dispzn\_}z)}\right] \quad (6.35)$$

$$\varepsilon_{xy} = \frac{1}{2}\left[\arctan\frac{\text{dispxp\_}y - \text{dispxn\_}y}{1+(\text{dispxp\_}x - \text{dispxn\_}x)} + \arctan\frac{\text{dispyp\_}x - \text{dispyn\_}x}{1+(\text{dispyp\_}y - \text{dispyn\_}y)}\right] \quad (6.36)$$

2）基于单组裂面变形张量的岩体张量变形本构模型验证

根据 3DEC 数值试验方案，对表 6.3 中的裂隙岩体模型进行数值试验，裂面系统的几何组构和变形参数已在表中列出。其中，完整岩石弹性模量取 40 GPa，泊松比取 0.25。

表 6.3　裂隙岩体数值模型及裂面参数取值

岩体模型	裂面产状	裂面参数				岩体模型示意图
		S_m/m	k_n/（GPa/m）	k_s/（GPa/m）	JF	
1	48.2°∠60°（α=49.8°，β=54.7°，λ=60°）	0.2	40	10	1	
2	45°∠45°（α=60°，β=60°，λ=45°）	0.2	40	20	1	
	270°∠60°（α=150°，β=90°，λ=60°）	0.2	20	10	0.5	
3	45°∠45°（α=60°，β=60°，λ=45°）	0.2	40	20	1	
	270°∠60°（α=150°，β=90°，λ=60°）	0.2	20	10	0.5	
	0°∠0°（α=90°，β=90°，λ=0°）	0.2	30	15	0.75	
	0°∠90°（α=90°，β=0°，λ=90°）	0.2	50	25	1.25	

对于表 6.3 中所示的裂隙岩体模型，模型边长与裂面间距的比值 a/S_m 决定了整个裂隙岩体模型的结构特征。为了避免模型尺寸效应对裂隙岩体等效弹性变形特性评价结果的影响，必须确定能够保证裂隙岩体等效弹性柔度矩阵分量稳定性的最小 a/S_m。以含单组裂隙岩体模型为对象进行研究，通过增加模型边长尺寸 a 以增加 a/S_m，并通过不同加载条件下模型变形量的监测结果计算相应 a/S_m 条件下的裂隙岩体模型等效弹性柔度矩阵的代表性分量，并与根据裂隙岩体张量变形本构模型计算获得的等效弹性柔度矩阵解

析解分量进行对比。图 6.6 给出了等效弹性柔度矩阵分量数值解与解析解的相对偏差随 a/S_m 的变化规律。可以看出，当 $a/S_m \geqslant 8$ 时，数值解的波动能够很好地控制在 1% 偏差范围内，并能够很好地满足数值模拟的精度。因此裂隙岩体模型边长取 1.6 m，裂面间距取 0.2 m。

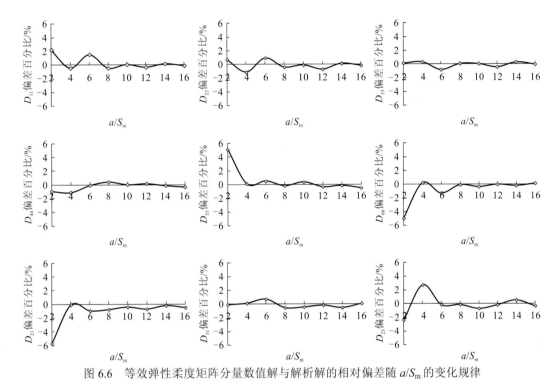

图 6.6 等效弹性柔度矩阵分量数值解与解析解的相对偏差随 a/S_m 的变化规律

根据表 6.3 中的裂面组构和变形参数及确定的岩体模型尺寸，建立合理的裂隙岩体模型，采用 3DEC 对不同裂隙岩体模型进行系统的数值试验模拟，以获得裂隙岩体完备等效弹性柔度矩阵数值解。同时，基于单组裂面变形张量的岩体张量变形本构模型计算等效弹性柔度矩阵的完备解析解。不同裂隙岩体模型等效弹性柔度矩阵的数值解与解析解对比结果如表 6.4 所示。可以看出，二者能够很好地吻合，这充分验证了基于单组裂面变形张量建立的岩体张量变形本构模型的准确性，并说明该本构模型能够准确描述含多组任意方位裂面系统岩体的空间等效弹性变形特性。另外，从裂隙岩体等效弹性柔度矩阵中可以看出，其相互作用系数项和 Chentsov 系数项的数量级与等效弹性模量和剪切模量的数量级相当，这说明当有裂面的存在时，正应力和剪应变以及剪应力与正应变之间存在明显的相互作用，在评价裂隙岩体等效变形特性时不可忽视。基于单组裂面变形张量推导获得的裂隙岩体完备等效弹性柔度矩阵给出了相互作用系数项和 Chentsov 系数项的解析解，这为裂隙岩体等效变形特性全面深入的研究提供了解析基础。

表 6.4 基于单组裂面变形张量的岩体张量变形本构模型计算的
岩体等效弹性柔度矩阵解析解与数值解对比

模型	数值解 D''/GPa^{-1}			解析解 D/GPa^{-1}		
1	$\begin{bmatrix} 16.77 & -5.82 & -4.59 & -8.92 & 6.02 & 7.02 \\ -5.79 & 14.98 & -3.76 & 7.16 & -8.08 & 9.32 \\ -4.54 & -3.74 & 12.67 & 8.99 & 9.96 & -6.98 \\ -4.49 & 3.60 & 4.51 & 11.42 & 2.37 & 0.01 \\ 3.03 & -4.02 & 5.18 & 2.30 & 11.90 & -1.83 \\ 3.47 & 4.62 & -3.53 & -0.01 & -1.77 & 11.49 \end{bmatrix} \times 10^{-2}$			$\begin{bmatrix} 16.82 & -5.84 & -453 & -9.03 & 6.05 & 6.99 \\ -5.84 & 15.01 & -3.76 & 7.21 & -8.08 & 9.31 \\ -4.53 & -3.76 & 12.66 & 9.03 & 10.09 & -6.70 \\ -4.51 & 3.61 & 4.51 & 11.46 & 233 & -0.01 \\ 3.03 & -4.04 & 5.04 & 2.33 & 11.98 & -1.80 \\ 3.50 & 4.65 & -3.50 & -0.01 & -1.80 & 11.45 \end{bmatrix} \times 10^{-2}$		
2	$\begin{bmatrix} 31.69 & -1.41 & -6.82 & -2.21 & 1.34 & 4.67 \\ -1.41 & 7.97 & -2.20 & 6.35 & -2.22 & 4.65 \\ -6.87 & -2.17 & 22.91 & 4.40 & -11.95 & -3.14 \\ -1.10 & 3.27 & 2.22 & 15.56 & 0.005 & -8.69 \\ 0.63 & -1.10 & -5.67 & 0.008 & 24.73 & 2.24 \\ 2.36 & 2.35 & -1.58 & -853 & 2.22 & 26.53 \end{bmatrix} \times 10^{-2}$			$\begin{bmatrix} 31.41 & -1.41 & -6.88 & -2.21 & -1.22 & 4.69 \\ -1.41 & 7.97 & -2.19 & 6.63 & -2.21 & 4.69 \\ -6.88 & -2.19 & 22.81 & 4.42 & -11.82 & -3.13 \\ -1.10 & 3.31 & 2.21 & 15.63 & 0.00 & -8.62 \\ 0.61 & -1.10 & -5.91 & 0.00 & 25.00 & 2.21 \\ 2.34 & 2.34 & -1.56 & -8.62 & 2.21 & 2656 \end{bmatrix} \times 10^{-2}$		
3	$\begin{bmatrix} 31.60 & -1.42 & -6.81 & -2.19 & 1.18 & 4.66 \\ -1.40 & 17.95 & -2.19 & 6.56 & -2.26 & 4.74 \\ -6.87 & -2.17 & 39.60 & 4.30 & -11.74 & -3.13 \\ -1.09 & 3.26 & 2.20 & 42.39 & -0.005 & -8.55 \\ 0.59 & -1.10 & -5.69 & -0.04 & 41.56 & 2.29 \\ 2.33 & 2.32 & -1.56 & -8.51 & 2.22 & 36.58 \end{bmatrix} \times 10^{-2}$			$\begin{bmatrix} 31.41 & -1.41 & -6.88 & -2.21 & 1.22 & 4.69 \\ -1.41 & 17.97 & -2.19 & 6.63 & -2.21 & 4.69 \\ -6.88 & -2.19 & 39.48 & 4.42 & -11.82 & -3.13 \\ -1.10 & 3.31 & 2.21 & 42.29 & 0.00 & -8.62 \\ 0.61 & -1.10 & -5.91 & 0.00 & 41.67 & 2.21 \\ 2.34 & 2.34 & -1.56 & -8.62 & 2.21 & 36.56 \end{bmatrix} \times 10^{-2}$		

3）基于综合裂面变形张量的岩体张量变形本构模型验证

虽然综合裂面变形张量特征系统能够很好地将裂面系统空间变形特性正交化，但从表 6.1 中具有不同裂面组构特征和变形性质的裂隙岩体模型的裂面变形张量性质分析结果可以看出，综合裂面变形张量特征系统对裂隙岩体空间变形主方位及主方位上的变形能力的精确表征局限于单组或正交裂面系统。所以为了验证基于综合裂面变形张量建立的岩体张量变形本构模型的正确性，对表 6.1 中的裂隙岩体模型的等效变形参数进行数值模拟分析，并将模拟获得的岩体等效弹性柔度矩阵数值解与根据基于综合裂面变形张量的岩体张量变形本构模型计算获得的解析解进行对比，对比结果如表 6.5 所示。

表 6.5　基于综合裂面变形张量的岩体张量变形本构模型获得的不同裂隙岩体模型
主要等效变形参数解析解与数值解对比

模型		裂隙岩体等效弹性变形参数								
		E_x/GPa	E_y/GPa	E_z/GPa	G_{yz}/GPa	G_{xz}/GPa	G_{xy}/GPa	v_{yz}	v_{xz}	v_{xy}
1-1	数值解	40.00	40.00	4.44	4.32	4.32	32.00	0.25	0.25	0.25
	解析解	40.01	40.01	4.45	4.32	4.33	32.00	0.25	0.26	0.25
1-2	数值解	8.89	40.00	4.71	5.52	6.40	12.31	0.25	0.39	0.06
	解析解	8.91	40.01	4.73	5.50	6.41	12.25	0.25	0.39	0.06
2-1	数值解	2.35	40.00	4.44	4.32	1.58	2.32	0.25	0.01	0.01
	解析解	2.35	40.01	4.44	4.33	1.58	2.32	0.25	0.01	0.01
2-2	数值解	2.05	40.00	2.58	3.56	2.46	2.62	0.25	0.24	0.01
	解析解	2.02	40.00	2.60	3.55	2.46	2.61	0.25	0.25	0.01
2-3	数值解	1.67	40.00	4.41	6.91	2.20	1.93	0.25	0.16	0.01
	解析解	1.66	39.99	4.58	6.92	2.22	1.93	0.25	0.16	0.01
3-1	数值解	2.35	8.00	4.44	3.02	1.58	1.88	0.05	0.01	0.01
	解析解	2.35	8.00	4.44	3.02	1.58	1.88	0.05	0.01	0.01
3-2	数值解	2.05	8.00	2.58	2.62	2.46	2.08	0.05	0.24	0.01
	解析解	2.03	8.00	2.59	2.61	2.47	2.06	0.05	0.25	0.01
4	数值解	1.52	3.90	1.91	2.25	1.84	1.69	0.17	0.22	0.06
	解析解	1.87	4.28	2.44	2.18	1.32	1.59	0.16	0.07	0.04

由表 6.5 中的对比结果可以看出，对于含单组或多组正交裂面组的岩体，通过基于裂面综合变形张量建立的岩体张量变形本构模型获得的岩体等效弹性变形参数的解析解与数值试验模拟获得的数值解的相对误差约为 0.2%，能够很好地吻合。但是对于含非正

交裂面组的岩体,张量变形本构模型对裂隙岩体等效变形参数的评价误差较大,如表 6.5 中的模型 2-3 和模型 4,尤其是模型 4 所示。所以基于裂面综合变形张量建立的岩体张量变形本构模型是具有一定适用范围的。

鉴于表 6.1 中的裂隙岩体数值模型对裂面组构特征及裂面变形特性反映得并不全面,且表 6.5 仅对裂隙岩体模型的特定方位的等效变形参数进行了对比,无法准确地界定基于裂面综合变形张量的岩体张量变形本构模型的适用范围。所以为了深入探讨岩体张量变形本构模型的适用范围,针对具有不同裂面组构特征和变形性质的裂隙岩体模型,分别采用基于综合裂面变形张量的岩体张量变形本构模型和 3DEC 数值试验模拟对岩体空间变形性质进行系统的对比分析,如图 6.7、图 6.8 所示。从对比结果中可明显看出,基于综合裂面变形张量的岩体张量变形本构模型能够准确地评价含单组、正交裂面组及具有单位变形刚度比的任意裂面系统的裂隙岩体空间等效变形特性。

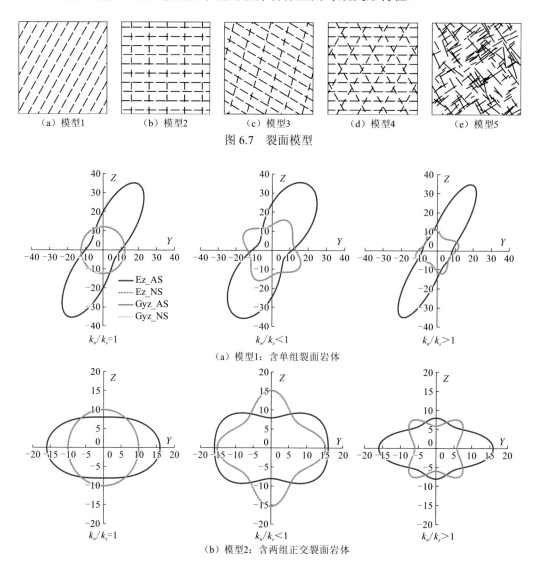

(a) 模型1   (b) 模型2   (c) 模型3   (d) 模型4   (e) 模型5

图 6.7 裂面模型

(a) 模型1:含单组裂面岩体

(b) 模型2:含两组正交裂面岩体

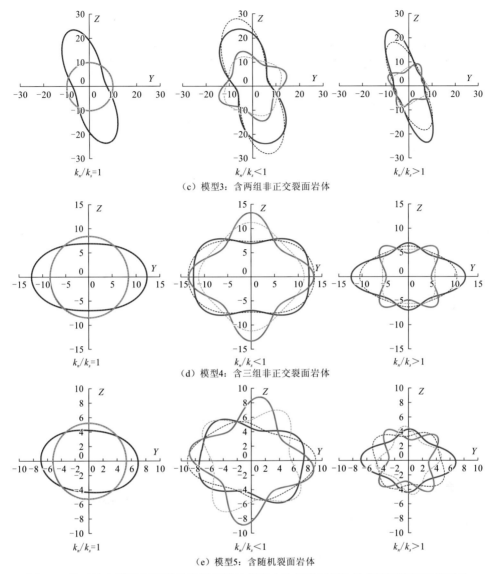

(c) 模型3: 含两组非正交裂面岩体

(d) 模型4: 含三组非正交裂面岩体

(e) 模型5: 含随机裂面岩体

图 6.8 基于综合裂面变形张量的岩体张量变形本构模型获得的具有不同裂面系统岩体
等效变形参数空间变化特性解析解与 3DEC 数值解对比

6.1.3 裂隙岩体空间各向异性变形特性

裂面的存在使得裂隙岩体变形表现出空间各向异性, 即裂隙岩体在不同方位上的等效弹性变形参数具有差异性。宏观掌握具有不同组构特征和变形特性裂面的岩体等效弹性变形参数的空间各向异性变化规律, 对岩体工程支护的优化设计具有重要的指导意义, 尤其对被优势裂面组切割而具有显著各向异性变形特征的工程岩体。本小节对含单组裂隙岩体及具有不同特征值系统和变形刚度比的复杂裂隙岩体的空间各向异性变形特征进行研究。

1. 含单组裂隙岩体空间各向异性变形特性

含单组裂隙岩体或层状岩体在岩石工程中广泛揭露，所以首先重点研究含单组裂隙岩体的空间各向异性变形特性。裂隙岩体的变形性质主要用等效变形参数进行表征，即等效弹性模量、等效剪切模量和等效泊松比，所以对含单组裂隙岩体的等效弹性模量、等效剪切模量和等效泊松比的空间变化规律进行系统的分析和探讨。

为了清晰简明地展现裂面的空间分布方位，此处采用裂面方位向量来代表裂面的空间方位。一组裂面的方位向量有两个，其方向相反。为了完整地表现岩体等效弹性变形参数在整个三维空间中的变化规律，对每组裂面的两个方位向量所对应的空间方位上的等效弹性变形参数进行计算，以反映含单组裂隙岩体的空间变形性质，裂隙岩体模型的基本参数取值如表 6.6 所示。基于表 6.6 中的参数值，采用控制变量法研究含单组裂隙岩体等效弹性参数的空间变化规律，表中加粗标记的参数值是基本参数值，通过改变岩块或裂面相应特性参数值来研究该特性对岩体等效弹性变形参数的影响规律，其他特性参数均取基本参数值。其中，在研究裂面变形刚度对裂隙岩体等效弹性变形参数的影响规律时，采用的是基本变形刚度值，通过改变裂面变形刚度比来实现裂面变形刚度值的改变。

表 6.6　裂隙岩体模型基本参数

E/GPa	ν	G/GPa	S_m/m	k_n/k_s	k_n/(GPa/m)	k_s/(GPa/m)	α、β、λ
20	0.15	8	0.4	5			
40	**0.25**	**16**	**0.8**	**1**	**40**	**10**	$[0, 2\pi]$
60	0.35	24	1.2	0.5			

根据裂隙岩体模型基本参数值，结合式（6.15）和式（6.21）计算当裂面分布方位改变时，裂隙岩体 Z 方向上的等效弹性模量，从而作出裂隙岩体 Z 方向等效弹性模量随裂面空间分布方位的变化规律图，如图 6.9 所示。图 6.9 在球坐标系下展现了裂隙岩体 Z 方向等效弹性模量随裂面空间分布方位的变化规律，即原点到曲面上点的位置向量确定了裂面的方位向量，方位向量与 X 轴、Y 轴和 Z 轴的夹角分别为 α、β 和 λ，曲面的颜色表示 Z 方向等效弹性模量的大小。图 6.9 中给出了曲面上三个特殊点所对应的裂面分布方位来说明三维曲面图形的含义。初步分析可知，含单组裂隙岩体的等效弹性变形参数随裂面方位的变化规律具有明显的空间对称性，所以在对等效弹性参数的空间变化规律进行分析时，主要针对第一象限空间中的裂隙岩体等效弹性参数的变化规律进行分析。另外，不同方位上的同一等效弹性参数，如 E_x、E_y 和 E_z 等，具有相似的解析表达形式，所以本小节仅以特定方位的等效弹性参数，即 E_z、G_{xy} 和 ν_{xy} 为代表进行图形分析，以评价含单组裂隙岩体等效弹性参数的空间变化规律。

1）等效弹性模量

由式（6.21）可知，等效弹性模量的柔度矩阵分量与岩块弹性模量、裂面间距、连通率、方位及裂面变形刚度相关，以 E_z 为例，其空间变化规律如图 6.10 和图 6.11 所示。

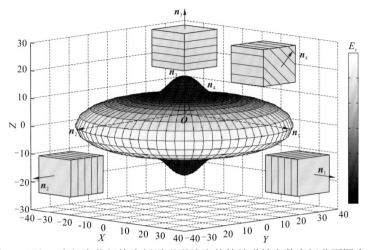

图 6.9　以 E_z 空间变化规律为例说明裂隙岩体等效弹性参数空间曲面图含义

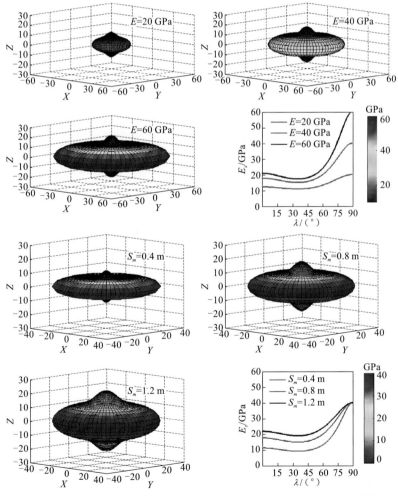

图 6.10　不同岩块弹性模量和裂面间距条件下 E_z 的空间变化规律

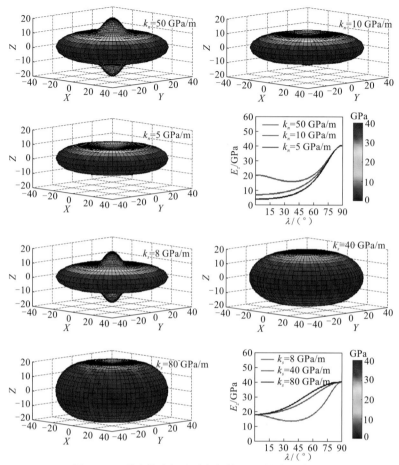

图 6.11　不同裂面变形刚度条件下 E_z 的空间变化规律

由图 6.10 和图 6.11 中含单组裂隙岩体等效弹性模量的空间变化规律可知：裂隙岩体等效弹性变形模量随着完整岩石弹性模量、裂面间距和裂面变形刚度的增大而增大；岩体特定方位等效弹性模量的大小仅随裂面方位向量与所研究方位夹角的变化而变化，表现为横观各向同性；在第一象限空间，刚度比减小时，等效弹性模量随着裂面方位向量与所研究方位夹角的增大，由先减小后增大转化为逐渐增大，在完整空间表现为由外凸的空间曲面形态逐渐转化为内凹的曲面形态，所以裂面的变形刚度比控制着等效弹性模量取得最小值时的裂面的空间方位，即控制着岩体等效弹性模量的空间变化趋势；当裂面方位向量与研究方位垂直时，岩体等效弹性模量的大小与完整岩石弹性模量相等，不随裂面性质的变化而变化，此时等效弹性模量最大。

2）等效剪切模量

由式（6.22）可知，等效剪切模量的柔度矩阵分量与岩块剪切模量、裂面间距、连通率、方位及裂面变形刚度相关，以 G_{xy} 为例，其空间变化规律如图 6.12 和图 6.13 所示。

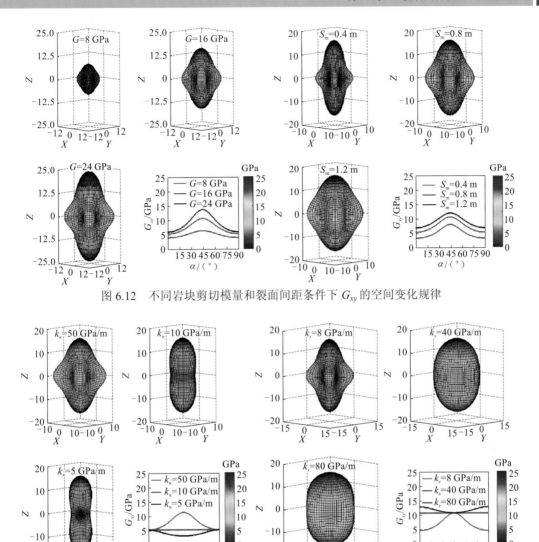

图 6.12 不同岩块剪切模量和裂面间距条件下 G_{xy} 的空间变化规律

图 6.13 不同裂面变形刚度条件下 G_{xy} 的空间变化规律

由图 6.12 和图 6.13 中含单组裂隙岩体等效剪切模量的空间变化规律可知：裂隙岩体等效剪切模量随着完整岩石剪切模量、裂面间距和裂面变形刚度的增大而增大；当裂面方位向量与所研究平面垂直时，等效剪切模量的大小与完整岩石剪切模量相等，不随裂面相关性质的变化而变化，此时等效剪切模量为最大值；裂面变形刚度比控制着等效剪切模量的空间变化趋势，即在所研究的剪切模量对应的平面上，随着裂面方位向量与该平面上坐标轴夹角的增大而变化。当变形刚度比大于 1 时，等效剪切模量先增大后减小；当变形刚度比小于 1 时，等效剪切模量先减小后增大；当变形刚度比等于 1 时，等效剪切模量保持不变。

3）等效泊松比

由式（6.23）可知，等效泊松比的柔度矩阵分量与岩块弹性模量、泊松比、裂面间距、连通率、方位及裂面变形刚度相关，以ν_{xy}为例，其空间变化规律如图 6.14 和图 6.15 所示。

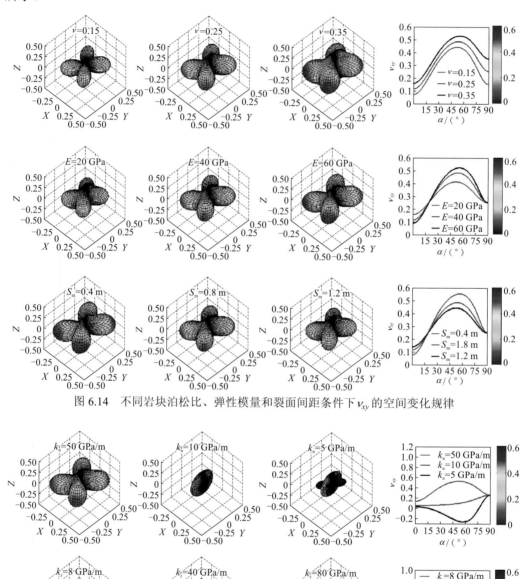

图 6.14 不同岩块泊松比、弹性模量和裂面间距条件下ν_{xy}的空间变化规律

图 6.15 不同裂面变形刚度条件下ν_{xy}的空间变化规律

由图 6.14 和图 6.15 中含单组裂隙岩体等效泊松比的空间变化规律可知，裂隙岩体等效泊松比随着岩块泊松比的增大而增大。等效泊松比随岩块弹性模量和裂面间距的变化规律在所研究泊松比的对应平面上存在临界值效应，即当等效泊松比与岩块泊松比相等时，裂面方位向量与该平面上坐标轴的夹角等于临界值，临界值由式（6.37）可得

$$\alpha_f = \arcsin \sqrt{\frac{v}{1-v} \cdot \frac{k_s}{k_n - k_s}} \tag{6.37}$$

当裂面方位向量与该平面坐标轴夹角等于临界值时，等效泊松比不随岩块弹性模量和裂面间距的变化而变化；小于临界值时，等效泊松比随着完整岩块弹性模量增大而减小，随着裂面间距的增加而增大；大于临界值时，等效泊松比随着完整岩块弹性模量的增大而增大，随着裂面间距的增大而减小。等效泊松比随着裂面法向变形刚度的增大而增大，随着切向变形刚度的增大而减小，裂面变形刚度比同样控制着等效泊松比的空间变化的整体趋势，在所研究的平面上，随着裂面变形刚度比的减小，等效泊松比随着裂面方位向量与该平面坐标轴夹角的增大，由先增大后减小的趋势逐渐转化为先减小后增大。

2. 复杂裂隙岩体空间各向异性变形特性

对于含有复杂裂面系统的岩体，其空间各向异性变形特性可以采用基于综合裂面变形张量建立的岩体张量变形本构模型进行分析。裂隙岩体空间各向异性变形特性与综合裂面变形张量的特征系统及裂面变形刚度密切相关。由基于综合裂面变形张量岩体张量变形本构模型的适用范围可知，该模型能够准确地评价具有单组、正交裂面组及单位变形刚度比的任意裂面系统岩体的空间变形特性。另外，裂隙岩体空间变形规律的表征已涵盖了不同特征向量下岩体等效变形特性。所以，在岩体张量变形本构模型的适用范围内，具有相同特征值和变形刚度比的裂隙岩体空间各向异性变形特性相同。因此，本小节对具有不同相对大小特征值和变形刚度比的裂隙岩体进行空间各向异性变形特性分析，以揭示具有不同裂面组构特征和变形性质的复杂裂隙岩体空间各向异性变形特性。

为了更加形象地表示具有不同相对大小特征值的裂面系统，采用基于裂面变形张量建立岩体张量变形本构模型的核心思想，将具有不同大小特征值的裂面变形张量的任意裂面系统等效为三组相互正交的裂面组，如图 6.16 所示。由于等效正交裂面组的空间相对方位不变，采用基准等效裂面组的方位向量表征具有不同空间分布方位的裂面系统，即在特定相对大小的特征值下，具有不同特征向量的裂面变形张量的裂面系统。通过改变裂面系统变形张量特征向量，以实现对裂隙岩体空间变形特性的表征。以裂隙岩体典型等效变形参数 E_z 和 G_{xy} 为代表分析具有不同组构特征和变形性质的裂隙岩体空间各向异性变形规律，如表 6.7 和表 6.8 所示。

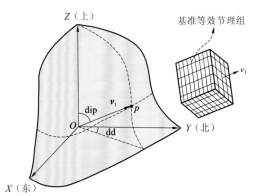

图 6.16　复杂裂面系统等效示意图

表 6.7　裂隙岩体等效弹性模量空间变化规律

特征值和刚度比	立体视图	XY 平面视图	XZ 平面视图	YZ 平面视图
$T_1=T_2=T_3$ $k_n/k_s>1$				
$T_1=T_2=T_3$ $k_n/k_s<1$				
$T_1=T_2=T_3$ $k_n/k_s=1$				

续表

特征值和刚度比	立体视图	XY 平面视图	XZ 平面视图	YZ 平面视图
$T_1 \neq T_2 = T_3$　$k_n/k_s > 1$				
$T_1 \neq T_2 = T_3$　$k_n/k_s < 1$				
$T_1 \neq T_2 = T_3$　$k_n/k_s = 1$				

续表

特征值和刚度比	立体视图	XY 平面视图	XZ 平面视图	YZ 平面视图
$T_1 \neq T_2,\ T_2 \neq T_3,\ T_1 \neq T_3$ $k_n/k_s > 1$				
$T_1 \neq T_2,\ T_2 \neq T_3,\ T_1 \neq T_3$ $k_n/k_s < 1$				
$T_1 \neq T_2,\ T_2 \neq T_3,\ T_1 \neq T_3$ $k_n/k_s = 1$				

表 6.8　裂隙岩体等效剪切模量空间变化规律

特征值和刚度比	立体视图	XY 平面视图	XZ 平面视图	YZ 平面视图
$T_1=T_2=T_3$ $k_n/k_s>1$				
$T_1=T_2=T_3$ $k_n/k_s<1$				
$T_1=T_2=T_3$ $k_n/k_s=1$				

续表

特征值和刚度比	立体视图	XY 平面视图	XZ 平面视图	YZ 平面视图
$T_1 \neq T_2 = T_3$ $k_n/k_s > 1$				
$T_1 \neq T_2 = T_3$ $k_n/k_s < 1$				
$T_1 \neq T_2 = T_3$ $k_n/k_s = 1$				

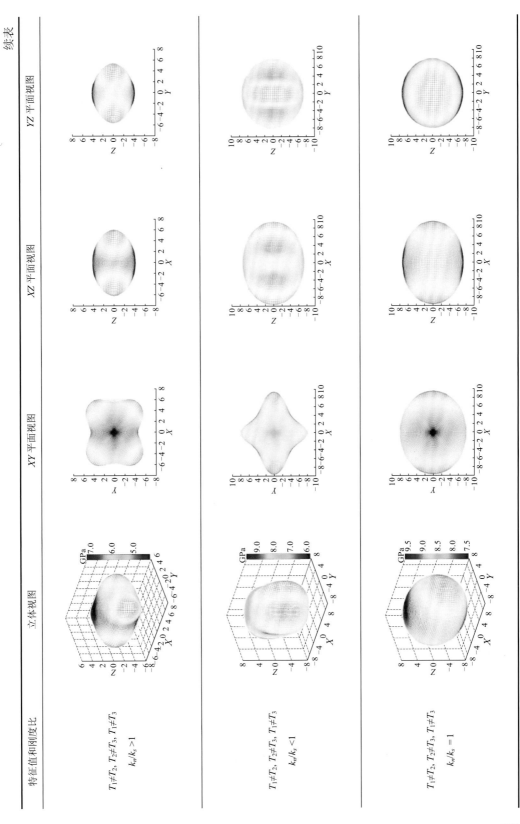

从表 6.7 和表 6.8 中可以看出，综合裂面变形张量的特征值系统和裂面变形刚度比综合控制着裂隙岩体等效变形参数空间变形规律，具体如下。

（1）综合裂面变形张量特征值和岩块变形参数绝对大小决定了裂隙岩体等效变形参数的绝对大小，而综合裂面变形张量特征值的相对大小控制着等效弹性参数空间变化规律的对称形态，即岩体空间变形的各向异性特征和程度。

（2）裂面系统的变形刚度比控制着裂隙岩体等效变形参数空间变化曲面的凹凸形态，即变形主方位之间等效变形参数的变化趋势。当变形刚度比大于 1 时，等效弹性模量空间变化曲面在主值方位间呈现凹陷形态，即相邻特征方位之间，等效变形参数的变化呈先减小后增大的变化趋势；当刚度比小于 1 时，等效弹性模量空间变化曲面在主值方位间呈现凸出形态，即相邻特征主值方位之间等效变形参数的变化呈先增大后减小的趋势；当刚度比等于 1 时，等效弹性模量的空间变化曲面呈球态或椭球态，对应的相邻特征主值方位之间等效变形参数的变化呈现不变或单调变化的趋势。对于 XY 平面内的剪切模量，当裂面变形刚度比不等于 1 时，等效剪切模量的空间变化规律与等效弹性模量相反，而当刚度比等于 1 时，等效剪切模量的空间变化曲面同样呈球态或椭球态，对应的相邻特征主值方位之间等效变形参数的变化呈现不变或单调变化的趋势。

（3）由基于综合裂面变形张量的岩体张量变形本构模型的适用范围可知，表 6.7 和表 6.8 中裂隙岩体的空间变形规律是对具有三组正交裂面组或具有单位变形刚度比的任意裂面系统岩体的空间各向异性变形规律的精确表征。对于不具有单位变形刚度比的非正交裂面系统的岩体，可以近似反映其空间变形。

6.2 岩体等效强度模型

含非贯通裂隙岩体的破坏机制和模式决定了岩体的破坏强度。含贯通裂面的岩体一般沿裂面破坏或是沿完整岩石破坏，破坏模式相对简单和单一，已有相对成熟的强度评价理论。然而，非贯通裂隙岩体岩桥的存在使得裂面对岩体破坏的主控作用减弱。在不同裂面组构条件下，断续裂面单元尖端应力集中构成的复杂的应力场决定了岩桥贯通的最优路径，与裂面单元组合形成宏观贯通的破坏面，破坏模式复杂多样。岩体最终破坏形态是局部裂面单元与岩桥拉剪组合破坏的宏观综合体现。非贯通裂隙岩体破坏模式的复杂性主要是由裂面组构的多样性和应力状态对破坏模式的导向性所致。所以弄清楚含单组非贯通裂面组构特征和完整岩石材料力学特性对岩体破坏模式的影响机制和规律，是建立具有一定普适性和推广性的非贯通裂隙岩体强度破坏准则的基础。

6.2.1 非贯通张开裂面对岩石强度的弱化机制

工程岩体中裂面一般成组出现，裂面组与组之间、裂面组中裂面单元与单元之间及裂面单元与完整岩石之间的相互作用导致非贯通裂隙岩体表现出复杂的破坏模式和各向异性强度特征。弄清楚含单组非贯通裂隙岩体的破坏机制及各向异性强度特性，是进行具有复杂岩体结构特征的岩体强度特性评价的基础。所以本节针对含单组非贯通张开裂隙岩体，采用非贯通裂隙岩体颗粒数值模型对非贯通张开裂隙岩体在单轴压缩应力状态下的力学行为进行模拟，全面研究非贯通裂面几何分布特征对其破坏机制和各向异性强度特征的影响规律。非贯通裂面几何组构特征参数如图 6.17 所示。

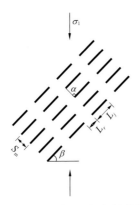

图 6.17　非贯通裂面几何组构特征参数

σ_1 为最大主应力；β 为节理单元倾角；S_m 为节理间距；L_j 为节理单元长度；L_r 为岩桥长度；α 为节理尖端连线夹角

1. 含单组非贯通张开裂隙岩体破坏模式的定义

非贯通张开裂隙岩体的破坏模式决定了岩体破坏强度的大小，所以对含单组非贯通张开裂隙岩体的破坏模式进行区分和定义是进行岩体各向异性强度特性评价的基础。对于含单组非贯通张开裂隙岩体的破坏模式，目前已有很多学者根据室内试验和数值试验结果，按照非贯通裂隙岩体的破坏形态对其破坏模式进行了划分和定义（刘刚 等，2016；Bahaaddini et al.，2013；Prudencio et al.，2007），主要可分为劈裂破坏（I）、块体转动破坏（R）、阶梯式破坏（S）、平面破坏（P）及各种破坏模式的组合破坏。岩石材料的破坏模式是材料细观颗粒接触破坏的宏观表现，所以采用试样颗粒模型中颗粒 flat-joint 接触的断裂类型来表征试样的细观破坏机制。其中含单组非贯通张开裂隙岩体的典型破坏模式及其破坏机制如表 6.9 所示。劈裂破坏是指试样因在加载条件下发育平行于加载方向的陡倾破裂面而失效；块体转动破坏是指裂面单元尖端发育的翼裂纹连接相邻非共面裂面单元，将完整岩石切割成小的块体从而导致试样破坏；阶梯式破坏是指裂面单元端部翼裂纹连接非共面错位裂面形成的阶梯形态的贯通破坏面从而导致试样破坏；平面破坏是指裂面尖端的共面次生裂纹连接共面裂面形成贯通平面而导致试样破坏；组合破坏是指试样破坏由多种破坏模式共同导致，比如块体转动破坏与阶梯式破坏构成的组合破坏模式，阶梯式破坏与平面破坏构成的组合破坏模式等。从数值模型中颗粒接触的断裂机制可以看出，单轴压缩条件下含单组非贯通张开裂隙岩体中完整岩石材料的破坏主要由拉破坏控制，如劈裂破坏、块体转动破坏、阶梯式破坏等，其中平面破坏模式中共面裂面单元之间岩桥的宏观贯通表现为剪切破坏，在细观层面上岩桥颗粒接触破坏类型主要表现为剪切破坏，但同时伴随有一定的拉破坏。

表 6.9　含单组非贯通张开裂面试样破坏特征

特征	$\beta=0°$	$\beta=15°$	$\beta=30°$	$\beta=45°$	$\beta=60°$	$\beta=75°$	$\beta=90°$
破坏形态							
破裂机制	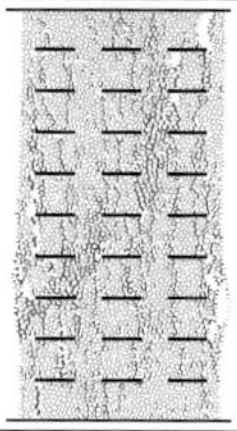	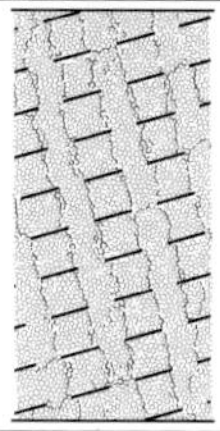		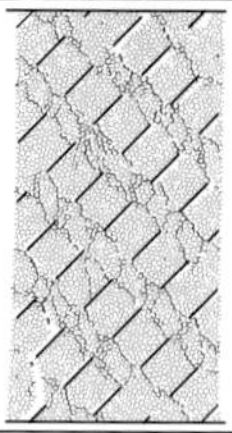	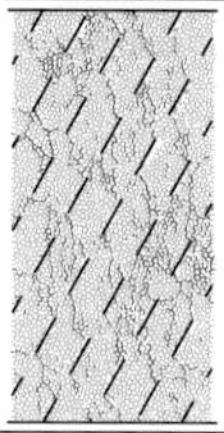	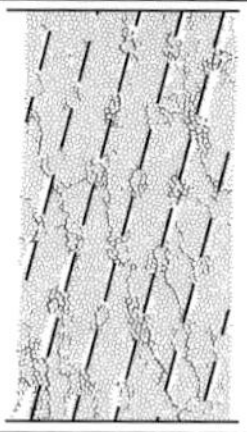	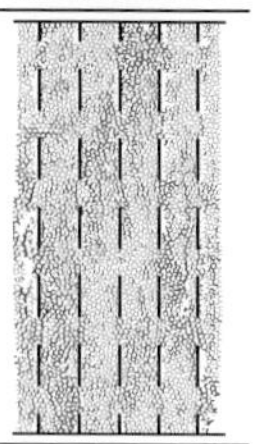
破坏模式	I	R	R	R+S	S	P	I

注：表中破裂机制图中红色短线段表征颗粒接触（flat-joint）的断裂是由拉破坏导致，蓝色短线段表征颗粒接触的断裂是由剪切破坏导致。

2. 裂面组构特征对岩体各向异性强度特性的影响

采用颗粒数值模型对具有不同裂面组构特征的非贯通张开裂隙岩体在单轴压缩条件下的力学行为进行模拟，颗粒数值模型结构参数取值如表 6.10 所示。对于非贯通裂隙岩体，裂面间距越小，不共面裂面单元之间的岩桥越容易被贯通，而岩桥贯通的难易程度同时也受裂面单元长度的影响，所以裂面间距相对于裂面单元长度的大小才是影响岩体破坏强度特性的关键组构特征，采用裂面间距与裂面单元长度的比值进行裂面间距大小的表征。将表 6.10 中的裂面组构参数进行排列组合并建立具有相应结构特征的颗粒模型，进行非贯通张开裂隙岩体力学行为的模拟，以研究非贯通张开裂面组构特征对岩体各向异性强度特性的影响机制。表 6.11～表 6.14 中列出了在不同裂面组构条件下，含单组非贯通张开裂隙岩体破坏模式的模拟结果；图 6.18 和图 6.19 给出了相应条件下裂隙岩体强度的各向异性特征曲线。为了更加直观地统一量化非贯通裂面对完整岩石强度的弱化程度，采用裂隙岩体强度与完整岩石强度的比值进行裂隙岩体强度相对大小的表征，使分析结论更具推广性。

表 6.10　非贯通张开裂面试样颗粒数值模型结构参数

结构参数	参数取值
模型试样尺寸/mm	50×100
裂面单元长度 L_j/mm	10
间距与裂面长度比值 S_m/L_j	0.5、0.75、1.0、1.5
裂面连通率 p	0.8、0.7、0.6、0.5、0.4
裂面倾角 β/(°)	0、15、30、45、60、75、90

表 **6.11** 含单组非贯通张开裂面试样的破坏模式（$S_m/L_j = 0.5$）

p	$\beta=0°$	$\beta=15°$	$\beta=30°$	$\beta=45°$	$\beta=60°$	$\beta=75°$	$\beta=90°$
0.8	I	R	R	R	R	P	I
0.7	I	R	R	R	R	P+S	I
0.6	I	R	R	R	R	P+S	I
0.5	I	R	R	R	R	S	I
0.4	I	R	R	R	R	S	I

表 6.12　含单组非贯通张开裂面试样的破坏模式（$S_m/L_j = 0.75$）

p	$\beta=0°$	$\beta=15°$	$\beta=30°$	$\beta=45°$	$\beta=60°$	$\beta=75°$	$\beta=90°$
0.8	I	R	R	R	R+S	P	I
0.7	I	R	R	R	R+S	P+S	I
0.6	I	R	R	R	R+S	P+S	I
0.5	I	R	R	R	R+S	P+S	I
0.4	I	R	R	R	R+S	P+S	I

表 **6.13**　含单组非贯通张开裂面试样的破坏模式（$S_m/L_j = 1.0$）

p	$\beta=0°$	$\beta=15°$	$\beta=30°$	$\beta=45°$	$\beta=60°$	$\beta=75°$	$\beta=90°$
0.8	I	R	R	R+S	S	P	I
0.7	I	R	R	R+S	S	P	I
0.6	I	R	R	R+S	S	P	I
0.5	I	R	R	R+S	S	P+S	I
0.4	I	R	R	R+S	S	P+S	I

表 6.14 含单组非贯通张开裂面试样的破坏模式（$S_m/L_j = 1.5$）

ρ	$\beta=0°$	$\beta=15°$	$\beta=30°$	$\beta=45°$	$\beta=60°$	$\beta=75°$	$\beta=90°$
0.8	I	R	R+S	S	S+P	P	I
0.7	I	R	R+S	S	S	P	I
0.6	I	R	R	S	S	P	I
0.5	I	R	R	S	S	P	I
0.4	I	R	R	S	S	P	I

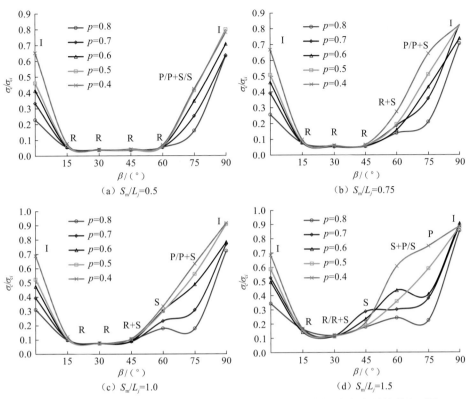

图 6.18　相同裂面间距条件下含单组非贯通张开裂面试样强度各向异性特征对比

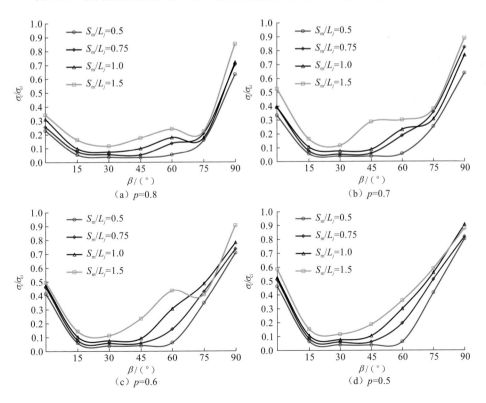

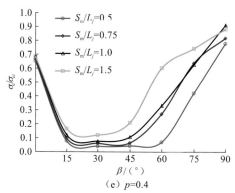

（e）p=0.4

图 6.19　相同裂面连通率条件下单组非贯通张开裂面试样强度各向异性特征对比

由表 6.11～表 6.14 可以看出，裂面与最大主应力的相对方位（可用裂面倾角 β 进行表征）是控制裂面试样破坏模式的主要因素。β 为 0°～90° 时，随着裂面倾角的增大，含单组非贯通张开裂面试样的破坏模式依次表现为：劈裂破坏、块体转动破坏、阶梯式破坏、平面破坏和劈裂破坏。不同破坏模式对应的岩桥贯通路径和机理的差异导致试样破坏强度表现为明显的各向异性特征。结合图 6.18 中裂面试样强度各向异性特征曲线可以看出，破坏模式差异引发的裂面试样强度各向异性特征整体表现为：块体转动破坏对应的裂面试样强度最小，其次是阶梯式破坏，然后是平面破坏，劈裂破坏对应的裂面试样强度最大。其中，含 0° 倾角的非贯通张开裂面试样的破坏强度小于 90°。当裂面倾角为 0° 时，由于裂面呈张开状态，在垂直于裂面的法向力作用下，裂面单元中部和端部的非协调变形导致在裂面单元中部和尖端垂直于裂面发育陡倾裂纹，且随着轴向力的增大裂纹不断扩展并相互贯通，直至贯通整个试样，从而导致试样最终以劈裂形态破坏。所以与块体转动破坏、阶梯式破坏和平面破坏相同，含 0° 倾角的张开裂面试样的破坏也源于裂面端部的裂纹扩展，即试样的破坏受裂面的控制。然而，当裂面倾角为 90° 时，在平行于裂面的轴向力作用下，完整试样本身的损伤破裂先于裂面端部发生，试样破坏主要由完整岩石的劈裂破坏所致，几乎不受裂面的控制，但是裂面的存在减小了完整试样劈裂破坏过程中的抗力，一定程度上弱化了完整试样强度。因此，随着裂面倾角的增大，含单组非贯通张开裂面试样强度整体上表现为先减小后增大的趋势，且强度最小值偏向于 0° 裂面方位。

图 6.18 和图 6.19 中裂面试样强度的各向异性特征曲线显示，随着不同裂面间距和连通率组合条件的变化，裂面试样不同方位对应的试样破坏强度的相对大小和绝对大小随之改变。将表 6.11～表 6.14 中不同组构条件下裂面试样的破坏模式与图 6.18 和图 6.19 中相应组构条件下裂面试样强度特征进行对比分析可发现：不同方位条件下裂面试样破坏强度相对大小的改变导致试样各向异性特征曲线局部形态的改变，这是试样在破坏过程中根据当前裂面组构条件进行优势破坏路径选择破坏的结果，即由破坏模式的改变所引起；而裂面试样不同方位对应的试样破坏强度绝对大小的改变主要是由特定破坏模式下试样中岩桥贯通难易程度的差异所引起。因此，掌握影响裂面试样各向异性强度特征曲线形态和裂面对完整试样强度弱化程度绝对大小的主要因素和规律特性，对定量描述含单组非贯通张开裂隙岩体的各向异性强度特性非常重要。

图 6.18 和图 6.19 以不同形式表征了不同组构条件下含单组非贯通张开裂面试样强度的各向异性特征。从图 6.18 中可以明显看出，裂面间距是控制裂面试样破坏模式的主要因素。随着裂面间距的增大，相邻非共面裂面单元尖端翼裂纹的贯通路径延长，大倾角（45°～60°）裂面单元尖端裂纹扩展并贯通相邻非共面裂面之间岩桥的难度增大，从而选择贯通错位非共面裂面间的岩桥，形成阶梯式破坏或劈裂破坏与阶梯破坏的组合破坏模式，导致相应裂面倾角下裂面试样破坏强度增大。所以，随着裂面间距的增大，块体转动破坏对应的裂面倾角范围逐渐减小，即各向异性特征曲线最小值对应的裂面倾角范围逐渐减小，最小值对应的裂面倾角逐渐向小角度偏移，从而导致裂面试样强度各向异性特征改变。块体转动破坏是由于裂面单元尖端翼裂纹扩展贯通相邻非共面裂面单元之间岩桥逐渐在裂面尖端形成垂直于裂面的多条破裂面，联合裂面单元将试样切割成小的块体而导致的。块体转动破坏不产生错位裂面和共面裂面间岩桥的贯通破坏，所以当裂面试样发生块体转动破坏时，连通率不影响裂面试样强度的大小。

由图 6.18 可以看出，裂面连通率只在试样发生劈裂破坏、阶梯式破坏和平面破坏时对试样强度产生影响，总体趋势表现为相同破坏模式下裂面试样强度随着连通率的增大而减小。但是由于不同破坏模式下岩桥贯通路径的不同，连通率在不同破坏模式下对裂面试样强度的影响程度存在差异。图 6.20 展现了不同裂面倾角条件下，裂面试样强度随连通率变化的规律。可以看出，当试样发生平面破坏时，裂面连通率的变化对试样强度的影响程度最大，其次是 0°倾角对应的劈裂破坏，然后是阶梯式破坏，最后是 90°倾角对应的劈裂破坏，连通率对发生块体转动破坏的裂面试样强度不产生影响。

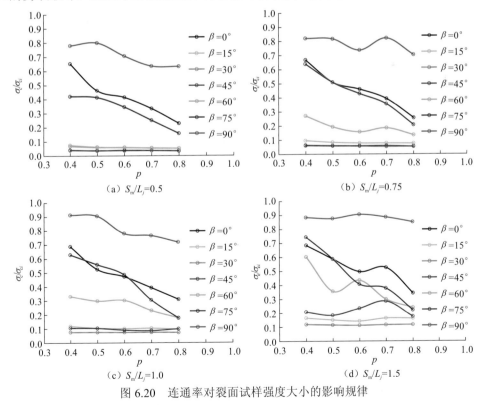

图 6.20 连通率对裂面试样强度大小的影响规律

由图 6.20 可以看出，裂面间距不仅控制着单组非贯通张开裂面试样强度的各向异性特征，还影响着裂面试样强度的绝对大小。随着裂面间距的增大，不同倾角下裂面试样强度整体表现出逐渐增大的趋势。其中，当裂面倾角为 75° 时，裂面试样强度随着裂面间距的增大，其变化规律存在一定的波动。当裂面连通率较小（$p=0.8$）时，含 75° 倾角裂面的试样破坏模式为典型的平面破坏，此时裂面间距对岩体破坏强度的影响较小。随着裂面连通率的增大，含 75° 倾角裂面的试样发生平面破坏的同时伴随有局部阶梯式破坏，在连通率和间距相对大小的控制下，裂面尖端发育的裂纹贯通非共面错位裂面的路径存在随机性，所以裂面试样强度随着裂面间距的增大呈现波动增大的趋势，但总体表现为逐渐增大的趋势。

3. 岩石材料特性对岩体各向异性强度特征的影响

以上关于单组非贯通张开裂面试样的破坏机制分析结果显示，单组非贯通张开裂面试样的破坏主要由张拉破坏控制，所以针对完整岩石材料，重点研究完整岩石材料抗拉强度特征对单组非贯通张开裂面试样各向异性强度特征的影响规律，即对具有不同压拉强度比的完整岩石材料在具有不同组构特征裂面的切割下的力学特性进行数值模拟。通过 flat-joint 接触细观参数的调节以实现完整岩石材料压拉强度比在 8~20 变化，该范围能够很好地覆盖一般岩石材料的压拉强度比的大小。

图 6.21 展现了不同压拉强度比条件下，单组非贯通张开裂面试样各向异性强度特征。从图中可以看出，当裂面连通率为 0.8 时，含 75° 倾角裂面的试样发生典型平面破坏，此时完整岩石压拉强度比的变化对岩体破坏强度几乎不产生影响，同时，随着完整岩石材料压拉强度比的减小，具有相同组构特征的裂面试样强度逐渐增大。因此，总体上可认为完整岩石压拉强度比均匀地影响着裂隙岩体强度的绝对大小，对岩体强度的各向异性特征不产生影响。

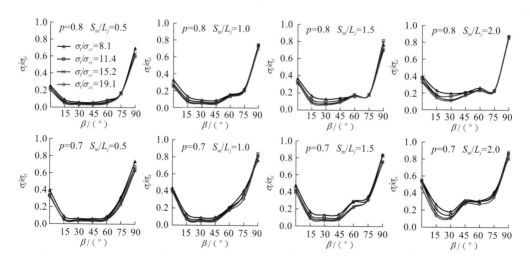

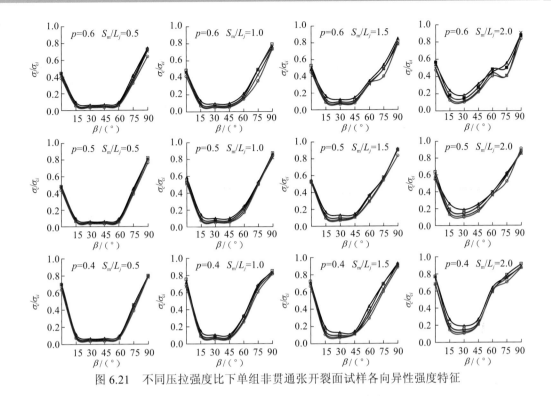

图 6.21 不同压拉强度比下单组非贯通张开裂面试样各向异性强度特征

6.2.2 基于非贯通张开裂面系数的岩体经验强度准则的建立

基于上述单组非贯通裂面对完整岩石强度的各向异性弱化机制，建立相应的强度评价准则，以量化非贯通裂隙岩体各向异性强度特性，是将基于非贯通裂隙岩体破坏机制分析获得的岩体各向异性强度特征结论运用到实际工程岩体稳定性分析的前提。然而，在不同裂面组构特征和裂面表面力学性质等因素的综合作用下，非贯通裂面单元尖端应力集中所构成的岩体内部复杂的应力场导致岩体破坏模式复杂多样，所以很难基于不同的破坏模式下岩体的破坏机理建立统一量化的强度评价准则。另外，虽然非贯通裂隙岩体破坏机制的理论分析属于断裂力学的范畴，但是目前裂面尖端裂纹扩展分析模型均基于压剪性裂纹模型。基于裂面尖端应力强度因子的分析建立相应损伤变量，进行裂面对完整岩石强度弱化程度的评价结果无法准确反映非贯通张开裂隙岩体的破坏机制，且基于断裂力学理论对单组非贯通裂隙岩体强度定量的评价结论缺乏充分的试验验证，评价结果过于理想，无法建立岩体破坏模式与强度大小的对应关系。鉴于上述基于单组非贯通张开裂隙岩体数值试验结果系统地分析了单组非贯通张开裂隙岩体破坏机制并提供了大量强度试样数据。因此，本小节基于单组非贯通张开裂面对完整岩石强度的各向异性弱化机制和程度，建立含单组非贯通裂隙岩体经验强度评价准则。

1. 非贯通张开裂面系数的提出

从裂隙岩体破坏机制出发建立强度准则，才能保证强度准则对岩体强度评价结果的可靠性。以上研究结果表明，单组非贯通裂隙岩体破坏机制依赖于岩体内部岩桥单元的贯通机制。岩桥贯通路径与裂面单元的相对方位是影响岩体强度各向异性特征的主要因素，而岩桥贯通路径长度的改变将导致岩体强度大小的改变。岩桥贯通路径是裂面倾角、间距和连通率协同作用的结果，但总体表现为：裂面倾角和间距决定了岩体空间各向异性变形特征，而裂面间距与连通率决定了岩桥贯通路径的长短。为了量化单组非贯通张开裂面对完整岩石强度的各向异性弱化程度，提出非贯通张开裂面系数，如式（6.38）所示，它由有效岩桥长度系数与各向异性强度特征系数组成。

$$F_{nj} = \frac{1}{L_{re}} \cdot \frac{1}{f_a} \tag{6.38}$$

式中：F_{nj} 为非贯通张开裂面系数；L_{re} 为有效岩桥长度系数；f_a 为各向异性强度特征系数。

1）有效岩桥长度系数的确定

有效岩桥长度系数表征在裂面间距和连通率综合作用下，岩桥贯通有效路径长度的大小，即在特定破坏模式下，岩桥贯通的难易程度。由图 6.18 和图 6.19 可知，在不同破坏模式下，裂面间距均匀影响着裂隙岩体强度的大小，即在不同破坏模式下，岩桥贯通有效路径长度贡献大致相同，而裂面连通率则对不同破坏模式下有效岩桥路径长度的影响程度不同。所以，采用裂面连通率修正系数 c_p 对裂面方位和间距控制下的不同岩体破坏模式对应的裂面连通率对有效岩桥长度的影响程度进行修正。连通率修正系数是图 6.20 中连通率与裂隙岩体强度线性关系斜率的数值化，具体取值如表 6.15 所示。

$$L_{re} = \sqrt{\left(\frac{S_m}{L_j}\right)^2 + \left[\frac{c_p(1-p)}{p}\right]^2} \tag{6.39}$$

表 6.15　裂面连通率修正系数 c_p 取值

$\beta/(°)$	S_m/L_j			
	0.5	0.75	1.0	1.5
0	0.828	0.814	0.656	0.657
15	0.047	0.036	0.037	0.023
30	0.004	0.018	0.001	0.012
45	0.013	0.025	0.023	0.031
60	0.022	0.250	0.365	0.667
75	0.545	0.824	0.960	1.000
90	0.354	0.187	0.296	0.067

2）各向异性强度特征系数的确定

有效岩桥长度系数是对特定破坏模式下有效岩桥贯通路径长度的量化，即表征相同破坏模式下岩桥贯通的难易程度，无法反映裂隙岩体由于破坏模式的差异而表现出

的强度各向异性。所以需要进一步表征破坏模式差异对岩桥贯通难易程度的各向异性
规律。单组非贯通裂隙岩体破坏机制分析结果表明，随着裂面倾角的增大，岩体强度
整体表现为先减小后增大，含 0° 倾角裂隙岩体的强度小于 90°，岩体强度最小值分布
范围中心小于 45°，在此基础上，随着裂面间距的增大，岩体强度最小值分布范围逐渐
缩小，且最小值分布范围中心逐渐向小角度偏移，从而导致裂隙岩体强度各向异性特征
的改变。

采用式（6.40）中的各向异性强度特征系数对岩体强度各向异性特征进行量化表征，
通过调节强度各向异性特征系数表达式中参数 k、n 和 m 的大小，能够很好地描述不同
间距条件下裂隙岩体强度随裂面倾角的变化规律。不同参数对各向异性强度特征系数的
影响规律如图 6.22 所示。从图 6.22（a）～（c）可以看出：参数 n 控制着的各向异性特
征系数最小值附近参数的变化幅度，即控制最小值分布范围的大小；参数 m 控制着各向
异性特征系数最小值对应的裂面方位；参数 k 控制着 0° 倾角下各向异性特征系数的绝对
大小。根据图 6.19 中不同间距条件下，单组非贯通裂隙岩体强度的各向异性特征，通过调
节各向异性强度特征系数中的参数，对其各向异性特征进行描述，如图 6.22（d）所示，不
同裂面倾角和间距条件下，各向异性强度特征参数取值如表 6.16 所示。

$$f_{\text{a}} = \frac{k}{\cos\beta + k\sin\beta + 2nk\cos^2\beta\sin^m\beta} \qquad (6.40)$$

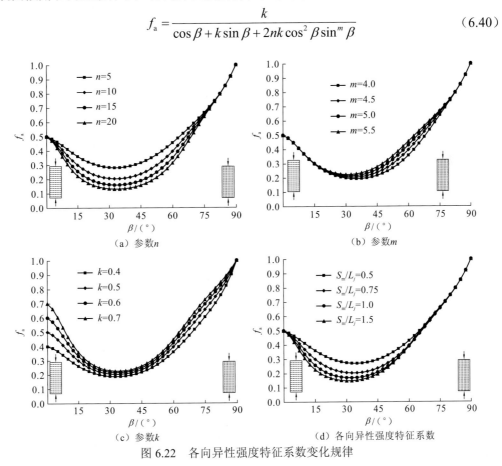

图 6.22　各向异性强度特征系数变化规律

表 6.16   各向异性强度特征系数 f_a 取值

$\beta/(°)$	S_m/L_j			
	0.5	0.75	1.0	1.5
0	0.50	0.50	0.50	0.50
15	0.36	0.30	0.26	0.20
30	0.27	0.21	0.17	0.14
45	0.30	0.24	0.21	0.18
60	0.43	0.40	0.39	0.36
75	0.66	0.66	0.66	0.61
90	1.00	1.00	1.00	1.00

2. 非贯通裂隙岩体经验强度准则的建立

根据单组非贯通张开裂隙岩体破坏机制建立的非贯通裂面系数，实现了单组非贯通张开裂面对完整岩石强度各向异性弱化程度的单一变量的表征。所以，可基于完整岩石单轴压缩强度、非贯通裂面系数及大量具有不同组构特征的非贯通张开裂隙岩体单轴压缩强度建立非贯通裂面系数与裂隙岩体强度的经验关系公式，以实现含单组非贯通张开裂隙岩体强度的定量评价。

由非贯通裂面系数定义可知：当非贯通裂面系数为零时，即无裂面存在时，裂隙岩体强度与完整岩石强度相等；当非贯通裂面系数无限增大时，裂隙岩体强度趋近于零，二者的定性对应关系很好地满足指数函数特性。所以采用指数函数描述非贯通裂面系数与裂隙岩体强度和完整岩石强度的比值的对应关系。图 6.23（a）给出了在完整岩石具有不同压拉强度比的条件下，单组非贯通裂隙岩体强度和完整岩石强度比值与非贯通张开裂面系数的拟合关系图，二者的对应关系能够很好地采用指数函数进行定量表征；图 6.23（b）中不同压拉强度比下岩体强度与非贯通裂面系数拟合关系对比结果显示，该拟合关系能够很好地反映单组非贯通裂隙岩体强度与完整岩石强度比值随完整岩石压拉强度比增大而减小的规律。因此，单组非贯通裂隙岩体经验强度准则可表示为

$$\frac{\sigma_c}{\sigma_{ci}} = \exp(-aF_{nj}) \tag{6.41}$$

式中：σ_c 为单组非贯通裂隙岩体的单轴压缩强度；σ_{ci} 为完整岩石单轴压缩强度；a 为经验强度准则拟合系数，其取值大小与完整岩石材料压拉强度比相关，如表 6.17 所示。

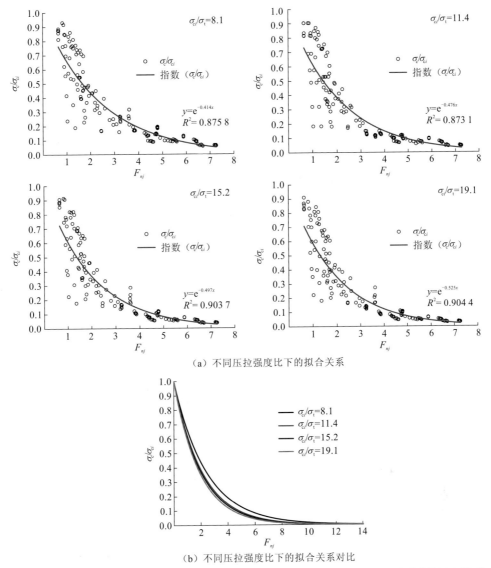

（a）不同压拉强度比下的拟合关系

（b）不同压拉强度比下的拟合关系对比

图 6.23 单组非贯通张开裂面试样强度和完整岩石强度比值与非贯通张开裂面系数拟合关系

表 6.17 单组非贯通张开裂隙岩体经验强度准则拟合系数 a 取值

岩石压拉强度比	a
8.1	0.414
11.4	0.476
15.2	0.497
19.1	0.525

3. 非贯通裂隙岩体经验强度准则验证

非贯通裂隙岩体经验强度准则是基于单组非贯通张开裂面对完整岩石强度各向异性

弱化机制建立的，而对于单组非贯通裂隙岩体强度的研究目前仅基于室内试验，很难运用于工程岩体。所以采用单组非贯通张开裂面试样强度特性室内试验的实例分析对所建立的非贯通裂隙岩体经验强度准则进行验证。

1）实例一

刘刚等（2016）通过在水泥砂浆中采用钢片"抽拔法"预制非贯通张开裂面组，通过单组非贯通张开裂面的相似材料单轴压缩试验研究不同倾角下多裂隙岩体力学行为。首先根据试样中实际裂面组构特征，确定经验强度准则的基本参数，即非贯通张开裂面系数和经验强度准则拟合系数。其中，根据表 6.15 和表 6.16 中的连通率修正系数和各向异性强度特征系数的建议值，通过插值法确定实际裂面间距和连通率条件下的裂面连通率修正系数和各向异性强度特征系数，代入式（6.38）中计算获得非贯通张开裂面系数；根据表 6.17 中强度准则拟合系数建议值，通过插值法确定实际材料压拉强度比下的拟合系数。将非贯通张开裂面系数和拟合系数代入经验强度准则公式（6.41）中进行试样强度的评价，具体评价过程如表 6.18 所示。将根据经验强度准则评价获得的不同组构条件下的裂面试样强度与试验值进行对比，如图 6.24 所示，对比结果显示二者能够很好地吻合，很好地验证了所建立的经验强度准则的合理性和有效性。

表 6.18 单组非贯通张开裂面试样强度经验准则评价过程（实例一）

$\beta/(°)$	L_j/m	S_m/m	p	S_m/L_j	σ_{ci}/σ_t	f_a	c_p	F_{nj}	a	$\sigma_c/\sigma_{ci\text{-准则}}$
0	0.04	0.03	0.667	0.75	10.0	0.500	0.814	2.032	0.45	0.401
15	0.04	0.03	0.667	0.75	10.0	0.300	0.036	4.380	0.45	0.139
30	0.04	0.03	0.667	0.75	10.0	0.206	0.018	6.415	0.45	0.056
45	0.04	0.03	0.667	0.75	10.0	0.237	0.025	5.571	0.45	0.082
60	0.04	0.03	0.667	0.75	10.0	0.395	0.250	3.050	0.45	0.253
75	0.04	0.03	0.667	0.75	10.0	0.655	0.824	1.546	0.45	0.499
90	0.04	0.03	0.667	0.75	10.0	1.000	0.187	0.300	0.45	0.874

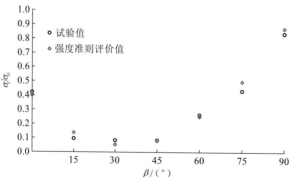

图 6.24 单组非贯通张开裂面试样强度试验值与准则评价值对比（实例一）

2）实例二

陈新等（2011）利用一组张开预置裂隙石膏试样的单轴压缩试验，系统地研究裂面组的产状和连通率的连续变化对张开断续裂隙岩体单轴压缩强度和弹性模量及应力-应变曲线的影响。采用相同的方法，运用经验强度准则对试样强度进行评价，评价过程和结果如表 6.19 所示。图 6.25 中裂面试样强度试验值与准则评价值对比结果显示二者能够较好地吻合。由于石膏材料强度较低且具有明显的脆性特征，且每种组构条件只有一个试验数据，在局部倾角条件下试样强度试验值与准则值偏差较大很可能是由试验结果的离散性导致的。

表 6.19　单组非贯通张开裂面试样强度经验准则评价过程（实例二）

$\beta/(°)$	L_j/m	S_m/m	p	S_m/L_j	σ_c/σ_t	f_a	c_p	F_{nj}	a	$\sigma_c/\sigma_{ci\text{-准则}}$
0	0.04	0.03	0.667	0.75	10.0	0.500	0.657	1.522	0.4	0.544
15	0.04	0.03	0.667	0.75	10.0	0.224	0.028	3.563	0.4	0.240
30	0.04	0.03	0.667	0.75	10.0	0.152	0.008	5.260	0.4	0.122
45	0.04	0.03	0.667	0.75	10.0	0.192	0.028	4.157	0.4	0.190
60	0.04	0.03	0.667	0.75	10.0	0.372	0.546	2.062	0.4	0.438
75	0.04	0.03	0.667	0.75	10.0	0.630	0.984	1.180	0.4	0.624
90	0.04	0.03	0.667	0.75	10.0	1.000	0.158	0.790	0.4	0.729

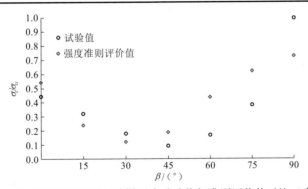

图 6.25　单组非贯通张开裂面试样强度试验值与准则评价值对比（实例二）

6.3　白鹤滩坝基柱状节理岩体真三轴试验验证

本节采用裂隙岩体空间各向异性变形特性张量量化评价方法对白鹤滩左岸坝基柱状节理岩体的空间各向异性变形特性进行详细的分析，并基于柱状节理岩体现场真三轴力学试验结果对所建立的裂隙岩体各向异性张量变形本构模型进行验证，从实例分析的角度进一步说明力学模型的使用方法及其合理性。

6.3.1 坝基柱状节理岩体结构特征

1. 白鹤滩左岸坝基工程地质概况

白鹤滩水电站位于金沙江流域四川与云南交界区，区域属中山峡谷地貌。该水电站是我国继三峡水电站后又一个总装机容量超过 $1000\times10^4\,\text{kW}$ 的特大型水电站。工程区主要出露岩层为上二叠统峨眉山组玄武岩（$P_2\beta$），以岩浆喷溢和火山爆发交替为特征，为单斜地层，岩层产状 $30°\,N\sim50°\,E$，$SE\angle15°\sim25°$，表层覆盖的第四系松散堆积物（Q_4）主要分布于河床及缓坡台地上。根据喷溢间断和爆发次数，工程区共可分为 11 个玄武岩岩流层（$P_2\beta_1\sim P_2\beta_{11}$），如图 6.26（a）所示。

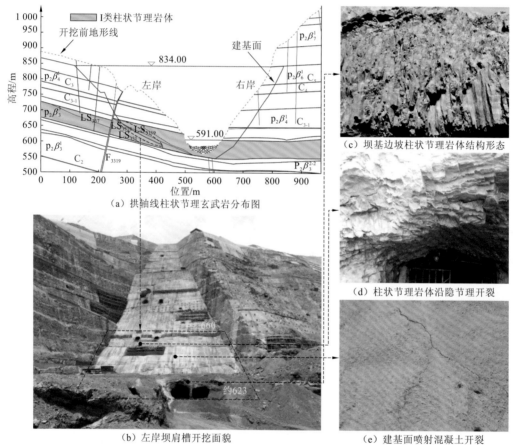

图 6.26 白鹤滩左岸坝基柱状节理玄武岩出露形态

白鹤滩水电站的拦河坝为混凝土双曲拱坝，坝顶高程为 834 m，最大坝高达 289 m。$P_2\beta_3^3$ 岩流层中发育柱状节理玄武岩，分别在左岸建基面 $660\sim570$ m 高程和右岸坝基面 $545\sim600$ m 高程出露（徐建荣 等，2015a）。柱状节理岩体轴线方向近乎与岩流层垂直。左岸柱状节理岩体柱体轴线倾伏向与坝基面倾向相同且大面积出露于坝基开挖揭露区域，开挖后岩体变形和卸荷破坏严重，所以主要针对左岸坝基柱状节理岩体进行研究，如图 6.26（b）所示。左岸坝基柱状节理岩体结构不同于典型的柱状节理岩体，如图 6.27 所示，其柱体形态呈现明显的非规则性，且在柱状节理切割而成的柱体内部还密集发育有两种非贯通裂面，其特定的几何分布特征将柱体进一步切割成结构效应明显的块体镶嵌结构，如图 6.26（c）所示。在开挖卸荷后，柱状节理岩体沿裂面发生严重开裂，如图 6.26（d）所示，从而导致坝基面混凝土层的开裂，如图 6.26（e）所示。

（a）北爱尔兰巨人堤（Goehring，2013）　　　（b）苏格兰斯塔法岛（Phillips et al.，2013）

图 6.27　典型柱状节理岩体

已有研究成果显示：白鹤滩水电站左岸坝基柱状节理玄武岩原岩变形模量水平方向约为 7～11 GPa，铅直方向约为 5～9 GPa，而松弛层岩体变形模量仅为 3.01～5.19 MPa，显著降低；柱状节理岩体松弛深度为 1.6～3.6 m，局部受裂面影响可达 4 m，松弛层声波波速为 3 500～3 800 m/s，未松弛岩体声波波速为 5 000 m/s，波速降低幅度达 30%（徐建荣 等，2015b）。由此可见，坝基柱状节理岩体在开挖扰动和卸荷的影响下，具有突出的抗变形能力差和卸荷破坏严重的特点。所以对坝基柱状节理岩体结构特征和空间各向异性变形特性进行深入分析是合理评价坝基柱状节理玄武岩变形性能是否满足高拱坝坝基严格变形要求的基础，它不仅控制着整个大坝的稳定性，而且对水电站长期运营安全也至关重要。

2. 柱状节理岩体结构特征

白鹤滩左岸坝基柱状节理系统宏观上表现出典型的非连续性、遍布性和随机性。左岸坝基柱状节理系统包含三种类型优势裂面，即柱间裂面、柱内陡倾隐裂面和柱内缓倾隐裂面，它们综合控制着柱状节理岩体空间各向异性变形特征。为了准确评价柱状节理岩体空间各向异性变形特征，必须基于柱状节理有限的露头对裂隙岩体结构特征及裂面空间几何分布特性进行准确的评价和量化表征。

1）基于柱状节理成因机制的岩体结构特征

坝基柱状节理具有区域遍布性，且岩体在多组优势裂面切割下，表现出复杂的结构特征。由于柱状节理开挖揭露面积有限，只有结合区域柱状节理的成因机制，二者相互验证分析，才能准确把握柱状节理岩体的结构特征，从而建立合理的柱状节理系统现场测量方法，以准确描述柱状节理系统的空间分布特征。

柱状节理是熔岩流在其物质成分、几何约束、热交换条件等因素综合作用下冷凝固化后的产物（Reiter et al.，1987）。不同的形成条件造成了柱状节理结构特性的多样性，主要表现在柱体形态、裂面表面性质和裂面发育密度等方面的差异（Hetényi et al.，2012；Grossenbacher et al.，1995；Degraff et al.，1993）。柱状节理的形成过程是熔岩与大气和基岩温度场动态调节平衡的过程，在调节过程中，热量的转移和释放累积的张拉应力使柱状节理岩体中复杂裂隙系统形成。

坝基柱状节理区域的几何边界受单斜地形控制，柱状节理岩流层厚度均匀，产状与形成前的地形产状一致。熔岩层与大气和基岩的交界面是控制熔岩温度场的初始边界，熔岩通过几何边界与外界进行热量交换，如图6.28（a）所示。从垂直于柱轴的横断面分析，熔岩流冷却过程中，平坦的熔岩冷凝面形成无数规则而又间隔排列的均匀收缩中心，产生垂直于收缩方向的张拉裂隙。体积收缩引起岩体物质向固定的内部中心聚集，致使岩体裂开，形成多面柱体（Müller，1998）。由于熔岩物质成分的不均匀，柱间裂面横截面形态各异，存在四边形、五边形和六边形等，如图6.28（b）所示。冷凝初期熔岩与大气和基岩边界形成的温度场中温度梯度大，累积的张拉应力 σ_{th} 较大，如式（6.42）所示（Hetényi et al.，2012；Spry，1962），熔岩在较大张拉应力作用下，较快地形成表面粗糙平坦的柱间裂面。由于柱状节理熔岩流上部区域流动过程中，与大气热交换快，冷

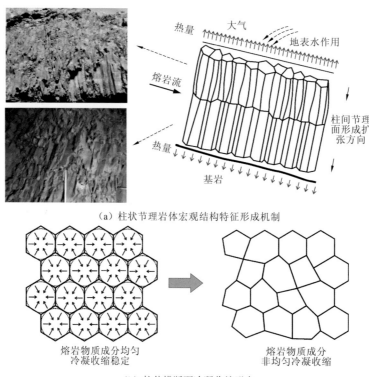

（a）柱状节理岩体宏观结构特征形成机制

熔岩物质成分均匀　　　　　　　　　　　熔岩物质成分
冷凝收缩稳定　　　　　　　　　　　　　非均匀冷凝收缩

（b）柱体横断面冷凝收缩形态

图6.28　基于柱状节理岩体形成机制的柱体结构形态

却速率大，同时在地表水的作用下，熔岩冷却系统处于非稳定状态，形成非规则柱体结构。熔岩层深部受地表水的影响减小，熔岩冷却缓和，热交换系统达到相对稳定的状态，形成规则的柱体结构（Phillips et al.，2013）。这很好地说明了左岸坝基的柱状节理岩体存在明显的分层结构特征，即在垂直于柱状节理岩体地层方向，随着岩层深度的增加，柱状节理岩体结构总体上由非规则向规则转化。在柱状节理岩层上部区域，即建基面附近的柱状节理岩体柱体结构表现出非规则特性，柱间裂面呈曲面状，延伸性差，相邻柱间裂面相交棱线不分明，呈弧状连接，柱体截面沿轴线方向具有变截面特性，呈锥形。深部岩层区域，柱状节理岩体柱间裂面平直，延伸性好，柱体截面形态沿柱体轴线方向变化不大，柱体形态规整。

$$\sigma_{th} = E \cdot \alpha \cdot \Delta T / (1-\nu) \tag{6.42}$$

式中：E 为弹性模量；ν 为泊松比；α 为热膨胀系数；ΔT 为外部（大气、基岩等）温度与玻璃化转变温度（低于该温度，熔岩中将产生应力）之差。

柱间裂面的形成使熔岩部分热量以应力的形式释放，但是由于热量耗散的不充分，柱体内部残余的热量需进一步转移释放。此时柱间裂面作为能量释放后的低能量区域为柱内能量的转移和释放构建了新的几何控制边界，致使温度场改变。柱内密集发育的隐裂面是柱内温度场动态调节的产物。在柱间裂面形成的散热边界的控制下，柱体内部产生的多方向累积张拉应力，导致柱内形成多组陡倾隐裂面。此时柱体顶部和底部与大气和基岩的交界面仍然是柱内能量调节的主要控制边界，向该边界传递和释放的能量产生的张拉应力促使柱内垂直于柱体轴线的缓倾隐裂面的形成，如图 6.29 所示。由于柱体内部热量的调节梯度远不及柱间裂面形成过程中的温度梯度，累积的张拉应力也相对较小，

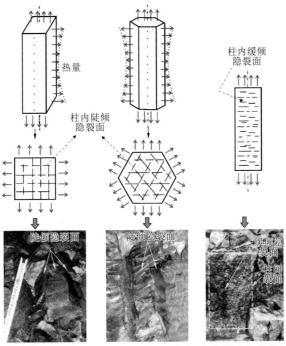

图 6.29　基于柱状节理形成机制的柱内隐裂面分布特征

隐裂面形成过程较缓和，柱内陡倾和缓倾隐裂面的表面形态相对较光滑。由以上柱内隐裂面的形成过程可以看出，柱内陡倾隐裂面的空间分布特征与柱间裂面具有一致性，柱内缓倾隐裂面方位与柱体轴线垂直，即缓倾隐裂面垂直于柱间裂面和柱内陡倾隐裂面。

柱间裂面和柱内隐裂面的形成过程存在一定的优先级别，即柱间裂面优先形成，但是过程边界无法明确界定，整个裂面系统的形成过程是从岩流层与大气和基岩的交界面向熔岩层内部逐步推进的。同时从整个柱状节理的形成过程来看，不同程度应力作用形成的柱状节理的力学性质存在明显的差异。较大温度梯度下累积的张拉应力形成的柱间裂面"损伤程度"最大，其力学性质最差，柱内隐裂面次之，这与现场柱状节理岩体沿裂面破坏所表现出的渐进特征是一致的。但是在一定风化扰动作用下，柱内隐裂面损伤进一步加剧，其对整个岩体力学性质的影响也是不容忽视的。具体表现为柱内隐裂面可视间距表现出明显的演化效应，即随着岩体卸荷扰动和风化程度的加剧，隐裂面可视间距逐渐减小，尤其是缓倾隐裂面，如图 6.30 所示。新鲜的柱状节理岩体柱体完整性较好，柱内陡倾和缓倾隐裂面间距均较大，可达 7 cm 左右，随着岩体的逐渐风化，完整柱体内部隐裂面逐渐显现和增加，在强风化条件下（错动带附近，地下水发育，应力扰动剧烈），陡倾隐裂面和缓倾隐裂面可视间距分别减小至 1.2 cm 和 0.36 cm，将柱体切割成碎裂块体。陡倾隐裂面可视间距随着风化扰动程度的加剧逐渐趋于稳定，演化效应明显弱于缓倾隐裂面，这可能与裂面形成方向上相应的温度梯度相关。缓倾隐裂面显著的结构演化效应与其形成过程中缓慢累积损伤所产生的细观结构特征是一致的，如图 6.31 所示。

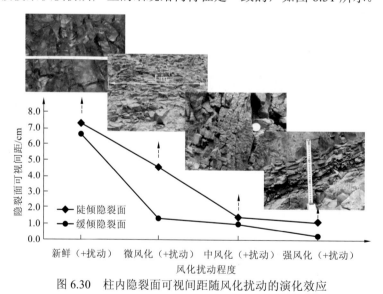

图 6.30　柱内隐裂面可视间距随风化扰动的演化效应

2）柱状节理几何分布特征统计分析与定量描述

坝基柱状节理岩体结构特征的全面分析清楚地展示了岩体内部不同类型裂面的组数、方位和间距特征，这为柱状节理几何特征针对性统计测量奠定了基础。

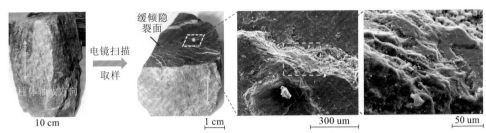

图 6.31　柱内缓倾隐裂面 SEM 细观结构特征

（1）柱间裂面几何特征。

坝基面附近柱状节理岩体柱体具有明显的非规则性，主要表现在柱体截面形态的多样性及沿柱体轴线方向截面形态的可变性。为了客观真实地描述坝基柱间裂面的分布特征，根据柱间裂面极点等密度图的实际极点分布情况对柱间裂面进行定量的描述。

在现场有限的揭露条件下，开挖洞壁是最大范围揭露柱间裂面的测点。由于柱间裂面的倾向 360° 分布，为了充分揭露不同出露方位的柱间裂面以避免测量样本对测线方位的依赖性，在坝基区域垂直于柱体轴线的平面上布置了三条近似均匀分布的测线，测线走向分别为 10°、65° 和 126°，如图 6.32（a）所示，对每条测线两侧出露的柱间裂面的产状及每个柱体在垂直于柱体轴线方位出露迹线的间距 d 进行测量，如图 6.32（b）、（c）所示。

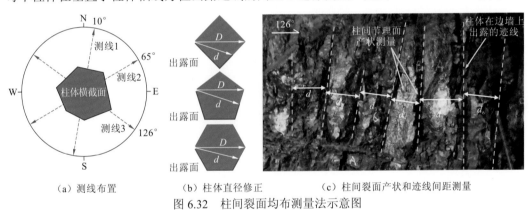

（a）测线布置　　　（b）柱体直径修正　　　（c）柱间裂面产状和迹线间距测量

图 6.32　柱间裂面均布测量法示意图

① 柱间裂面方位特征。

从三条测线方位上测得的柱间裂面的样本中随机抽取相同个数（$N=50$）的样本进行柱间裂面方位分布特征分析，以保证分析结果对优势裂面特征反映的客观性和合理性。柱间裂面产状测量结果在施密特网上的表示如图 6.33（a）所示。极点沿圆周分布的非均匀性和非对称性定量地反映了柱体横截面形态的非均一性，即由不同种类的多边形组合而成；极点沿圆周 360° 均匀分布说明柱体横截面在柱体轴线方位上具有变截面特性，柱体棱线并不完全与柱体轴线平行，这些与现场坝基面开挖揭露的柱状节理岩体的柱体形态是一致的。所以，三组定方位优势裂面切割而成的规则的正六边形棱柱体无法真实地反映不规则柱体形态特性。

图 6.33（a）中极点分布离散性大，并没有体现出明显的优势裂面组界限。柱体横截面形态一般不超过六边形（Hetényi et al.，2012），所以将柱间裂面沿 360° 方位，按 60°

方位间隔将其分为 6 个裂面组（JS1～JS6），如图 6.33（b）所示，以便于柱间裂面方位随机特性的定量描述和分析，从而反映柱体的变截面特性；并利用不同裂面组样本数量的差异来反映柱状节理岩体横截面形态多种多边形的组合特性。

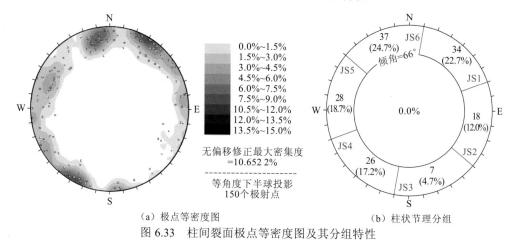

（a）极点等密度图　　　　　（b）柱状节理分组

图 6.33　柱间裂面极点等密度图及其分组特性

②柱体直径统计特征。

柱状节理岩体柱体直径不仅控制着柱体大小，同时也控制着柱间裂面的切割密度，所以合理评价柱体直径大小非常重要。为了确定柱状节理岩体柱体真实直径的大小，根据现场柱体在洞壁上出露迹线的特点，即柱体与洞壁相交的两个柱面中仅有一个柱间裂面完全出露，假设未完全出面在洞壁上的出露迹线位于该面的中间位置，基于正四边形、正五边形和正六边形的平均几何特征对其进行修正以获得柱体直径 D，如图 6.32（b）、（c）所示，修正系数如表 6.20 所示。修正后的 190 个柱体直径数据样本统计结果显示，坝基柱状节理岩体柱体直径主要集中在 15～35 cm，如表 6.21 所示。对数正态分布能够很好地反映其随机特性，如图 6.34 所示。

表 6.20　柱状节理岩体柱体直径修正系数

柱体横截面形状	正四边形	正五边形	正六边形	实际形状
修正系数 η（D/d）	1.26	1.17	1.11	1.18

表 6.21　柱状节理岩体柱体直径统计特征

随机变量	样本数 N	极小值	极大值	均值	标准差	最优概率分布
柱体直径 D	190	12 cm	64 cm	29 cm	7.9 cm	对数正态分布

柱状节理岩体的柱体结构特征可视为由 6 组非连续柱间裂面切割而成，裂面平均间距约为两倍的柱体直径，面积连通率约为 0.5，如图 6.35 所示。每组柱间裂面的分布密度不同，如图 6.33（b）所示，利用样本个数比对平均间距进行比例缩放以量化不同方位柱间裂面的切割间距，如式（6.43）所示，从而反映柱体横截面形态的多种多边形组合特征。

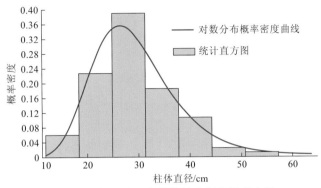

图 6.34　柱状节理岩体柱体直径统计直方图

$$S_{me}^{(k)} = \frac{N^{(k)}}{N_u} \cdot S_{meu} \approx \frac{N^{(k)}}{N_u} \cdot 2D \tag{6.43}$$

式中：$S_{me}^{(k)}$ 为第 k 组柱间裂面间距，$k=1,2,\cdots,6$；S_{meu} 为柱间裂面平均间距；$N^{(k)}$ 为第 k 组柱间裂面样本数；N_u 为 6 组柱间裂面的平均样本数。

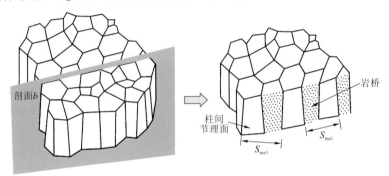

图 6.35　柱间裂面组裂面间距和连通率示意图

（2）柱内隐裂面几何特征。

坝基柱状节理岩体中柱内隐裂面非常发育，隐裂面可视几何特征与岩体的后期改造作用（扰动、风化蚀变、时效）密切相关。可视裂面的显现意味着该裂面对岩体力学性质会产生较明显的影响，其几何特征对柱状节理岩体力学性质的研究至关重要。为了宏观把握坝基面附近隐裂面出露的几何特征，本小节对坝基大面积出露的隐裂面进行测量分析，如图 6.36 所示。陡倾隐裂面切割块体直径 d_v 为 1～11 cm，主要分布范围为

（a）坝基面开挖洞洞顶　　　　（b）坝基面　　　　（c）坝基面开挖洞洞壁

图 6.36　柱状节理岩体柱内隐裂面测量

2.5～5.5 cm，平均直径约 4.6 cm，块体直径满足对数分布，如图 6.37（a）所示；缓倾隐裂面切割间距 S_v 为 0.18～5.8 cm，主要分布范围为 0.5～2.5 cm，平均间距约 1.36 cm，同样服从对数正态分布，如图 6.37（b）所示。

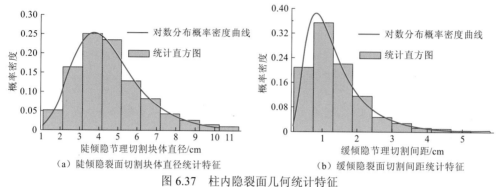

（a）陡倾隐裂面切割块体直径统计特征　　　　（b）缓倾隐裂面切割间距统计特征

图 6.37　柱内隐裂面几何统计特征

6.3.2　裂隙岩体张量变形本构模型的试验验证

为了验证裂隙岩体张量变形本构模型的合理性，基于原位柱状节理岩体真三轴试样的裂面网络特征，采用裂隙岩体张量变形本构模型对其变形特性进行评价，并与柱状节理岩体试样现场真三轴试验结果进行对比。

柱状节理岩体现场真三轴试验在左岸坝基面上的试验洞中展开。柱状节理岩体试样是人工开凿出的 0.5 m×0.5 m×1.0 m 的长方体试块。以试验洞顶板、底板及侧墙作为反力支撑，通过液压千斤顶在试样三个相互正交的端面上进行加载，如图 6.38（a）所示，根据图 6.38（b）所示的试验方案，对试样进行加卸载试验。

根据柱状节理岩体试样在不同方位加卸载试验中监测的力和变形量，可计算获得试样在 X、Y 和 Z 方向上的等效弹性模量。当试样加载围压为 6MPa 和 8 MPa 时，最接近坝基边坡开挖前的初始应力，所以采用围压 6 MPa 和 8 MPa 下对应 X、Y 和 Z 方向上的等效弹性模量的均值来量化柱状节理岩体试样在 X、Y 和 Z 方向上的等效弹性变形特征，如表 6.22 所示，以作为裂隙岩体张量变形本构模型验证的试验数据依据。

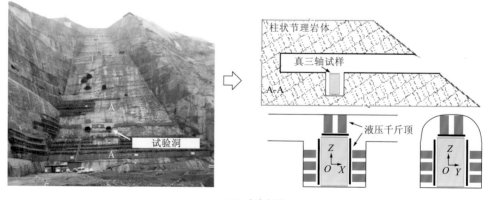

（a）试验布置

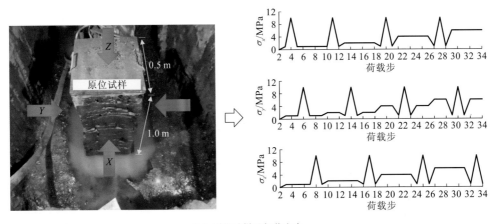

（b）原位试样及加载方案

图 6.38　柱状节理岩体现场真三轴试验

表 6.22　柱状节理岩体变形特征现场真三轴加卸载试验

围压/MPa	弹性模量		
	E_X/GPa	E_Y/GPa	E_Z/GPa
6	7.53	9.14	17.47
8	8.12	9.18	21.24
平均值	7.83	9.16	19.36

为了获取柱状节理岩体真三轴试样内部裂面的几何分布特征，试验前对试样各个端面上的裂面出露迹线进行测量，统计分析柱内隐裂面的分布方位、间距和连通率，如图 6.39（a）所示。试验后通过对柱状节理试样进行拆卸，对柱间裂面的产状及柱体边长进行测量，如图 6.39（b）所示。测量获得柱内隐裂面和柱间裂面的几何特征参数如表 6.23 和表 6.24 所示。由不同裂面组的出露产状可以看出，柱内两组陡倾隐裂面与缓倾隐裂面相互正交切割柱体。

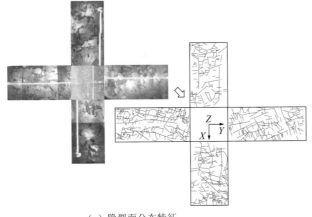

（a）隐裂面分布特征　　　　　　　　　　　　（b）柱间裂面分布特征

图 6.39　柱状节理试样中柱状节理系统分布特征

表 6.23　柱内隐裂面空间分布几何特征参数

裂面几何参数	缓倾隐裂面组	陡倾隐裂面组 1	陡倾隐裂面组 2
产状	122°∠16°	33°∠90°	303°∠74°
间距	0.088	0.224	0.144
连通率	0.45	0.65	0.65

表 6.24　柱间裂面组空间分布几何特征参数

编号	面积/m²	产状	
		倾向/(°)	倾角/(°)
1	0.136	271	75
2	0.136	34	84
3	0.115	305	67
4	0.115	31	89
5	0.115	239	88
6	0.077	302	66
7	0.077	195	90
8	0.131	262	87
9	0.131	306	88
10	0.131	347	74
11	0.163	243	86
12	0.163	353	82
13	0.107	27	88
14	0.107	28	86
15	0.125	228	88
16	0.125	315	75
17	0.125	58	86
18	0.125	204	80
19	0.100	264	83
20	0.100	314	81
21	0.040	19	74
22	0.055	214	79
23	0.055	309	71

根据已知的试样内部柱状节理系统的几何特征参数类型，有针对性地代入相应裂面变形张量计算公式，即将柱间裂面和柱内隐裂面的几何参数分别代入式（6.4）和式（6.5）计算相应的裂面变形张量，相加得出真三轴试样柱状节理系统的综合裂面变形张量，如式（6.44）所示，其特征向量和特征值分别如式（6.45）和式（6.46）所示。根据玄武岩室内试验结果，取岩块弹性模量为 60 GPa，泊松比为 0.25，裂面系统法向和切向变形刚度分别为 200 GPa/m 和 50 GPa/m，将柱状节理变形张量及岩块和裂面变形性质代入基于综合裂面变形张量的岩体张量变形本构模型中，可计算获得柱状节理试样在 X、Y 和 Z 加载方向上的等效变形模量分别为 7.86 GPa、8.0 GPa 和 18.83 GPa，与真三轴试验结果进行对比，如图 6.40 所示。可以看出，根据裂隙岩体张量变形本构模型计算获得的柱状节理岩体等效弹性模量与试验结果吻合较好，这进一步验证了基于裂面变形张量建立的岩体张量变形本构模型的合理性和有效性。

$$\mathbf{JD} = \begin{bmatrix} 8.988 & 0.292 & -0.532 \\ 0.292 & 8.265 & 0.461 \\ -0.532 & 0.461 & 5.370 \end{bmatrix} \qquad (6.44)$$

$$T_1 = 5.21, \quad T_2 = 8.28, \quad T_3 = 9.13 \qquad (6.45)$$

$$\begin{cases} \boldsymbol{v}_1 = (0.150, \ -0.162, \ 0.975) \\ \boldsymbol{v}_2 = (-0.246, \ 0.950, \ 0.195) \\ \boldsymbol{v}_3 = (-0.958, \ -0.269, \ -0.103) \end{cases} \qquad (6.46)$$

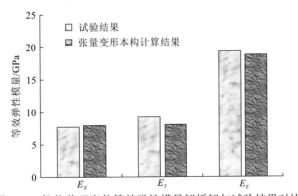

图 6.40　柱状节理岩体等效弹性模量解析解与试验结果对比

第 7 章
展　望

向地球深部进军是我们必须解决的战略科技问题。我国日益增长的能源、资源和交通等刚性需求促使隧道建设、水电开发、矿山开采、能源存储等进一步向地下深部发展，地下工程建设趋于常态化、大型化、深部化，深部含裂面岩体的稳定性日益成为大型地下空间开发利用中不可回避的技术挑战。本书借助 3D 扫描技术、3D 打印技术和 3D 雕刻技术等部分逆向工程技术，针对工程硬岩裂面开展了一系列的基础研究，并取得了初步的研究成果。但这些研究主要侧重于室内试验阶段，若将其研究成果推广到工程现场，并顺应透明地球、智慧工程发展趋势，仍有很多工作要做，典型的如以下几方面。

（1）裂面尺度效应的研究。现场岩体裂面与室内裂面模型试验的最直观区别就是尺度大小的不同，故开展裂面尺寸效应的研究是将室内研究成果推广到工程现场的先决条件。而对于裂面的尺寸效应，针对不同尺度的裂面可以开展其形貌特征的尺寸效应、剪切强度的尺寸效应、剪胀行为的尺寸效应、剪磨破坏特征的尺寸效应、剪切机理的尺寸效应等方面研究。

（2）裂面由局部到全局数字模型的重构技术。裂面形貌特征直接影响着裂面的剪切行为，了解其表面信息对评估岩体的稳定性具有重要意义。然而，工程现场所揭露的裂面形貌特征信息往往是局部的、有限的，如何利用这些有限的局部信息合理重构整个岩体裂面的数字信息是一个十分有意义的工作。

（3）研究复合因素对裂面剪切行为的影响。本书中开展对裂面力学性质影响因素的研究都是采取的单一变量控制原则，例如剪切方向、壁面强度、采样间隔等。但是，在工程现场中，往往是多个因素共同影响裂面的剪切行为，这些组合因素对剪切行为产生怎样的叠加影响?其主次如何?这些问题需要进一步分析。

（4）锚固裂面剪切行为的研究。锚杆是含裂隙岩体中一种常用的、有效的工程加固手段，研究锚固裂面的剪切行为有助于进一步理解岩体的锚固机理，能为锚杆锚固工程的设计与施工提供有益的参考。

（5）深部岩体的宏细观力学特性的融合。作为一种群缺陷介质，工程岩体含有不同地质成因、不同规模的裂隙网络结构，不同尺度的裂隙如何影响深部"三高一扰动"环境下工程岩体的宏观力学行为还有待进一步研究，其工程岩体的地质特性自动化重构和智能化评估技术还有待发展。

参 考 文 献

陈春利, 殷跃平, 门玉明, 等, 2017. 全长黏结注浆格构锚固工程模型试验研究[J]. 岩石力学与工程学报, 36(4): 881-889.

陈冬武, 2018. 逆向工程和激光技术在叶轮修复中的应用[D]. 兰州: 兰州理工大学.

陈建胜, 陈从新, 鲁祖德, 等, 2011. 原位直剪试验中岩体弹性模量求取方法探讨[J]. 岩土力学, 32(11): 3409-3413.

陈世江, 朱万成, 刘树新, 等, 2015. 岩体结构面粗糙度各向异性特征及尺寸效应分析[J]. 岩石力学与工程学报, 35(1): 58-65.

陈世江, 朱万成, 王创业, 等, 2016. 考虑各向异性特征的三维岩体结构面峰值剪切强度研究[J]. 岩石力学与工程学报, 35(10): 2013-2021.

陈新, 廖志红, 李德建, 2011. 节理倾角及连通率对岩体强度, 变形影响的单轴压缩试验研究[J]. 岩石力学与工程学报, 30(4): 781-789.

陈祖煜, 汪小刚, 杨健, 2005. 岩质边坡稳定分析: 原理·方法·程序[M]. 北京: 中国水利水电出版社.

邓宜明, 李坚诗, 1987. 大瑶山隧道坍方分析及处理简介[J]. 岩土工程学报, 9(5): 12-20.

董光荣, 2001. 反求工程技术产业化可行性和可靠性的分析[J]. 机电一体化(1): 8-9.

杜时贵, 1992. 简易纵剖面仪及其在岩体结构面粗糙度系数研究中的应用[J]. 地质科技情报(3): 91-95.

杜时贵, 1999. 岩体结构面的工程性质[M]. 北京: 地震出版社.

杜时贵, 2004. 岩体结构面粗糙度系数测量方法: CN1779415[P]. 2004-11-18.

杜时贵, 唐辉明, 1993. 岩体断裂粗糙度系数的各向异性研究[J]. 工程地质学报, 1(2): 32-41.

杜时贵, 黄曼, 罗战友, 等, 2010. 岩石结构面力学原型试验相似材料研究[J]. 岩石力学与工程学报, 29(11): 2263-2270.

冯寺籡, 1988. 法国马尔帕塞坝的失事调查和分析[J]. 大坝与安全(1): 60-84.

冯夏庭, 吴世勇, 李邵军, 等, 2016. 中国锦屏地下实验室二期工程安全原位综合监测与分析[J]. 岩石力学与工程学报(4): 649-657.

葛云峰, 2014. 基于BAP的岩体结构面粗糙度与峰值抗剪强度研究[D]. 武汉: 中国地质大学(武汉).

葛云峰, 2015. 基于光亮面积百分比的岩体结构面粗糙度与峰值抗剪强度研究[J]. 岩石力学与工程学报(7): 1511.

葛云峰, 唐辉明, 王亮清, 等, 2016. 剪切荷载下贯通结构面应变能演化机制研究[J]. 岩石力学与工程学报, 35(6): 1111-1121.

葛云峰, 夏丁, 唐辉明, 等, 2017. 基于三维激光扫描技术的岩体结构面智能识别与信息提取[J]. 岩石力学与工程学报, 36(12): 3050-3061.

龚召熊, 陈进, 1988. 大坝(岩基)稳定性计算方法的探讨[J]. 长江科学院院报, 5(1): 25-36.

谷德振, 1979. 岩体工程地质力学基础[M]. 北京: 科学出版社.

韩菁雯, 陈安, 揣小明, 2017. 山区典型地质灾害孕育机理分析与应对策略: 以丽水滑坡和文成泥石流事件为例[J]. 河南科技(19): 147-151.

何炳蔚, 林志航, 2002. 逆向工程中线激光-机器视觉集成坐标测量系统研究[J]. 机械, 29(6): 7-10.

何满潮, 胡江春, 王红芳, 2006. 岩石表面形态的各向异性及其摩擦特性研究[J]. 采矿与安全工程学报, 23(2): 151-154.

何思明, 卢国胜, 2007. 嵌岩桩荷载传递特性研究[J]. 岩土力学, 28(12): 2598-2602.

胡黎明, 濮家骝, 2002. 土与结构物接触面损伤本构模型[J]. 岩土力学, 23(1): 6-11.

黄达, 黄润秋, 张永兴, 2009. 断层位置及强度对地下洞室围岩稳定性影响[J]. 土木建筑与环境工程, 31(2): 68-73.

黄曼, 2012. 岩石模型结构面的相似材料研制及力学可靠性研究[D]. 杭州: 浙江大学.

黄曼, 罗战友, 杜时贵, 等, 2013. 系列尺度岩石结构面相似表面模型制作的逆向控制技术研究[J]. 岩土力学, 34(4): 1211-1216.

黄润秋, 裴向军, 崔圣华, 2016. 大光包滑坡滑带岩体碎裂特征及其形成机制研究[J]. 岩石力学与工程学报, 35(1): 1-15.

纪维伟, 潘鹏志, 苗书婷, 等, 2016. 基于数字图像相关法的两类岩石断裂特征研究[J]. 岩土力学, 37(8): 2299-2305.

贾志欣, 汪小刚, 赵宇飞, 等, 2013. 岩石钻孔原位测试技术的应用与改进[J]. 岩石力学与工程学报, 32(6): 1264-1269.

江权, 冯夏庭, 向天兵, 等, 2011. 大型洞室群稳定性分析与智能动态优化设计的数值仿真研究[J]. 岩石力学与工程学报(3): 524-539.

江权, 宋磊博, 2018. 3D打印技术在岩体物理模型力学试验研究中的应用研究与展望[J]. 岩石力学与工程学报, 37(1): 23-37.

金涛, 陈建良, 童水光, 2002. 逆向工程技术研究进展[J]. 中国机械工程, 13(16): 1430-1436.

李海波, 刘博, 冯海鹏, 等, 2008. 模拟岩石节理试样剪切变形特征和破坏机制研究[J]. 岩土力学(7): 1741-1746.

李久林, 唐辉明, 1994. 结构面粗糙度和抗剪强度的各向异性效应[J]. 工程勘察(5): 12-16.

李明辉, 2007. 数控鞋楦机系统的设计与实现[D]. 武汉: 华中科技大学.

李庆, 吴亚兰, 2015. 异形零件的逆向建模方法及应用[J]. 山东理工大学学报(自然科学版), 29(3): 41-44.

李世飞, 王平, 沈振康, 2009. 迭代最近点算法研究进展[J]. 信号处理, 25(10): 1582-1588.

李瓒, 龙云霄, 2000. 重力坝、拱坝基础岩体抗滑稳定分析中一些问题的探讨[J]. 水利学报, 31(8): 39-45.

李志新, 黄曼慧, 成思源, 2007. 逆向工程技术及其应用[J]. 现代制造工程(2): 58-60.

林韵梅, 1984. 实验岩石力学: 模拟研究[M]. 北京: 煤炭工业出版社.

刘刚, 姜清辉, 熊峰, 等, 2016. 多节理岩体裂纹扩展及变形破坏试验研究[J]. 岩土力学, 37(S1): 151-158.

罗战友, 杜时贵, 黄曼, 等, 2010. 一种直剪试验结构面模型的制作方法: CN200910154781. 9[P]. 2010-06-02.

邱燕玲, 2018. 川藏铁路建设难点[J]. 高科技与产业化(12): 39.

尚岳全, 孙红月, 1997. 岩土力学数值模拟结果应用中应注意的问题[J]. 地质灾害与环境保护(4): 22-26.

沈明荣, 张清照, 2010. 规则齿型结构面剪切特性的模型试验研究[J]. 岩石力学与工程学报, 29(4): 713-719.

宋磊博, 2015. 基于点云数据结构面的细观形貌特征研究[D]. 沈阳: 东北大学.

宋磊博, 江权, 李元辉, 等, 2017a. 基于剪切行为结构面形貌特征的描述[J]. 岩土力学, 38(2): 525-533.

宋磊博, 江权, 李元辉, 等, 2017b. 软-硬自然节理的改进 JRC-JCS 剪切强度公式[J]. 岩土力学(10): 2789-2798.

宋娅芬, 陈从新, 郑允, 等, 2015. 缓倾软硬岩互层边坡变形破坏机制模型试验研究[J]. 岩土力学(2): 487-494.

孙辅庭, 佘成学, 万利台, 2013. 新的岩石节理粗糙度指标研究[J]. 岩石力学与工程学报, 32(12): 2513-2519.

孙辅庭, 佘成学, 万利台, 等, 2014. 基于三维形貌特征的岩石节理峰值剪切强度准则研究[J]. 岩土工程学报, 36(3): 529-536.

孙广忠, 1988. 岩体结构力学[M]. 北京: 科学出版社.

唐辉明, 2008. 工程地质学基础[M]. 北京: 化学工业出版社.

唐志成, 黄润秋, 张建明, 等, 2015. 含坡度均方根的节理峰值剪切强度经验公式[J]. 岩土力学, 36(12): 3433-3438.

唐志成, 刘泉声, 夏才初, 2015. 节理三维形貌参数的采样效应与峰值抗剪强度准则[J]. 中南大学学报 (自然科学版), 46(7): 2524-2531.

陶长雨, 2014. 试论新中国成立前川藏铁路的规划及其意义[J]. 学理论(36): 102-103.

王刚, 张学朋, 蒋宇静, 等, 2015. 一种考虑剪切速率的粗糙结构面剪切强度准则[J]. 岩土工程学报, 37(8): 1399-1404.

王汉鹏, 李术才, 张强勇, 等, 2006. 新型地质力学模型试验相似材料的研制[J]. 岩石力学与工程学报, 25(9): 1842-1847.

王金安, 谢和平, 1998. 岩石断裂面的各向异性分形和多重分形研究[J]. 岩土工程学报, 20(6): 16-21.

王明洋, 严东晋, 周早生, 等, 1998. 岩石单轴试验全程应力应变曲线讨论[J]. 岩石力学与工程学报, 17(1): 101-106.

王思敬, 1990. 坝基岩体工程地质力学分析[M]. 北京: 科学出版社.

王霄, 2004. 逆向工程技术及其应用[M]. 北京: 化学工业出版社.

王修春, 魏军, 伊希斌, 等, 2014. 3D 打印技术类型与打印材料适应性[J]. 信息技术与信息化(4): 86-90.

魏志云, 徐光黎, 申艳军, 等, 2013. 大岗山水电站地下厂房区辉绿岩脉群发育特征及稳定性状况评价 [J]. 工程地质学报, 21(2): 206-215.

闻越, 2017. 解读四川茂县"6·24"特大山体滑坡灾害成因[J]. 中国减灾(13): 26-29.

夏才初, 1996. 岩石结构面的表面形态特征研究[J]. 工程地质学报, 4(3): 71-78.

夏才初, 孙宗颀, 2002. 工程岩体节理力学[M]. 上海: 同济大学出版社.

谢和平, PARISEAU W G, 1994. 岩石节理粗糙系数(JRC)的分形估计[J]. 中国科学(B 辑), 24(5): 524.

谢和平, 陈忠辉, 周宏伟, 等, 2005a. 基于工程体与地质体相互作用的两体力学模型初探[J]. 岩石力学与工程学报, 24(9): 1457-1464.

谢和平, 彭瑞东, 鞠杨, 等, 2005b. 岩石破坏的能量分析初探[J]. 岩石力学与工程学报, 24(15): 2603-2608.

熊祖强, 江权, 龚彦华, 等, 2015. 基于三维扫描与打印的岩体自然结构面试样制作方法与剪切试验验证[J]. 岩土力学, 36(6): 1566-1572.

徐建荣, 石安池, 周垂一, 等, 2015a. 金沙江白鹤滩水电站施工详图设计阶段左岸及河床坝基开挖处理工程地质报告[R]. 中国电建集团华东勘测设计研究院有限公司, 杭州.

徐建荣, 石安池, 周垂一, 等, 2015b. 金沙江白鹤滩水电站施工详图设计阶段柱状节理玄武岩坝基开挖处理报告[R]. 中国电建集团华东勘测设计研究院有限公司, 杭州.

徐进军, 王海城, 罗喻真, 等, 2010. 基于三维激光扫描的滑坡变形监测与数据处理[J]. 岩土力学, 31(7): 2188-2191.

徐磊, 任青文, 叶志才, 等, 2010. 基于小波分析的岩体结构表面形貌各向异性研究[J]. 武汉理工大学学报, 32(11): 73-76.

许度, 冯夏庭, 李邵军, 等, 2017. 基于三维激光扫描的锦屏地下实验室岩体变形破坏特征关键信息提取技术研究[J]. 岩土力学(S1): 488-495.

许佑顶, 姚令侃, 2017. 川藏铁路沿线特殊环境地质问题的认识与思考[J]. 铁道工程学报(1): 1-5.

岩小明, 李夕兵, 郭雷, 等, 2005. 地下开采矿岩稳定性的模糊灰元评价[J]. 矿冶工程, 25(6): 21-25.

杨林德, 仇圣华, 王悦照, 等, 2003. 宜兴抽水蓄能电站试验洞的反分析研究[J]. 岩土力学, 24(S2): 345-348.

杨志法, 王芝银, 刘英, 等, 2000. 五强溪水电站船闸边坡的粘弹性位移反分析及变形预测[J]. 岩土工程学报, 22(1): 69-74.

殷黎明, 杨春和, 王贵宾, 等, 2009. 甘肃北山花岗岩节理表面形态特性研究[J]. 岩石力学, 30(4): 1046-1050.

尹红梅, 张宜虎, 孔祥辉, 2011. 结构面剪切强度参数三维分形估算[J]. 水文地质工程地质, 38(4): 58-62.

游志诚, 王亮清, 杨艳霞, 等, 2014. 基于三维激光扫描技术的结构面抗剪强度参数各向异性研究[J]. 岩石力学与工程学报, 增(1): 3003-3008.

余伟健, 高谦, 2011. 充填采矿优化设计中的综合稳定性评价指标[J]. 中南大学学报(自然科学版), 42(8): 2475-2484.

赵坚, 1998. 岩石节理剪切强度的 JRC-JMC 新模型[J]. 岩石力学与工程学报(4): 349-357.

赵明华, 雷勇, 刘晓明. 基于桩-岩结构面特性的嵌岩桩荷载传递分析[J]. 岩石力学与工程学报, 28(1): 103-110.

赵明阶, 何光春, 王多垠, 2003. 边坡工程处治技术[M]. 北京: 人民交通出版社.

赵宇明, 2005. 汽车造型设计中曲面重建方法的应用研究[D]. 沈阳: 东北大学.

郑嫣娥, 2002. 鞋楦数字化测量及数据处理技术的研究[D]. 北京: 北京林业大学.

中国建筑科学研究院, 2015. 混凝土结构工程施工质量验收规范: GB 50204—2015[S]. 北京: 中国建筑工业出版社.

朱维申, 王平, 1992. 节理岩体的等效连续模型与工程应用[J]. 岩土工程学报, 14(2): 1-11.

朱维申, 李勇, 张磊, 等, 2008. 高地应力条件下洞群稳定性的地质力学模型试验研究[J]. 岩石力学与
工程学报, 27(7): 1308-1314.

朱小明, 李海波, 李博, 等, 2011. 含一阶和二阶起伏体节理剪切强度的试验研究[J]. 岩石力学与工程
学报, 30(9): 1810-1818.

左保成, 陈从新, 刘才华, 等, 2004. 相似材料试验研究[J]. 岩土力学, 25(11): 1805-1808.

ALAMEDA-HERNÁNDEZ P, JIMÉNEZ-PERÁLVAREZ J, PALENZUELA J A, et al., 2014. Improvement
of the JRC calculation using different parameters obtained through a new survey method applied to rock
discontinuities[J]. Rock mechanics and rock engineering, 47: 2047-2060.

AMADEI B, GOODMAN R E, 1981. A 3D constitutive relation for fractured rock masses[C]// Proceedings of
the International Symposium on the Mechanical Behavior of Structured Media., Ottawa.

ARGÜELLES-FRAGA R, ORDÓÑEZ C, GARCÍA-CORTÉS S, et al., 2013. Measurement planning for
circular cross-section tunnels using terrestrial laser scanning[J]. Automation in construction, 31(3): 1-9.

ATAPOUR H, MOOSAVI M, 2013. Some effects of shearing velocity on the shear stress deformation
behaviour of hard-soft artificial material interfaces[J]. Geotechnical and geological engineering, 31:
1603-1615.

BABANOURI N, NASAB S K, 2015. Modeling spatial structure of rock fracture surfaces before and after
shear test: a method for sstimating morphology of damaged zones[J]. Rock mechanics and rock
engineering, 48: 1051-1065.

BAHAADDINI M, SHARROCK G, HEBBLEWHITE B K, 2013. Numerical investigation of the effect of
joint geometrical parameters on the mechanical properties of a non-persistent jointed rock mass under
uniaxial compression[J]. Computers and geotechnics, 49: 206-225.

BAHAT D, 1991. Tectono-fractography[M]. Berlin: Springer.

BAKER B R, GESSNER K, HOLDEN E J, et al., 2008. Automatic detection of anisotropic features on rock
surfaces[J]. Geosphere, 4(2): 418-428.

BARTON N, 1972. A model study of rock-joint deformation[J]. International journal of rock mechanics &
mining science & geomechanics abstracts, 9(5): 579-582.

BARTON N, 1973. Review of a new shear strength criterion for rock joints[J]. EngGelo, 7: 579-602.

BARTON N, 2002. Some new Q-value correlations to assist in site characterisation and tunnel design[J].
International journal of rock mechanics and mining sciences, 39(2): 185-216.

BARTON N, 2011. From empiricism,through theory,to problem solving in rock engineering[C]// Harmonising
Rock Engineering and the Environment: 12th ISRM International Congress on Rock Mechanics, Beijing.

BARTON N, BANDIS S, BAKHTAR K, 1985. Strength, deformation and conductivity coupling of rock
joints[J]. International journal of rock mechanics & mining sciences & geomechanics abstracts, 22(3):
121-140.

BARTON N, CHOUBEY V, 1977. The shear strength of rock joints in theory and practice[J]. Rock mechanics,
10(1): 1-54.

BARTON N, QUADROS E, 2014. Most Rock Masses are likely to be Anisotropic[C]// Rock Mechanics for

Natural Resources and Infrastructure SBMR 2014: ISRM Specialized Conf, Goiania, Brazil. International Society for Rock Mechanics.

BEER A J, STEAD D, COGGAN J S, 2002. Technical note estimation of the joint roughness coefficient(JRC) by visual comparison[J]. Rock mechanics and rock engineering, 35(1): 65-74.

BELEM T, AHOMAND-ETIENNE, SOULEY M, 2000. Quantitative parameters for rock joint surface roughness[J]. Rock mechanics and rock engineering, 33(4): 217-242.

BESL P J, MCKAY N D, 1992. A method for registration of 3D shapes[J]. IEEE transactions on pattern analysis and machine intelligence, 14(2): 239-256.

BIDGOLI M N, JING L, 2014. Anisotropy of strength and deformability of fractured rocks[J]. Journal of rock mechanics and geotechnical engineering, 6(2): 156-164.

BIENIAWSKI Z T, HAWKES I, 1978. Suggested methods for determining tensile strength of rock materials[J]. International journal of rock mechanics and mining sciences, 15(3): 99-103.

BROWN E T, 1970. Strength of models of rock with intermittent joints[J]. Journal of soil mechanics & foundations division, 96(6): 1935-1949.

BROWN E T, 1981. Rock characterization, testing & monitoring: ISRM suggested methods[M]. New York: Pergamon Press.

CAI M, KAISER P K, TASAKA Y, et al., 2007a. Determination of residual strength parameters of jointed rock masses using the GSI system[J]. International journal of rock mechanics and mining sciences, 44(2): 247-265.

CAI M, KAISER P K, UNO H, et al., 2004. Estimation of rock mass deformation modulus and strength of jointed hard rock masses using the GSI system[J]. International journal of rock mechanics and mining sciences, 41(1): 3-19.

CAI M, MORIOKA H, KAISER P K, et al., 2007b. Back-analysis of rock mass strength parameters using AE monitoring data[J]. International journal of rock mechanics and mining sciences, 44(4): 538-549.

CARR J R, WARRINER J B, 1987. Rock mass classification using fractal dimension[C]// The 28th U. S. Symposium on Rock Mechanics(USRMS), Tucson, Arizona.

CHOI S O, SHIN H S, 2004. Stability analysis of a tunnel excavated in a weak rock mass and the optimal supporting system design[J]. International journal of rock mechanics & mining sciences, 41(3): 876-881.

COOK N G W, 1965. The failure of rock[J]. International journal of rock mechanics & mining sciences & geomechanics abstracts, 2(4): 389-403.

CUNDALL P A, 1971. A computer model for simulating progressive, large scale movement in blocky rock systems[C]// Proceedings of Symposium of International Society of Rock Mechanics1, Nancy, France.

CUNDALL P A, 1988. Formulation of a three-dimensional distinct element modelPart I: a scheme to detect and represent contacts in a system composed of many polyhedral blocks[J]. International journal of rock mechanics and mining sciences & geomechanics abstracts, 25(3): 107-116.

CUNDALL P A, PIERCE M E, MAS IVARS D, 2008. Quantifying the size effect of rock mass strength[C]// Proceedings of the 1st Southern Hemisphere International Rock Mechanics Symposium, Perth: Nedlands,

Western Australia.

DEERE D U, 1964. Technical description of rock cores for engineering purpose[J]. Rock mechanics and engineering geology, 1(1): 17-22.

DEGRAFF J M, AYDIN A, 1993. Effect of thermal regime on growth increment and spacing of contraction joints in basaltic lava[J]. Journal of geophysical research: solid earth, 98(B4): 6411-6430.

DINC O S, SONMEZ H, TUNUSLUOGLU C, et al., 2011. A new general empirical approach for the prediction of rock mass strengths of soft to hard rock masses[J]. International journal of rock mechanics and mining sciences, 48(4): 650-665.

DONG H, GUO B, LI Y, et al., 2017. Empirical formula of shear strength of rock fractures based on 3D morphology parameters[J]. Geotechnical and geological engineering, 35(3): 1169-1183.

EINSTEIN H H, HIRSCHFELD R C, 1973. Model studies on mechanics of jointed rock[J]. Journal of soil mechanics & foundations division, 99(3): 229-248.

EI-SOUDANI S M, 1978. Profilometric analysis of fractures[J]. Metallography, 11(3): 247-336.

EMIOSHOR I, 2003. 大坝与坝基稳定性分析研究[D]. 南京: 河海大学.

FAIRHURST C E, HUDSON J A, 1999. Draft ISRM suggested method for the complete stress-strain curve for intact rock in uniaxial compression[J]. International journal of rock mechanics and mining science & geomechanics abstracts, 36(3): 281-289.

FARHAT C, AVERY P, CHAPMAN T, et al., 2014. Dimensional reduction of nonlinear finite element dynamic models with finite rotations and energy-based mesh sampling and weighting for computational efficiency[J]. International journal for numerical methods in engineering, 98(9): 625-662.

FENG X T, HAO X J, JIANG Q, et al., 2016. Rock cracking indices for improved tunnel aupport sesign: a xase atudy for columnar jointed rock masses[J]. Rock mechanics and rock engineering, 49: 2115-2130.

FENG X T, ZHANG Z, SHENG Q, 2000. Estimating mechanical rock mass parameters relating to the Three Gorges Project permanent shiplock using an intelligent displacement back analysis method[J]. International journal of rock mechanics and mining sciences, 37(7): 1039-1054.

FERESHTENEJAD S, SONG J J, 2016. Fundamental study on applicability of powder-based 3D printer for physical modeling in rock mechanics[J]. Rock mechanics and rock engineering, 49(6): 2065-2074.

FREDRICH J T, EVANS B, WONG T F, 1990. Effect of grain size on brittle and semibrittle strength: implications for micromechanical modelling of failure in compression[J]. Journal of geophysical research: solid earth, 95(B7): 10907-10920.

GARBOCZI E J, CHEOK G S, STONE W C, 2006. Using LADAR to characterize the 3D shape of aggregates: preliminary results[J]. Cement & concrete research, 36(6): 1072-1075.

GENTIER S, RISS J, ARCHAMBAULT G, et al., 2000. Influence of fracture geometry on shear behavior[J]. International journal of rock mechanics mining sciences, 37(1): 161-174.

GHAZVINIAN A H, 2012. Importance of tensile strength on the shear behavior of discontinuities[J]. Rock mechanics and rock engineering, 45(3): 349-359.

GHAZVINIAN A H, TAGHICHIAN A, HASHEMI M, et al., 2010. The shear behavior of bedding planes of weakness between two different rock types with high strength difference[J]. Rock mechanics and rock engineering, 43: 69-87.

GIODA G, 1985. Some remarks on back analysis and characterization problems in geomechanics[C]// 5th International Conference on Numerical Methods in Geomechanics. Rotterdam: AA Balkema Publishers: 47-61.

GODOI F C, PRAKASH S, BHANDARI B R, 2016. 3D printing technologies applied for food design: status and prospects[J]. Journal of food engineering, 179: 44-54.

GOEHRING L, 2013. Evolving fracture patterns: columnar joints, mud cracks and polygonal terrain[J]. Philosophical transactions of the royal society A: mathematical, physical and engineering sciences, 371(2004): 20120353.

GOODMAN R E, TAYLOR R L, BREKKE T L, 1968. A model for the mechanics of jointed rock[J]. Journal of soil mechanics & foundations division journal, 94: 637-660.

GRASSELLI G, 2006. Manuel Rocha medal recipient-Shear strength of rock joints based on quantified surface description[J]. Rock mechanics and rock engineering, 39(4): 295-314.

GRASSELLI G, EGGER P, 2003. Constitutive law for the shear strength of rock joints based on three-dimensional surface parameters[J]. International journal of rock mechanics and mining sciences, 40(1): 25-40.

GRASSELLI G, WIRTH J, EGGER P, 2002. Quantitative three-dimensional description of a rough surface and parameter evolution with shearing[J]. International journal of rock mechanics and mining sciences, 39(6): 789-800.

GROSSENBACHER K A, MCDUFFIE S M, 1995. Conductive cooling of lava: columnar joint diameter and stria width as functions of cooling rate and thermal gradient[J]. Journal of volcanology and geothermal research, 69(1-2): 95-103.

GU D, HUANG D, 2016. A complex rock topple-rock slide failure of an anticlinal rock slope in the Wu Gorge, Yangtze River, China[J]. Engineering geology, 208: 165-180.

GU X F, SEIDEL J P, HABERFIELD C M, 2003. Direct shear test of sandstone-concrete joints[J]. International journal of geomechanics, 3(1): 21-33.

GUI Y, XIA C, DING W, et al., 2017. A new method for 3D modeling of joint surface degradation and void space evolution under normal and shear loads[J]. Rock mechanics and rock engineering, 50(3-4): 1-10.

GUMUS K, ERKAYA H, SOYCAN M, 2013. Investigation of repeatability of digital surface model obtained from point clouds in a concrete arch dam for monitoring of deformations[J]. Boletim de ciências geodésicas, 19(19): 268-286.

HÄFNER S, ECKARDT S, LUTHER T, et al., 2006. Mesoscale modeling of concrete: geometry and numerics[J]. Computers & structures, 84(7): 450-461.

HART R, 2003. Enhancing rock stress understanding through numerical analysis[J]. International journal of rock mechanics and mining sciences, 40(7-8): 1089-1097.

HART R, CUNDALL P A, LEMOS J, 1988. Formulation of a three-dimensional distinct element modelPart II:

mechanical calculations for motion and interaction of a system composed of many polyhedral blocks[J]. International journal of rock mechanics and mining sciences and geomechanics abstracts, 25(3): 117-125.

HEAD D, VANORIO T, 2016. Effects of changes in rock microstructures on permeability: 3D printing investigation[J]. Geophysical research letters, 43(14): 7494-7502.

HENKE K, TREML S, 2013. Wood based bulk material in 3D printing processes for applications in construction[J]. European journal of wood and wood products, 71(1): 139-141.

HERGET G, UNRUG K, 1976. In situ, rock strength from triaxial testing[J]. International journal of rock mechanics & mining science & geomechanics abstracts, 13(11): 299-302.

HETÉNYI G, TAISNE B, GAREL F, et al., 2012. Scales of columnar jointing in igneous rocks: field measurements and controlling factors[J]. Bulletin of volcanology, 74(2): 457-482.

HISATAKE M, HIEDA Y, 2008. Three-dimensional back-analysis method for the mechanical parameters of the new ground ahead of a tunnel face[J]. Tunnelling and underground space technology, 23(4): 373-380.

HOEK E, BROWN E T, 1997. Practical estimates of rock mass strength[J]. International journal of rock mechanics and mining sciences, 34(8): 1165-1186.

HOEK E, DIEDERICHS M S, 2006. Empirical estimation of rock mass modulus[J]. International journal of rock mechanics and mining sciences, 43(2): 203-215.

HOLLOWAY J, 2012. 3D printer creates objects from moon rocks[Z/OL]. [2012-11-28]. http: // www. gizmag. com/3d-printing-moon-rock/25212/.

HONG E S, KWON T H, SONG K I, et al., 2016. Observation of the degradation characteristics and scale of unevenness on three-dimensional artificial rock joint surfaces subjected to shear[J]. Rock mechanics and rock engineering, 49(1): 3-17.

HONG E S, LEE J S, LEE I M, 2008. Underestimation of roughness in rough rock joints[J]. International journal for numerical and analytical methods in geomechanics, 32(11): 1385-1403.

HONG S B, ELIAZ N, SACHS E M, et al., 2001. Corrosion behavior of advanced titanium-based alloys made by three-dimensional printing(3DP) for biomedical applications[J]. Corrosion science, 43(9): 1781-1791.

HOSSAINI K A, BABANOURI N, NASAB S K, 2014. The influence of asperity deformability on the mechanical behavior of rock joints[J]. International journal of rock mechanics and mining sciences, 70: 154-161.

HSIUNG S M, GHOSH A, AHOLA M P, et al., 1993. Assessment of conventional methodologies for joint roughness coefficient determination[J]. International journal of rock mechanics and mining sciences and geomechanics abstracts, 30(7): 825-829.

HUANG F, ZHU H, XU Q, et al., 2013. The effect of weak interlayer on the failure pattern of rock mass around tunnel-Scaled model tests and numerical analysis[J]. Tunnelling and underground space technology incorporating trenchless technology research, 35(35): 207-218.

HUANG T H, DOONG, Y S, 1990. Anisotropic shear strength of rock joints [C]// Proceedings of the International Symposium on Rock Joints, Loen, Norway.

HULL, D, 1999. Fractography: observing, measuring and interpreting fracture surface topography[M]. Landon: Cambridge University Press.

HUTSON R W, DOWDING C H, 1990 Joint asperity degradation during cyclic shear[C]// International Journal of Rock Mechanics and Mining Sciences & Geomechanics Abstracts. Pergamon.

INDRARATNA B, OLIVEIRA D A F, BROWN E T, et al., 2010. Effect of soil-infilled joints on the stability of rock wedges formed in a tunnel roof[J]. International journal of rock mechanics & mining sciences, 47(5): 739-751.

INDRARATNA B, THIRUKUMARAN S, BROWN E T, et al., 2014. A technique for three-dimensional characterization of asperity deformation on the surface of sheared rock joints[J]. International journal of rock mechanics and mining sciences, 70: 483-495.

INDRARATNA B, WELIDENIYA S, BROWN T, 2005. A shear strength model for idealised infilled joints under constant normal stiffness[J]. Geotechnique, 55(3): 215-226.

ISHUTOV S, HASIUK F J, HARDING C, et al., 2015. 3D printing sandstone porosity models[J]. Interpretation, 3(3): 49-61.

IVARS D M, PIERCE M, DEGAGNÉ D, et al., 2008. Anisotropy and scale dependency in jointed rock-mass strength-a synthetic rock mass study[C]// Proceedings of the 1st International FLAC/DEM Aymposium on Numerical Modeling, Minneapolis, USA.

JAEGER J C, 1960. Shear failure of anistropic rocks[J]. Geological magazine, 97(1): 65-72.

JAEGER J C, 1971. Friction of rocks and stability of rock slopes[J]. Geotechnique, 21(2): 97-134.

JANG H S, KANG S S, JANG B A, 2014. Determination of joint roughness coefficients using roughness parameters[J]. Rock mechanics and rock engineering, 47: 2061-2073.

JENNINGS J E, 1970. A mathematical theory for the calculation of the stability of slopes in open cast mines[C]// Planning Open Pit Mines, Proceedings, Johannesburg. Rotterdam: AA Balkema Publishers: 87-102.

JEON S, KIM J, SEO Y, et al., 2004. Effect of a fault and weak plane on the stability of a tunnel in rock: a scaled model test and numerical analysis[J]. International journal of rock mechanics and mining sciences, 41(3): 486-486.

JEONG-GI U, 1997. Accurate quantification of rock joint roughness and development of a new peak shear strength criterion for joints[D]. Tucson: University of Arizona.

JIANG C, ZHAO G F, 2015. A Preliminary study of 3D printing on rock mechanics[J]. Rock mechanics and rock engineering, 48(3): 1041-1050.

JIANG C, ZHAO G F, ZHU J, et al., 2016. Investigation of dynamic crack coalescence using a gypsum-like 3D printing material[J]. Rock mechanics and rock engineering, 49(10): 1-16.

JIANG Q, FENG X T, GONG Y H, et al., 2016. Reverse modelling of natural rock joints using 3D scanning and 3D printing[J]. Computers and geotechnics, 73: 210-220.

JIANG Q, CUI J, FENG X T, et al., 2017. Demonstration of spatial anisotropic deformation properties for jointed rock mass by an analytical deformation tensor[J]. Computers and geotechnics, 88: 111-128.

JIANG Q, FENG X T, CHEN J, et al., 2013 Estimating in-situ rock stress from spalling veins: a case study[J]. Engineering geology, 152(1): 38-47.

JIANG Q, FENG X T, HATZOR Y H, et al., 2014. Mechanical anisotropy of columnar jointed basalts: an example from the Baihetan hydropower station, China[J]. Engineering geology, 175(3): 35-45.

JIANG Q, FENG X, SONG L, et al., 2016. Modeling rock specimens through 3D printing: tentative experiments and prospects[J]. Acta mechanica sinica, 32(1): 101-111.

JIANG Q, YANG B, YAN F, et al., 2020. New method for characterizing the shear damage of natural rock joint based on 3D engraving and 3D scanning[J]. International journal of geomechanics, 20(2): 06019022.

JING L, NORDLUND E, STEPHANSSON O, 1992. An experimental study on the anisotropy and stress-dependency of the strength and deformability of rock joints[J]. International journal of rock mechanics & mining sciences & geomechanics abstracts, 29(6): 535-542.

JOHN K W, 1969. Civil engineering approach to evaluate strength and deformability of regularly jointed rock[C]// The 11th US Symposium on Rock Mechanics(USRMS). American Rock Mechanics Association.

JOHNSTON I W, LAM T S K, 1984. Frictional characteristics of planar concrete-rock interfaces under constant normal stiffness conditions[C]// Proceedings of the 4th ANZ Conference on Geomechanics, Perth.

JOHNSTON I W, LAM T S K, 1989. Shear behaviour of regular triangular concrete/rock joints-analysis[J]. Geotechnical and geological engineering(ASCE), 115: 711-7275.

JOSHI S C, SHEIKH A A, 2015. 3D printing in aerospace and its long-term sustainability[J]. Virtual & physical prototyping, 10(4): 1-11.

JU Y, WANG L, XIE H, et al., 2017. Visualization and transparentization of the structure and stress field of aggregated geomaterials through 3D printing and photoelastic techniques[J]. Rock mechanics and rock engineering, 50(6): 1383-1407.

JU Y, XIE H, ZHENG Z, et al., 2014. Visualization of the complex structure and stress field inside rock by means of 3D printing technology[J]. Science bulletin, 59(36): 5354-5365.

KODIKARA J K, JOHNSTON I W, 1994. Shear behavior of irregular triangular rock-concrete joints[J]. International journal of rock mechanics and mining sciences, 31(4): 313-322.

KOVARI K, TISA A, EINSTEIN H H, et al., 1978. Suggested methods for determining the strength of rock materials in triaxial compression[J]. International journal of rock mechanics & mining sciences & geomechanics abstracts, 15: 47-51.

KULATILAKE P H S W, BALASINGAM P, PARK J, et al., 2006. Nature rock joint roughness quantification through fractal techniques[J]. Geotechnical and geological engineering, 24: 1181-1202.

KULATILAKE P H S W, SHOU G, HUNAG T H, et al., 1995. New peak shear strength criteria for anisotropic rock joints [J]. International journal of rock mechanics and mining science and geomechanics abstracts, 32(7): 673-697.

KULATILAKE P, LIANG J, GAO H, 2001. Experimental and numerical simulations of jointed rock block strength under uniaxial loading[J]. Journal of engineering mechanics, 127(12): 1240-1247.

KUMAR R, VERMA A K, 2016. Anisotropic shear behavior of rock joint replicas[J]. International journal of rock mechanics and mining sciences, 90: 62-73.

LADANYI B, ARCHAMBAULT G, 1969. Simulation of shear behavior of a jointed rock mass[C]// Proceedings of the 11th US Symposium on Rock Mechanics(USRMS), Berkeley, California.

LEE S D, LEE C I, PARK Y, 1997. Characterization of joint profiles and their roughness parameters[J]. International journal of rock mechanics and mining sciences, 34(3-4): 703.

LEE Y H, CARR J R, BARR D J, et al., 1990. The fractal dimension as a measure of the roughness of rock discontinuity profiles[J]. International journal of rock mechanics & mining sciences & geomechanics abstracts, 27(6): 453-464.

LEE Y K, PARK J W, SONG J J, 2014. Model for the shear behavior of rock joints under CNL and CNS conditions[J]. International journal of rock mechanics and mining sciences, 70(9): 252-263.

LEKHNITSKII S, FERN P, BRANDSTATTER J J, et al., 1964. Theory of elasticity of an anisotropic elastic body[J]. Physics today, 17(1): 84.

LEMOS J V, HART R D, CUNDALL P A, 1985. A generalized distinct element program for modelling jointed rock mass[M]. Lulea: Centek Publishers.

LI B, JIANGY J, MIZOKAMI T, et al., 2014. Anisotropic shear behavior of closely jointed rock masses[J]. International journal of rock mechanics and mining sciences(71): 258-271.

LI L, AUBERTIN M, SIMON R, 2003. Modelling arching effects in narrow backfilled stopes with FLAC[C]// Proceedings of the 3rd International Symposium on FLAC & FLAC 3D Numerical Modelling in Geomechanics, Ontario, Canada.

LI Y, SONG L, JIANG Q, et al., 2018. Shearing performance of natural matched joints with different wall strengths under direct shearing tests[J]. Geotechnical testing journal, 41(2): 20160315.

LI Y, ZHANG Y, 2015. Quantitative estimation of joint roughness coefficient using statistical parameters[J]. International journal of rock mechanics and mining sciences, 77: 27-35.

LI Z, LIU H, DAI R, et al., 2005. Application of numerical analysis principles and key technology for high fidelity simulation to 3-D physical model tests for underground caverns[J]. Tunnelling & underground space technology, 20(4): 390-399.

LIU Q, TIAN Y, JI P, et al., 2018. Experimental investigation of the peak shear strength criterion based on three-dimensional surface description[J]. Rock mechanics and rock engineering, 51(4): 1005-1025.

LIU Q, TIAN Y, LIU D, et al., 2017. Updates to JRC-JCS model for estimating the peak shear strength of rock joints based on quantified surface description[J]. Engineering geology, 228: 282-300.

MA S P, XU X H, ZHAO Y H, 2004. The GEO-DSCM system and its application to the deformation measurement of rock materials[J]. International journal of rock mechanics and mining sciences, 41(3): 292-297.

MA W L, TAO F H, JIA C Z, et al., 2014. Applications of 3D printing technology in the mechanical manufacturing[J]. Applied mechanics and materials, 644-650: 4964-4966.

MAERZ N H, FRANKLIN J A, BENNETT C P, 1990. Joint roughness measurement using shadow profilometry[J]. International journal of rock mechanics and mining sciences, 27: 329-343.

MANDELBROT B B, 1982. The fractal geometry of nature[M]. New York: WH freeman.

MEGUID M A, SAADA O, NUNES M A, et al., 2008. Physical modeling of tunnels in soft ground: a review[J]. Tunnelling & underground space technology, 23(2): 185-198.

MEHRISHAL S, SHARIFZADEH M, SHAHRIAR K, et al., 2017. Shear model development of limestone joints with incorporating variations of basic friction coefficient and roughness components during shearing[J]. Rock mechanics and rock engineering, 50(4): 825-855.

MIN K B, JING L, 2004. Stress dependent mechanical properties and bounds of Poisson's ratio for fractured rock masses investigated by a dfn-dem technique[J]. International journal of rock mechanics and mining sciences, 41(3): 431-432.

MUKUPA W, ROBERTS G W, HANCOCK C M, et al., 2016. A review of the use of terrestrial laser scanning application for change detection and deformation monitoring of structures[J]. Empire survey review, 49(353): 99-116.

MÜLLER G, 1988. Starch columns: analog model for basalt columns[J]. Journal of geophysical research: solid Earth, 103(B7): 15239-15253.

MURALHA J, 1992. Fractal dimension of jointed roughness surface[C]// ISRM Symposium of Fractured and Jointed Rock Masses, Lake Tabooe.

NASIR O, FALL M, 2008. Shear behaviour of cemented paste fill rock interfaces[J]. Engineering geology, 101: 146-153.

NASSERI M H B, GRASSELLI G, MOHANTY B, 2010. Fracture toughness and fracture roughness in anisotropic granitic rocks[J]. Rock mechanics and rock engineering, 43(4): 403-415.

NICHOLSON G A, BIENIAWSKI Z T, 1990. A nonlinear deformation modulus based on rock mass classification[J]. International journal of mining and geological engineering, 8(3): 181-202.

NIZAMETDINOV F K, NAGIBIN A A, LEVASHOV V V, et al., 2016. Methods of in situ strength testing of rocks and joints[J]. Journal of mining science, 52(2): 226-232.

ODA M, 1982. Fabric tensor for discontinuous geological materials[J]. Soils and foundations, 22(4): 96-108.

PALMSTRÖM A, SINGH R, 2001. The deformation modulus of rock masses: comparisons between in situ tests and indirect estimates[J]. Tunnelling and underground space technology, 16(2): 115-131.

PARTON F D, 1966. Multiple modes of shear failure in rock[C]// Proceedings of the 1st ISRM Congress, Lisbon, Portugal.

PENG L, YANG J, PATHEGAMA G R, et al., 2016. Visual representation and characterization of three-dimensional hydrofracturing cracks within heterogeneous rock through 3D printing and transparent models[J]. International journal of coal science & technology, 3(3): 284-294.

PHILLIPS J C, HUMPHREYS M C S, DANIELS K A, et al., 2013. The formation of columnar joints produced by cooling in basalt at Staffa, Scotland[J]. Bulletin of volcanology, 75(6): 1-17.

POLLARD D D, AYDIN A, 1988. Progress in understanding jointing over the past century[J]. Geological society of america bulletint, 100(8): 1181-1204.

PRUDENCIO M, JAN M V S, 2007. Strength and failure modes of rock mass models with non-persistent joints[J]. International journal of rock mechanics and mining sciences, 44(6): 890-902.

REEVES M J, 1985. Rock surface roughness and frictional strength[J]. International journal of rock mechanics and mining sciences and geomechanics abstracts, 22: 429-442.

REGMI A D, CUI P, DHITAL M R, et al., 2016. Rock fall hazard and risk assessment along Araniko Highway, Central Nepal Himalaya[J]. Environ. Earth science, 75: 1112.

REITER M, BARROLL M W, MINIER J, et al., 1987. Thermo-mechanical model for incremental fracturing in cooling lava flows[J]. Tectonophysics, 142(2-4): 241-260.

RISS J, GENTIER S, ARCHAMBAULT G, et al., 1997. Sheared rock joints: dependence of damage zones on morphological anisotropy[J]. International journal of rock mechanics and mining sciences, 34(3-4): 537-537.

RODRÍGUEZ R F, NICIEZA C G, GAYARRE F L, et al., 2014. Characterization of intensely jointed rock masses by means of in situ penetration tests[J]. International journal of rock mechanics and mining sciences, 72: 92-99.

ROKO R O, DAEMEN J J K, MYERS D E, 1997. Variogram characterization of joint surface morphology and asperity deformation during shearing[J]. International journal of rock mechanics and mining sciences, 34(1): 71-84.

SACHS E M, HAGGERTY J H, CIMA M J, et al., 1989. Three-dimensional printing techniques: US, 5204055[P]. 1989-12-18.

SAKURAI S, TAKEUCHI K, 1983. Back analysis of measured displacements of tunnels[J]. Rock mechanics and rock engineering, 16(3): 173-180.

SCHNEIDER H J, 1976. The friction and deformation behaviour of rock joints[J]. Rock mechanics, 8(3): 169-184.

SCHOLZ C H, ENGELDER J T, 1976. The role of asperity indentation and ploughing in rock friction I: asperity creep and stick-slip[C]//International journal of rock mechanics and mining sciences and geomechanics abstracts. pergamon, 13(5): 149-154.

SEIDEL J P, HABERFIELD C M, 2002. Laboratory testing of concrete-rock joints in constant normal stiffness direct shear[J]. Geotechnical testing journal, 25(4): 391-404.

SEIDEL J P, HABERFIELDC M, 1995. Toward an understanding of joint roughness[J]. Rock mechanical and rock enginerring, 28: 69-92.

SEKI S, KAISE S, MORISAKI Y, et al., 2008. Model experiments for examining heaving phenomenon in tunnels[J]. Tunnelling & underground space technology incorporating trenchless technology research, 23(2): 128-138.

SHAPIRO S S, WILK M B, 1965. An analysis of variance test for normality(complete samples)[J]. Biometrika, 52(3/4): 591-611.

SOI, 2012. World's first 3D printed reef[Z]. Sustainable Oceans International(SOI) Pty Ltd.

SONG L, JIANG Q, LI L F, et al., 2019. An enhanced index for evaluating natural joint roughness considering multiple morphological factors affecting the shear behavior[J]. Bulletin of engineering geology and the environment(6): 2037-2057.

SONG L, JIANG Q, SHI Y. et al., 2018. Feasibility investigation of 3D Printing technology for geotechnical physical models: study of tunnels[J]. Rock mechanics and rock engineering, 51: 2617-2637.

SPRY A, 1962. The origin of columnar jointing, particularly in basalt flows[J]. Journal of the geological society of Australia, 8(2): 191-216.

STEFFLER E D, EPSTEIN J S, CONLEY E G, 2003. Energy partitioning for a crack under remote shear and compression[J]. International journal of fracture, 120(4): 563-580.

STERPI D, CIVIDINI A, 2004. A physical and numerical investigation on the stability of shallow tunnels in strain softening media[J]. Rock mechanics and rock engineering, 37(4): 277-298.

TANG H M, GE Y F, WANG L Q, et al., 2012. Study on estimation method of rock mass discontinuity shear strength based on three-dimensional laser scanning and image technique[J]. Journal of earth science, 23(6): 908-913.

TANG Z C, HUANG R Q, LIU Q S, et al,. 2016a. Effect of contact state on the shear behavior of artificial rock joint[J]. Bulletin of engineering geology & the environment, 75(2): 1-9.

TANG Z C, JIAO Y Y, WONG L N Y, et al., 2016b. Choosing appropriate parameters for developing empirical shear strength criterion of rock joint: review and new insights[J]. Rock mechanics and rock engineering, 49(11): 4479-4490.

TANG Z C, WONG L N Y, 2016. New criterion for evaluating the peak shear strength of rock joints under different contact states[J]. Rock mechanics and rock engineering, 49(4): 1191-1199.

TATONE B S A, GRASSELLI G, 2009. A method to evaluate the three-dimensional roughness of fracture surfaces in brittle geomaterials[J]. Review of scientific instruments, 80(12): 181-106.

TATONE B S A, GRASSELLI G, 2010. A new 2D discontinuity roughness parameter and its correlation with JRC[J]. International journal of rock mechanics and mining sciences, 47: 1391-1400.

TATONE B S A, GRASSELLI G, 2013. An investigation of discontinuity roughness scale dependency using high-resolution surface measurements[J]. Rock mechanics and rock engineering, 46: 657-681.

TERZAGHI K T, 1943. Theoretical soil mechanics[M]. New Jersey: John Wiley and Sons.

TEZA G, GALGARO A, ZALTRON N, et al., 2007. Terrestrial laser scanner to detect landslide displacement fields: a new approach[J]. International journal of remote sensing, 28(16): 3425-3446.

TIAN Y, LIU Q, LIU D, et al., 2018. Updates to Grasselli's peak shear strength model[J]. Rock mechanics and rock engineering, 51(7): 1-19.

TSE R. CRUDEN D M, 1979. Estimating joint roughness coefficients[J]. International jouranal rock mechanics & mining science & geomechanics abstracts, 16: 303- 307.

TURK N, GREIG M J, DEARMAN W R, et al., 1987. Characterization of rock joint surfaces by fractal dimension[C]// The 28th U. S. symposium on Rock Mechanics(USRMS), Tucson, Arizona.

VÁRADY T, MARTIN R, COX J, 1997. Reverse engineering of geometric models-An introduction[J]. Computer-aided design, 29(4): 255-268.

WANG S, NI P P, GUO M, et al., 2013. Spatial characterization of joint planes and stability analysis of tunnel blocks[J]. Tunnelling and underground space technology, 38: 357-367.

WANG T T, HUANG T H, 2014. Anisotropic Deformation of a circular tunnel excavated in a rock mass containing sets of ubiquitous joints: theory analysis and numerical modeling[J]. Rock mechanics and rock engineering, 47: 643-657.

WANG X M, ZHAO B, ZHANG Q L, 2009. Cemented backfill technology based on phosphorous gypsum[J]. Journal of Central South University, 16: 285-291.

WANG Z M, KWAN A K H, CHAN H C, 1999. Mesoscopic study of concrete I: generation of random aggregate structure and finite element mesh[J]. Computers & structures, 70(5): 533-544.

WU Q, KULATILAKE P H S W, 2012. REV and its properties on fracture system and mechanical properties, and an orthotropic constitutive model for a jointed rock mass in a dam site in China[J]. Computers and geotechnics, 43: 124-142.

XIA C C, TANG Z C, XIAO W M, et al., 2014. New peak shear strength criterion of rock joints based on quantified surface description[J]. Rock mechanics and rock engineering, 47: 387-400.

XIE H P, WANG J A, 1999. Direct fractal measurement of fracture surfaces[J]. International journal of solids and structures, 36(20): 3073-3084.

YANG J, RONG G, HOU D, et al., 2016. Experimental study on peak shear strength criterion for rock joints[J]. Rock mechanics and rock engineering, 49(3): 821-835.

YANG T, WANG P, XU T, et al., 2015. Anisotropic characteristics of jointed rock mass: a case study at Shirengou iron ore mine in China[J]. Tunnelling and underground space technology, 48: 129-139.

YANG Z Y, CHEN J M, HUANG T H, 1998. Effect of joint sets on the strength and deformation of rock mass models[J]. International journal of rock mechanics and mining sciences, 35(1): 75-84.

YANG Z Y, CHIANG D Y, 2000. An experimental study on the progressive shear behavior of rock joints with tooth-shaped asperities[J]. International journal of rock mechanics and mining sciences, 37(8): 1247-1259.

YANG Z Y, DI C C, LO S C, 2001a. Two-dimensional hurst index of joint surfaces[J]. Rock mechanics and rock engineering, 34(4): 323-345.

YANG Z Y, LO S C, DI C C, 2001b. Reassessing the joint roughness coefficient(JRC) estimation using Z2[J]. Rock mechanics and rock engineering, 34: 243-251.

YU X B, VAYSADE B, 1991. Joint profiles and their roughness parameters[J]. International journal of rock mechanics & mining sciences & geomechanics abstracts, 28(4): 333-336.

ZHANG C H, XU Y J, JIN F, 1998. Effects of soil-structure interaction on nonlinear response of arch dams[J]. Developments in geotechnical engineering, 83(98): 95-114.

ZHANG H, HUANG G, SONG H, et al., 2012. Experimental investigation of deformation and failure mechanisms in rock under indentation by digital image correlation[J]. Engineering fracture mechanics, 96(96): 667-675.

ZHANG M, WANG X H, WANG Y, 2011. Ultimate end bearing capacity of rock-socketed pile based on generalized nonlinear unified strength criterion [J]. Journal of central south university, 18: 208-215.

ZHANG X, JIANG Q, CHEN N, et al., 2016. Laboratory investigation on shear behavior of rock joints and a new peak shear strength criterion[J]. Rock mechanics and rock engineering, 49(9): 1-18.